建筑信息模型（BIM）技术应用系列新形态教材

BIM 施工组织与管理

胡　瑛　盛　黎　主　　编

赵　霞　陈　哲　副主编

清华大学出版社

北　京

内 容 简 介

　　本书包括 5 个教学单元 11 个学习任务，主要内容包括施工组织设计认知、施工准备、施工组织总设计、单位工程施工组织设计、流水施工基本原理、网络计划技术、品茗智绘进度软件案例、施工平面布置、品茗 BIM 三维场布软件实例、BIM5D 简介、品茗 BIM5D 在施工项目管理中的应用案例。书中详细介绍了品茗施工策划软件在施工组织设计中的具体应用，并加入了学习目标思维导图及课程思政内容。全书条理清楚，内容简洁易懂，图文并茂，配有课程资源库。

　　本书可以作为高职本科、专科土木工程及建筑工程技术专业的建筑施工组织课程的教材，也可以作为土建施工类相关专业教材，还可以供相关专业的工程技术人员及自学者参考、学习。

图书在版编目（CIP）数据

BIM 施工组织与管理 / 胡瑛，盛黎主编 . —北京：清华大学出版社，2022.1
建筑信息模型（BIM）技术应用系列新形态教材
ISBN 978-7-302-59961-6

Ⅰ. ①B…　Ⅱ. ①胡…　②盛…　Ⅲ. ①建筑工程－施工组织－应用软件－高等学校－教材　②建筑工程－施工管理－应用软件－高等学校－教材　Ⅳ. ①TU71-39

中国版本图书馆 CIP 数据核字（2022）第 006471 号

责任编辑：杜　晓
封面设计：曹　来
责任校对：袁　芳
责任印制：沈　露

出版发行：清华大学出版社
　　　　　网　　　址：http://www.tup.com.cn，http://www.wqbook.com
　　　　　地　　　址：北京清华大学学研大厦A座　　　　邮　　编：100084
　　　　　社 总 机：010-62770175　　　　　　　　　　邮　　购：010-62786544
　　　　　投稿与读者服务：010-62776969，c-service@tup.tsinghua.edu.cn
　　　　　质量反馈：010-62772015，zhiliang@tup.tsinghua.edu.cn
　　　　　课件下载：http://www.tup.com.cn，010-83470410
印 装 者：北京同文印刷有限责任公司
经　　销：全国新华书店
开　　本：185mm×260mm　　　印　　张：14.5　　　字　　数：334千字
版　　次：2022年3月第1版　　　　　　　　　　　印　　次：2022年3月第1次印刷
定　　价：49.00元

产品编号：086027-01

丛书编写指导委员会名单

顾　　问：杜国城

主　　任：胡兴福

副主任：胡六星　丁　岭

委　　员：（按姓氏拼音字母排列）

鲍东杰	程　伟	杜绍堂	冯　钢
关　瑞	郭保生	郭起剑	侯洪涛
胡一多	华　均	黄春蕾	刘孟良
刘晓敏	刘学应	齐景华	时　思
斯　庆	孙　刚	孙日波	孙仲健
王　斌	王付全	王　群	吴立威
吴耀伟	夏清东	袁建刚	张　迪
张学钢	郑朝灿	郑　睿	祝和意
子重仁			

秘　　书：杜　晓

序

BIM（Building Information Modeling，建筑信息模型）源于欧美国家，21世纪初进入中国。它通过参数模型整合项目的各种相关信息，在项目策划、设计、施工、运行和维护的全生命周期过程中进行共享和传递，为各方建设主体提供协同工作的基础，在提高生产效率、节约成本和缩短工期方面发挥着重要的作用，在设计、施工、运维方面很大程度上改变了传统模式和方法。目前，我国已成为全球BIM技术发展最快的国家之一。

建筑业信息化是建筑业发展战略的重要组成部分，也是建筑业转变发展方式、提质增效、节能减排的必然要求。为了增强建筑业信息化的发展能力，优化建筑信息化的发展环境，加快推动信息技术与建筑工程管理发展的深度融合，2016年9月，住房和城乡建设部发布了《2016—2020年建筑业信息化发展纲要》，提出："建筑企业应积极探索'互联网＋'形势下管理、生产的新模式，深入研究BIM、物联网等技术的创新应用，创新商业模式，增强核心竞争力，实现跨越式发展。"可见，BIM技术被上升到了国家发展战略层面，这必将带来建筑行业广泛而深刻的变革。BIM技术对建筑全生命周期的运营管理是实现建筑业跨越式发展的必然趋势，同时，也是实现项目精细化管理、企业集约化经营的最有效途径。

然而，人才缺乏已经成为制约BIM技术进一步推广应用的瓶颈，培养大批掌握BIM技术的高素质技术技能人才成为工程管理类专业的使命和机遇，这对工程管理类专业教学改革特别是教学内容改革提出了迫切要求。

教材是体现教学内容和教学要求的载体，在人才培养中起着重要的基础性作用，优秀的教材更是提高教学质量、培养优秀人才的重要保证。为了满足土建大类专业教学改革和人才培养的需求，清华大学出版社借助清华大学一流的学科优势，聚集全国优秀师资，启动基于BIM技术应用的专业信息化教材建设工作。该系列教材由胡兴福担任丛书主编，统筹作者团队，确定教材编写原则，并负责审稿等工作。该系列教材具有以下特点。

（1）规范性。本系列教材以专业目录和专业教学标准为依据，同时参照各院校的教学实践。

（2）科学性。教材建设遵循教育的教学规律，开发理实一体化教材，内容选取、结构安排体现职业性和实践性特色。

（3）灵活性。鉴于我国地域辽阔，自然条件和经济发展水平差异很大，本系列教材编写了不同课程体系的教材，以满足各院校的个性化需求。

（4）先进性。教材建设体现新规范、新技术、新方法，以及最新法律、法规及行业相关规定，不仅突出了 BIM 技术的应用，而且反映了装配式建筑、PPP、营改增等内容。同时，配套开发数字资源（包括但不限于课件、视频、图片、习题库等），80% 的图书配套有富媒体素材，通过二维码的形式链接到出版社平台，供学生学习使用。

教材建设是一项浩大而复杂的千秋工程，为培养建筑行业转型升级所需的合格人才贡献力量是我们的凤愿。BIM 技术在我国的应用尚处于起步阶段，在教材建设中有许多课题需要探索，本系列教材难免存在不足，恳请专家和读者批评、指正，希望更多的同人与我们共同努力！

丛书主任　胡兴福

2018 年 1 月

前　言

本书是在建筑施工组织管理和 BIM 技术飞速发展的情况下，通过校企合作、工学结合的模式编写的一本供建筑工程技术与管理人员使用的系列规划教材。全书以注重培养施工管理能力、BIM 技术应用能力、BIM5D 综合管理能力为出发点，注重内容的先进性、实用性、可操作性，体现了基本理论与 BIM 技术应用的结合，对提高学生的学习兴趣和方便教学与实际应用提供了支持。

本书内容丰富，覆盖面广。针对相关知识点和案例，添加了课程思政元素，引导学生进行思考或展开研讨；同时针对相应的学习单元，添加了学习目标和知识点总结思维导图，并配有知识点微课和 PPT，不仅便于教师授课，更能使学生系统地了解、熟悉、掌握施工组织与管理及 BIM 技术的基本应用。

本书共分为 5 个单元，分别是建筑施工准备、施工部署及方案、施工进度计划、BIM 施工场地布置、BIM5D 在施工组织设计中的应用。其中，任务 1、任务 2 由昆明冶金高等专科学校杨蕾颖编写，任务 3、任务 4、任务 8 由昆明冶金高等专科学校张赟编写，任务 5 由昆明冶金高等专科学校赵霞编写，任务 6 由昆明冶金高等专科学校胡瑛编写，任务 7 由杭州品茗安控信息股份有限公司陈石磊编写，任务 9 由杭州品茗安控信息股份有限公司陈哲编写，任务 10 和任务 11 由浙江树人大学盛黎编写。全书由胡瑛负责统稿。

本书的编写得到杭州品茗安控信息技术股份有限公司的大力支持，在此表示感谢。编者在编写本书的过程中参阅了有关文献资料，谨向这些文献的作者致以诚挚的谢意。由于编者水平有限，书中难免有不足之处，敬请读者批评指正。

编　者
2021 年 9 月

目　录

单元 1　建筑施工准备

单元 2　施工部署及方案

单元 3　施工进度计划

单元 4　BIM 施工场地布置

单元 5　BIM5D 在施工组织设计中的应用

单元 1　建筑施工准备

思政元素

1. "中国速度背后的中国实力——国家超强的决断力、凝聚力、行动力、保障力"价值体系、四个自信、爱国情怀、民族自豪感、身上的责任感和使命感。

2. 基本建设程序应遵守法律法规，杜绝三边工程。

3. 面对超级工程，如何做好施工组织与管理？

4. 施工组织编制时，提高施工的工业化程度、重视管理创新和技术创新、合理部署施工现场，实现文明施工。

5. 凡事预则立，不预则废，施工准备工作时，应具备严谨细致、专注负责的工作态度。

育人目标

通过对建筑施工准备工作的学习，融入工程伦理、爱岗敬业的职业精神和创新的新发展理念，培养学生精益求精的大国工匠精神，激发学生科技报国的家国情怀和使命担当。

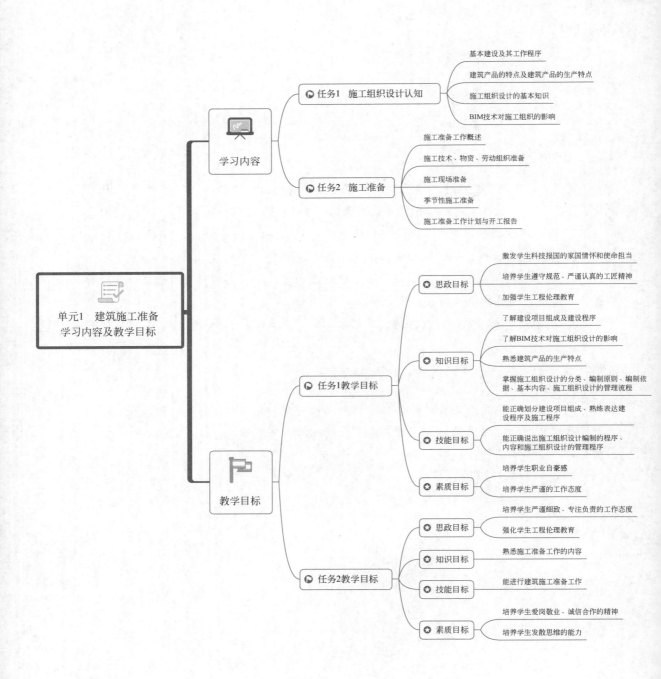

单元1　建筑施工准备
学习内容及教学目标

学习内容

任务1　施工组织设计认知
- 基本建设及其工作程序
- 建筑产品的特点及建筑产品的生产特点
- 施工组织设计的基本知识
- BIM技术对施工组织的影响

任务2　施工准备
- 施工准备工作概述
- 施工技术、物资、劳动组织准备
- 施工现场准备
- 季节性施工准备
- 施工准备工作计划与开工报告

教学目标

任务1教学目标

思政目标
- 激发学生科技报国的家国情怀和使命担当
- 培养学生遵守规范、严谨认真的工匠精神
- 加强学生工程伦理教育

知识目标
- 了解建设项目组成及建设程序
- 了解BIM技术对施工组织设计的影响
- 熟悉建筑产品的生产特点
- 掌握施工组织设计的分类、编制原则、编制依据、基本内容、施工组织设计的管理流程

技能目标
- 能正确划分建设项目组成、熟练表达建设程序及施工程序
- 能正确说出施工组织设计编制的程序、内容和施工组织设计的管理程序

素质目标
- 培养学生职业自豪感
- 培养学生严谨的工作态度

任务2教学目标

思政目标
- 培养学生严谨细致、专注负责的工作态度
- 强化学生工程伦理教育

知识目标
- 熟悉施工准备工作的内容

技能目标
- 能进行建筑施工准备工作

素质目标
- 培养学生爱岗敬业、诚信合作的精神
- 培养学生发散思维的能力

任务 1　施工组织设计认知

随着社会经济的发展和建筑技术的进步，现代建筑产品的施工生产已成为一项多人员、多工种、多专业、多设备、高技术、现代化的综合而复杂的系统工程。要做到提高工程质量、缩短施工工期、降低工程成本、实现安全文明施工，就必须应用科学方法进行施工管理，统筹施工全过程。

建筑施工组织就是针对建筑工程施工的复杂性，研究工程建设的统筹安排与系统管理的客观规律，制订建筑工程施工最合理的组织与管理方法的一门科学。它是推进企业技术进步、加强现代化施工管理的核心。

建筑物或构筑物的施工是一项特殊的生产活动，尤其现代化的建筑物和构筑物不论规模还是功能都在不断地发展。它们有的高耸入云，有的跨度大，有的深入地下、水下，有的体型庞大，有的管线纵横，这就给施工带来许多更为复杂和困难的问题。解决施工中的各种问题，通常都有若干个可行的施工方案供施工人员选择。但是，不同的方案，其经济效果一般也是各不相同的。如何根据拟建工程的性质和规模、施工环节和环境、工期的长短、工人的素质和数量、机械装备程度、材料供应情况、构件生产方式、运输条件等各种技术、经济条件，从经济和技术统一的全局出发，从许多可行的方案中选定最优的方案，这是施工人员在开始施工之前必须解决的问题。

施工组织的任务是在党和政府有关建筑施工的方针政策指导下，从施工的全局出发，根据具体的条件，以最优的方式解决上述施工组织的问题，对施工的各项活动做出全面、科学的规划和部署，使人力、物力、财力、技术资源得以充分利用，优质、低耗、高速地完成施工任务。

1.1　基本建设及其工作程序

1.1.1　基本建设项目及组成

基本建设项目简称建设项目。凡是按一个总体设计组织施工，建成后具有完整的系统，可以独立形成生产能力或使用价值的建设工程，称为一个建设项目。在工业建设中，一般以拟建厂矿企业单位为一个建设项目，如一个钢铁厂、一个棉纺厂等。在民用建设中，一般以拟建机关事业单位为一个建设项目，如一所学校、一所医院等。

基本建设项目可以从不同的角度进行划分。例如，按建设项目的规模大小可分为大型建设项目、中型建设项目、小型建设项目；按建设项目的性质可分为新建项目、扩建项目、改建项目、恢复项目和迁建项目；按建设项目的投资主体可分为国家投资、地方政府投资、企业投资以及各类投资主体联合投资的建设项目；按建设项目的用途可分为生产性建设项目（包括工业、农田水利、交通运输及邮电、商业和物资供应、地质资源勘探等建设项目）和非生产性建设项目（包括住宅、文教、卫生、宾馆、公用服务事业等建设项目）。

　　按照建设项目分解管理的需要，可将建设项目分解为单项工程、单位工程（子单位工程）、分部工程（子分部工程）、分项工程和检验批，如图 1-1 所示。

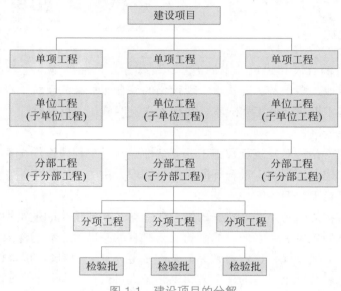

图 1-1　建设项目的分解

　　1. 单项工程（也称工程项目）

　　单项工程是指具有独立的设计文件，竣工后可以独立发挥出能力或效益的一组工程项目。一个建设项目可由一个单项工程组成，也可由若干个单项工程组成，如一所学校中的教学楼、宿舍楼和办公楼等。单项工程体现了建设项目的主要建设内容，其施工条件往往具有相对的独立性。

　　2. 单位（子单位）工程

　　单位工程是指具有独立施工条件（具有单独设计，可以独立施工），并能形成独立使用功能的建筑物及构筑物。单位工程是单项工程的组成部分，一个单项工程通常都由若干个单位工程组成。对于建筑规模较大的单位工程，可将其能形成独立使用功能的部分划分为一个子单位工程，即一个单位工程可由两个或两个以上具有独立使用功能的子单位工程组成，如一个单位工程由塔楼和裙房组成，有可能将塔楼与裙房划分为两个子单位工程，分别进行质量验收。

　　3. 分部（子分部）工程

　　分部工程是单位工程的组成部分。分部工程的划分应按专业性质、建筑部位确定。若按工程质量验收要求，分部工程可划分为地基与基础、主体建筑、建筑装饰装修、建筑屋面、建筑给排水及采暖、建筑电气、智能建筑、通风与空调、电梯等九个分部。当分部工程较大或较复杂时，可按材料、施工程序、专业系统及类别等划分为若干个子分部工程。

如地基与基础分部可划分为无支护土方、有支护土方、地基处理、桩基、地下防水、混凝土基础、砌体基础、钢筋混凝土、钢结构等子分部工程。

4. 分项工程

组成分部工程的若干个施工过程称为分项工程。分项工程一般是按分部工程的施工方法、使用的材料、结构构件的规格等不同因素划分的，是指用简单的施工过程就能完成的工程。如主体混凝土结构可以划分为模板、钢筋、混凝土、预应力、现浇结构、装配式结构等分项工程。分项工程是建筑施工生产活动的基础，也是计量工程用工用料和机械台班消耗的基本单元。分项工程既有其作业活动的独立性，又有相互联系、相互制约的整体性。

5. 检验批

按现行《建筑工程施工质量验收统一标准》（GB 50300—2013）规定，建筑工程质量验收时，可将分项工程进一步划分为检验批。检验批是指按统一的生产条件或规定的方式汇总起来供检验用的，由一定数量样本组成的检验体。一个分项工程可由一个或若干个检验批组成，检验批可根据施工及质量控制和专业验收需要按楼层、施工段、变形缝等进行划分。

综上所述，一个建设项目由一个或几个单项工程组成，一个单项工程由几个单位工程组成，一个单位工程又由若干个分部工程组成，一个分部工程还可以划分为若干个分项工程，一个分项工程还可以划分为若干个检验批。建设项目分解案例如图 1-2 所示。

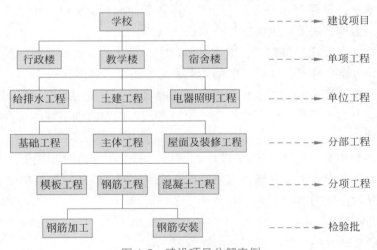

图 1-2　建设项目分解案例

1.1.2　基本建设程序

基本建设程序是基本建设全过程中的各项工作必须遵循的先后顺序，是经过大量实践工作总结出来的工程建设过程的客观规律，是建设项目科学决策和顺利建设的重要保证。按照建设项目发展的内在联系和发展过程，建设程序分成若干阶段，这些发展阶段有严格的先后次序，不能任意颠倒、违反它的发展规律。根据几十年的实践经验，我国已形成了一套科学的建设程序。我国的建设程序可划分为项目决策、建设准备、工程实施三大阶段；进一步可划分为项目建议书、可行性研究、勘察设计、施工准备（包括招投标）、建设实施、生产准备、竣工验收、项目后评价八个阶段。这八个阶段基本上反映了建设工作的全过程。

1. 项目决策阶段

项目决策阶段以可行性研究工作为中心工作，还包括调查研究、提出设想、确定建设地点、编制可行性研究报告等内容。

1）项目建议书

项目建议书是建设单位向主管部门提出的要求建设某一项目的建议性文件，是对拟建项目的轮廓设想，是从拟建项目的必要性及大方向的可能性加以考虑的结果。

项目建议书经批准后，才能进行可行性研究，也就是说，项目建议书不是项目的最终决策，仅仅能为可行性研究提供依据和基础。

项目建议书的内容一般包括以下五个方面。

（1）建设项目提出的必要性和依据。

（2）拟建工程规模和建设地点的初步设想。

（3）资源情况、建设条件、协作关系等的初步分析。

（4）投资估算和资金筹措的初步设想。

（5）经济效益和社会效益的估计。

2）可行性研究

项目建议书批准后，应紧接着可行性研究工作。可行性研究是项目决策的核心，是对建设项目在技术上、工程上和经济上是否可行进行全面的科学分析和论证，是技术经济的深入论证阶段，为项目决策提供可靠的技术经济依据。

可行性研究的主要任务是对多种方案进行技术、经济的分析和比较，提出科学的评价意见，推荐最佳方案。在可行性研究的基础上，可编制可行性研究报告。

我国对可行性研究报告的审批权限做出了明确规定，不使用政府投资的项目实行核准和备案两种批复方式；使用政府资金投资的项目必须按规定将编制好的可行性研究报告送交有关部门审批。

经批准的可行性研究报告是初步设计的依据，不得随意修改和变更。如果在建设规模、产品方案等主要内容上需要修改或突破投资控制数时，应经原批准单位复审同意。

可行性研究的主要内容如下。

（1）项目的背景、依据。

（2）拟建项目的规模、产品方案、市场预测。

（3）技术工艺、主要设备、建设标准。

（4）资源、物资、运输、水电等条件。

（5）建设地点、场地布置及项目设计方案。

（6）环保、防洪、防震等要求及相应措施。

（7）劳动定员和人员培训。

（8）建设工期和实施进度。

（9）投资估算和资金筹措方式。

（10）经济效益和社会效益分析。

2. 建设准备阶段

这个阶段主要是根据批准的可行性研究报告，成立项目法人，进行工程地质勘察、初步设计和施工图设计，编制设计概算，安排年度建设计划及投资计划，进行工程发包，准备设备、材料，做好施工准备等工作，这个阶段的工作中心是勘察设计。

1）勘察设计

勘察设计是建设准备阶段的中心工作，设计师对拟建工程的实施在技术上和经济上进行全面而详尽的安排，是基本建设计划的具体化，是把先进技术和科研成果引入建设的渠道，是整个工程决定性的环节，是组织施工的依据，它直接关系着工程的质量和将来的使用效果。设计是分阶段进行的。一般项目进行两阶段设计，即初步设计和施工图设计。技术上比较复杂和缺少设计经验的项目采用三阶段设计，即初步设计、技术设计和施工图设计。

（1）初步设计是对批准的可行性研究报告所提出的内容进行概略的设计，做出初步规定（大型、复杂的项目还需要绘制建筑透视图或制作建筑模型），进一步论证该建设项目在技术上的可行性和经济上的合理性。

初步设计由建设单位组织审批，中大型和限额以上项目要报国家发展和改革委员会与行业归口主管部门备案。初步设计文件经批准后，项目建设规模、建设地址、主要工艺过程、主要设备和总投资等控制指标均不得随意修改、变更。

（2）技术设计是在初步设计的基础上进一步确定建筑、结构、工艺、设备、消防、通信、抗震自动化系统等的技术要求，使建设项目的设计更具体、更完善，技术经济指标达到最优。

（3）施工图设计是在前一阶段的基础上进一步形象化、具体化、明确化，完成建筑、结构、水、电、气、自动化系统、工业管道以及场内道路等全部施工图纸以及设计说明书、结构计算书和施工图设计概预算等。

2）施工准备

施工准备工作在可行性研究报告批准后就可着手进行。通过技术、物资和组织等方面的准备，为工程施工创造有利条件，使建设项目能连续、均衡、有节奏地进行。做好建设项目的准备工作，对于提高工程质量、降低工程成本、加快施工进度都有着重要的保证作用。

施工准备的工作内容主要包括以下七个方面。

（1）施工现场征地、拆迁和场地平整。

（2）工程地质勘察。

（3）完成施工用水、电、通信、路和场地平整等工程。

（4）收集设计基础资料，组织设计文件的编审。

（5）组织设备和材料订货。

（6）组织施工招投标，择优选定施工单位。

（7）办理开工报建手续。

施工准备工作基本完成，具备工程开工条件之后，由建设单位向有关部门交出开工报告。有关部门对工程建设资金的来源、资金是否到位以及施工图出图情况等进行审查，符合要求后批准开工。

3. 工程实施阶段

工程实施阶段是项目决策的实施、建成投产发挥投资效益的关键环节。该阶段是在建设程序中时间最长、工作量最大、资源消耗最多的阶段。这个阶段的工作中心是根据设计图纸进行建筑安装施工，还包括做好生产或使用准备、试车运行、进行竣工验收、交付生产或使用等内容。

1）建设实施

建设实施即建筑施工，是将计划和施工图变为实物的过程，是建设程序中的一个重要环节。要做到计划、设计、施工三个环节互相衔接，投资、工程内容、施工图纸、设备材料、施工力量五个方面的落实，以保证建设计划的全面完成。

施工中要严格按照施工图和图纸会审记录施工，如需变动，应取得建设单位和设计单位的同意；要严格执行有关施工标准和规范，确保工程质量；按合同规定的内容全面完成施工任务。

2）生产准备

生产准备是项目投产前所要进行的一项重要工作，是建设阶段转入生产经营的必要条件。项目法人应按照建管结合和项目法人责任制的要求，适时做好有关生产准备工作。建设单位应及时组成专门班子或机构做好生产准备工作。

生产准备工作的内容根据工程类型的不同而有所区别，一般应包括下列内容。

（1）生产组织的准备：建立生产经营的管理机构及制定相应的管理制度。

（2）招收和培训人员：配备生产管理人员，并培训生产和管理人员，组织人员参加设备的安装、调试和验收。

（3）生产技术的准备：包括生产技术的准备和运营方案的确定。

（4）生产物资的准备：主要是落实投产运营所需要的原材料、协作产品、工器具、备品备件等生产物资的准备。

（5）其他必需的生产准备。

3）竣工验收

按批准的设计文件和合同规定的内容建成的工程项目，其中生产性项目应经负荷试运转和试生产合格，并能够生产合格产品；非生产性项目应符合设计要求，能够正常使用的，都要及时组织验收，办理移交手续，交付使用。竣工验收是全面考核基本建设成果、检验设计和工程质量的重要步骤，也是基本建设转入生产或使用的标志。

建筑工程施工质量验收应符合以下要求。

（1）参加工程施工质量验收的各方人员应具备规定的资格。

（2）单位工程完工后，施工单位应自行组织有关人员进行检查评定，并向建设单位提交工程验收报告。

（3）建设单位收到工程验收报告后，应由建设单位（项目）负责人组织施工（含分包单位）、设计、监理等单位（项目）负责人进行单位（子单位）工程验收。

（4）单位工程质量验收合格后，建设单位应在规定时间内将工程竣工验收报告和有关文件报建设行政管理部门备案。

4）项目后评价

项目建成投产使用后，一般经过 1~2 年生产运营（或使用）后，要进行一次系统的项目后评价。我国目前开展的建设项目后评价一般都按 3 个层次组织实施，即项目单位的自我评价、项目所在行业的评价和各级发展计划部门（或主要投资方）的评价。

建设项目的后评价包括以下主要内容。

（1）影响评价：对项目投产后各方面的影响进行评价。

（2）经济效益评价：对投资效益、财务效益、技术进步、规模效益、可行性研究深度等进行评价。

（3）过程评价：对项目的立项、设计、施工、建设管理、竣工投产、生产运营等全过程进行评价。

1.2　建筑产品的特点及建筑产品生产的特点

建筑产品是指各种建筑物或构筑物，它与一般的工业产品相比较，在产品的生产、经营、管理过程中有其自己的特点。

1.2.1　建筑产品的特点

1. 建筑产品的固定性

建筑产品包括建筑物和构筑物，它们都是在选定地点上进行建造和使用，与地基相连，与选定地点的土地不可分割。因此，建筑产品一旦建造，便无法进行空间的转移。这就是建筑产品的固定性。固定性是建筑产品与一般工业产品最大的区别。

2. 建筑产品的多样性

建筑产品不但要满足各种使用功能的要求，而且每个建筑产品还承载着不同业主的要求，还受到不同地区的自然条件、文化条件等多因素的限制，使得建筑产品在建筑规模、建筑形式、构造结构、装饰装修等方面千差万别。建筑产品的多样性特点决定了建筑产品不能像一般工业产品那样进行批量生产。

3. 建筑产品的庞大性

建筑产品无论是复杂还是简单，为了满足其不同类型的使用功能，与其他工业产品相比，都需要大量的物质资源，占有广阔的平面与空间，因而与一般工业产品相比，其体型庞大。

4. 建筑产品的综合性

建筑产品是一个完整的固定资产实物体系，不仅土建工程的艺术风格、建筑功能、结构构造、装饰做法等方面堪称是一种复杂的产品，而且工艺设备、采暖通风、供水供电、卫生设备、办公自动化系统、通信自动化系统等各类设施错综复杂。

1.2.2　建筑产品生产的特点

1. 建筑施工的流动性

建筑产品的固定性决定了建筑施工的流动性。一般工业产品，生产地点和生产设备是固定的，而建筑产品的生产者和生产设备不仅要随着建筑物地点的变更而流动，还要随着建筑物施工部位的改变而在不同的空间流动。这就要求事先有一个周密的施工组织设计，使流动的人、机、物等互相协调配合，做到连续、均衡施工。

2. 建筑施工的单件性

建筑产品的固定性和多样性决定了建筑施工的单件性。一般的工业产品是在一定的时期内，在统一的工艺流程中进行批量生产。每个建筑产品都是按照业主的要求进行设计与施工的，有其相应的功能、规模和结构特点，因此工程内容和实物形态都具有个别性、差异性。在不同的地区、季节及现场条件下，施工准备工作、施工工艺和施工方法等也不尽相同，因此，建筑产品不能按通用的施工方案重复生产。从而使各建筑产品生产具有单件性。

3. 建筑施工的周期长

建筑产品的庞大性决定了建筑施工具有较长的工期。与一般工业产品相比，其生产周期较长，少则几个月，多则几年，甚至十几年。由于产品的庞大，建造过程中需要大量的人力、物力和财力，还要受到工艺流程和生产程序的制约。从而使建筑产品的生产具有生产周期长的特点。

4. 建筑施工的复杂性

建筑产品的综合性决定了建筑施工的复杂性。建筑产品的生产由勘察单位进行勘测，设计单位设计，建设单位进行施工准备，建筑安装工程施工单位进行施工，最后经过竣工验收交付使用。在建造过程中需要露天、高空作业，甚至有的需要地下作业，加上施工的流动性和个别性，必然造成施工的复杂性。

5. 建筑施工组织协作复杂性

建筑产品生产周期长、工作量大、资源消耗多、涉及面广。施工过程中涉及力学、材料、建筑、结构、施工、水电、设备等不同专业，需要组织多专业、多工种的综合作业。在建筑企业外部，需要不同种类的专业施工企业以及城市规划、土地征用、勘察设计、公安消防、交通运输、银行业务、物资供应等单位和主管部门协作配合。这就决定了建筑产品生产组织协作的综合复杂性。

1.3 施工组织设计的基本知识

1.3.1 施工组织设计的概念

施工组织设计是以施工项目为对象编制的，用以指导施工的技术、经济和管理的综合性文件。建筑施工组织设计的任务是根据国家的有关技术政策和规定、建设单位对拟建工程的要求、设计图纸和组织施工的基本原则，从拟建工程施工的全局出发，科学合理地安排人力资金、材料、机械和施工方法等要素，使建造活动在一定的时间、空间和资源供应条件下，有组织、有节奏、有秩序地进行，做到人尽其才，物尽其用，从而以最少的资源消耗取得最大的经济效益，在安全可靠的情况下，争取使最终建筑产品的产出在时间上达到速度快、耗工少和工期短；在质量上达到精度高和功能好；在经济上达到消耗少、成本低和利润高的目的。

施工组织设计是工程施工的组织方案，是现场施工的指导性文件。由于建筑产品的多样性，每项工程都必须单独编制施工组织设计，施工组织设计经审批通过后方可施工。

1.3.2　施工组织设计的作用

施工组织设计是用以指导施工组织与管理、施工准备与实施、施工控制与协调、资源的配置与使用等全面性的技术经济文件，是对施工活动的全过程进行科学管理的重要手段。其作用具体表现在以下七个方面。

（1）施工组织设计是做好施工准备工作的依据和保证。施工组织设计是施工准备工作的重要组成部分，对施工过程实行科学管理，以确保各施工阶段的准备工作按时进行。

（2）通过施工组织设计的编制，可以全面考虑拟建工程的各种具体施工条件，扬长避短地拟定合理的施工方案，确定施工顺序、施工方法和劳动组织，合理地统筹安排拟定施工进度计划。

（3）施工组织设计所提出的各项资源需要量计划，直接为组织材料、机具、设备、劳动力需要量的供应和使用提供数据。

（4）通过编制施工组织设计，可以合理地利用和安排为施工服务的各项临时设施，可以合理地部署施工现场，确保文明施工、安全施工。

（5）通过编制施工组织设计，可以将工程的设计与施工、技术与经济、施工全局性规律和局部性规律、土建施工与设备安装、各部门之间各专业之间有机结合，统一协调。

（6）通过编制施工组织设计，可以分析施工中的风险和矛盾，及时研究解决问题的对策、措施，从而提高施工的预见性，减少盲目性，能有效地降低工程造价。

（7）施工组织设计可以指导工程投标与签订工程承包合同，并作为投标书的内容和合同文件的一部分。编制水平的高低是直接关系到承包商能否中标的关键所在，它既是业主考核承包商技术与组织水平的依据，又是承包商进行承诺的根据和理由，还是承包商中标后组织施工和管理的前提条件。

1.3.3　施工组织设计的分类

施工组织设计是一个总的概念，根据工程项目的类别、工程规模、编制阶段、编制对象和范围的不同，在编制的深度和广度上也有所不同。

1. 按设计阶段的不同分类

1）按两个阶段分类

（1）施工组织总设计（扩大初步施工组织设计）。

（2）单位工程施工组织设计。

2）按三个阶段分类

（1）施工组织设计大纲（初步施工组织条件设计）。

（2）施工组织总设计。

（3）单位工程施工组织设计。

2. 按编制对象范围的不同分类

1）施工组织总设计

施工组织总设计是以单位工程组成的群体工程或特大型项目为主要对象编制的施工组

织设计，对整个项目的施工过程起统筹规划、重点控制的作用。施工组织总设计一般是在施工总承包单位的项目负责人主持下进行编制。适用于特大型工程、群体工程或住宅小区。

2）单位工程施工组织设计

单位工程施工组织设计是以单位（子单位）工程为主要对象编制的施工组织设计，对单位（子单位）工程的施工过程起指导和制约作用。

3）施工方案

施工方案是以分部（分项）工程或专项工程为主要对象编制的施工技术与组织方案，用以具体指导其施工过程。

施工组织总设计、单位工程施工组织设计和施工方案是同一工程项目在不同广度、深度和作用下的三个层次文件，这三类文件是由大到小、由粗到细、由战略部署到战术安排的关系。由于其编制对象、范围和具体作用不同，编制内容的深度、广度和侧重点等均有所不同。

3. 根据编制阶段的不同分类

1）标前设计

投标前编制的施工组织设计（简称标前设计）是以投标和签订工程承包合同为服务范围的，在投标前由经营管理层编制，它的主要目的是使投标书具有竞争力，能实现中标。

2）标后设计

签订工程承包合同后编制的施工组织设计（简称标后设计）是以施工准备至施工验收阶段为服务范围的，在签约后、开工前，由项目管理层编制，用以指导整个项目的施工，如表 1-1 所示。

表 1-1　标前和标后施工组织设计的区别

种类	服务范围	编制时间	编制者	主要特性	追求主要目标
标前	投标与签约	投标前	经营管理	规划性	中标和经济效益
标后	施工准备至验收	签约后	项目管理	作业性	施工效率和合理安排与使用的物力

4. 按编制内容的繁简程度分类

1）完整的施工组织设计

内容比较全面的单位工程施工组织设计常用于工程规模较大、现场施工条件较差、技术要求较复杂或工期要求较紧以及采用新技术、新材料、新工艺或新结构的项目。其编制内容一般应包括工程概况、施工方案、施工方法、施工进度计划、各项需要量计划、施工平面图、质量安全措施以及有关技术经济指标等。

2）简单的施工组织设计

内容比较简单的施工组织设计常用于结构较简单的一般性工业与民用建筑工程项目，因施工人员对工程比较熟悉，故其编制内容相对可以简化，一般只需明确主要施工方法、施工进度计划和施工平面图等。

1.3.4　建筑施工组织设计的内容

施工组织设计的任务和作用决定施工组织设计的内容。不同类型施工组织设计的内容各不相同。《建筑施工组织设计规范》(GB/T 50502—2009)规定了施工组织总设计、单位工程施工组织设计、施工方案的主要内容。

1. 施工组织总设计的主要内容

(1)工程概况。

(2)总体施工部署。

(3)施工总进度计划。

(4)总体施工准备与主要资源配置计划。

(5)主要施工方法。

(6)施工总平面布置。

(7)主要施工管理计划。

2. 单位工程施工组织设计的主要内容

(1)工程概况。

(2)施工部署。

(3)施工方案。

(4)施工进度计划。

(5)施工准备与主要资源配置计划。

(6)施工平面布置。

(7)主要施工管理计划。

3. 施工方案的主要内容

(1)工程概况。

(2)施工安排。

(3)施工进度计划。

(4)施工准备与主要资源配置计划。

(5)施工方法及工艺要求。

(6)施工平面布置。

(7)质量要求。

(8)其他要求(进度、安全、环境、成本、消防、文明施工等)。

以上内容仅是施工组织总设计、单位工程施工组织设计、施工方案的内容构架,由于施工组织设计的编制对象和作用不同,其内容所包含的范围也不同。在编制时,应结合施工项目的实际情况对其内容进行扩展。

1.3.5　建筑施工组织设计的编制原则和依据

1. 基本原则

(1)认真贯彻执行党和国家对工程建设的各项方针和政策,严格执行现行的建设程序。

(2)遵循建筑施工工艺及其技术规律,坚持合理的施工程序和施工顺序,在保证工程质量的前提下,加快建设速度,缩短工程工期。

(3)采用流水施工方法和网络计划等先进技术组织有节奏、连续和均衡的施工,科学地安排施工进度计划,保证人力、物力充分发挥作用。

（4）统筹安排，保证重点，合理地安排冬季、雨季施工项目，提高施工的连续性和均衡性。

（5）认真贯彻建筑工业化方针，不断提高施工机械化水平，贯彻工厂预制和现场预制相结合的方针，扩大预制范围，提高预制装配程度；改善劳动条件，减轻劳动强度，提高劳动生产率。

（6）采用国内外先进施工技术，科学地确定施工方案，贯彻执行施工技术规范、操作规程，提高工程质量，确保安全施工，缩短施工工期，降低工程成本。

（7）精心规划施工平面图，节约用地；尽量减少临时设施，合理储存物资，充分利用当地资源，减少物资运输量。

（8）做好现场文明施工和环境保护工作。

2. 编制依据

（1）建设单位的意图和要求，如工期、质量、预算要求等。

（2）工程设计文件，包括说明书、设计图纸、工程数量表、施工组织方案意见、总概算等。

（3）施工组织设计对本单位工程的工期、质量和成本的控制要求。

（4）调查研究资料（包括工程项目所在地区的自然、经济资料，施工中可配备的劳力、机械及其他条件）。

（5）有关定额（劳动定额、物资消耗定额、机械台班定额等）及参考指标。

（6）现行的有关技术标准、施工规范、规则及地方性规定等。

（7）有关技术新成果和类似建设工程项目的资料和经验。

1.4 BIM 技术对施工组织的影响

在互联网时代，把信息技术的集成用于改变传统管理方式，实现传统施工模式的变革，使施工现场更智慧化是一种发展趋势。近年来，随着 BIM 技术、大数据技术、物联网技术、云计算等信息技术的不断发展，施工现场管理逐渐由人工方式转变为信息化、智能化管理。相比传统的二维 CAD 设计，BIM 技术以建筑物的三维图形为载体，进一步集成各种建筑信息参数，形成了数字化、参数化的建筑信息模型，然后围绕数字模型实现施工模拟、碰撞检测、5D 虚拟施工等应用，极大地提高了工程质量、进度、安全等管理效率，显著提升了管理效率和效果，节省了工程管理成本。

1.4.1 BIM 技术在施工现场布置上的影响

施工现场的管理是安全生产的主要部分，是施工企业一项基础性的管理工作。

传统模式下的施工场地布置策划是由编制人员依据现场情况及自己的施工经验指导现场的实际布置，在施工前很难分辨布置方案的优劣，而施工现场本身是一个动态变化的过程，布置不合理的施工场地甚至会产生施工安全问题。所以，随着工程项目的大型化、复杂化，传统静态的二维施工场地布置方法已经难以满足实际需要。

运用 BIM 技术进行场地布置策划，可以运用三维信息模型技术表现建筑施工现场，可以运用 BIM 动画技术形象模拟建筑施工过程，结合建筑施工过程中施工现场场景布置的实际情况或远景规划，将现场的施工情况、周边环境和各种施工机械等运用三维仿真技术形象地表现出来，并通过虚拟模拟进行合理性、安全性、经济性评估，实现施工现场场地布置得合理、合规。

1.4.2　BIM 技术在进度计划编制上的影响

施工进度计划是施工单位进行生产和经济活动的重要依据，是项目建设和指导工程施工的重要技术和经济文件。

传统施工进度计划编制流程及方法存在不少问题，一是编制过程杂乱，工作量大，进度计划的编制过程考虑因素多，相关配套资源分析预测难度大，丢项漏项时有发生，不合理的进度安排给后续施工埋下进度隐患。二是编制审核工作效率低，传统的施工进度计划大部分工作都要由人工来完成，工作速率和正确率都可能会存在问题。三是进度信息的静态性施工进度计划一旦编制完成，就以数字、横道、箭线等方式存储在横道图或者网络图中，不能表达工程的变更信息。工程的复杂性、动态性、外部环境的不确定性等都可能导致工程变更的出现。由于进度信息的静态性，常常会出现施工进度计划与实际施工不一致的情况。

随着建设项目不断地大型化、复杂化，传统的施工策划方式已经不能满足项目管理的要求。结合 BIM 技术特点，在计划编制期间，可以利用 BIM 模型提供的各类工程量信息，结合工种工效、设备工效等业务积累数据，更加科学地预测出施工期间的资源投入，并进行合理性评估，为支撑过程提供了有力的帮助，确保计划的最优性及最合理性。

1.4.3　BIM 技术在施工方案及工艺应用上的影响

施工策划的一项重要工作就是确定项目主要的施工方案和特殊部位的作业流程。当前，施工方案编制主要依靠项目技术人员的经验及类似项目案例，实施过程主要依靠简单的技术交底和作业人员自身技术素养。面对越来越庞大且复杂的建筑工程项目，传统的方案编制和作业工人交底模式显得越来越力不从心，给工程项目的安全、质量和成本带来了很大的压力。

运用基于 BIM 技术的施工方案及工艺模拟，不仅可以检查和比较不同的施工方案、优化施工方案，还可以提高向作业人员技术交底的效果。整个模拟过程包括了施工工序、施工方法、设备调用、资源（包括建筑材料和人员等）配置等。通过模拟发现不合理的施工程序、设备调用程序与冲突资源的不合理利用、安全隐患、作业空间不充足等问题，也可以及时更新施工方案，以解决相关问题，降低了不必要的返工成本，减少了资源浪费与施工安全问题。同时，施工模拟也为项目各参建方提供沟通与协作的平台，帮助各方及时、快捷地解决各种问题，从而大大提高了工作效率，节省了大量的时间。

目前，BIM 技术已经被广泛应用在施工组织中。在施工方案制订环节，利用 BIM 技术可以进行施工模拟，分析施工组织、施工方案的合理性和可行性，排除可能的问题。例如，管线碰撞问题、施工方案（深基坑、脚手架）模拟等的应用，对于结构复杂和施工难度高的项目尤为重要。在施工过程中，可以将成本进度等信息要素与模型集成，形成完整的 5D 施工模拟，帮助管理人员实现施工全过程的动态物料管理、动态造价管理、计划与实施的动态对比等，实现施工过程的成本、进度和质量的数字化管控。

复习思考题

1. 什么叫建设项目？建设项目有哪些工作内容组成？

2. 简述建设程序。

3. 建筑产品及其施工有哪些特点？

4. 施工组织设计可分成哪几类？它包括哪些主要内容？

5. 标前施工组织设计和标后施工组织设计有什么区别？

6. 简述编制施工组织设计应遵守的原则。

7. 试述 BIM 技术对施工组织的影响。

任务 2　施工准备

2.1　施工准备工作概述

2.1.1　施工准备工作的概念

施工准备工作是为了保证工程顺利开工和施工活动正常进行而必须事先做好的各项工作，是基本建设工作的主要内容，是生产经营管理的重要组成部分。它不但存在于开工前，同时随着工程的进展，各个施工阶段、各分部分项工程及各工种施工前也都有相应的施工准备工作，也就是说，施工准备工作贯穿于整个工程建设的全过程。因此，做好工程施工的各项准备工作，对创造良好的开工条件并顺利地组织施工具有重要意义。

2.1.2　施工准备工作的意义

现代的建筑施工是一项复杂的生产活动，它不仅要消耗大量的材料，使用很多施工机械，还要组织大量的施工人员，要处理各种技术问题，协调各种协作关系，涉及面广，情况复杂。

（1）施工准备工作是建筑业企业生产经营管理的重要组成部分。现代企业管理理论认为，企业管理的重点是生产经营，而生产经营的核心是决策。施工准备工作作为生产经营管理的重要组成部分，对拟建工程目标、资源供应和施工方案及其空间布置和时间排列等诸方面进行了选择和施工决策。它有利于企业搞好目标管理，推行技术经济责任制。

（2）施工准备工作是建筑施工程序的重要阶段。现代工程施工是十分复杂的生产活动，其技术规律和市场经济规律要求工程施工必须严格按照建筑施工程序进行。施工准备工作是保证整个工程施工和安装顺利进行的重要环节，可以为拟建工程的施工建立必要的技术和物质条件，统筹安排施工力量和施工现场。

（3）做好施工准备工作，有利于降低施工风险。由于建筑产品及其施工生产的特点，其生产过程受外界干扰及自然因素的影响较大，因而施工中可能遇到的风险较多。只有根据周密的分析和多年积累的施工经验，采取有效防范控制措施，充分做好施工准备工作，才能加强应变能力，从而降低风险损失。

（4）做好施工准备工作，可以提高企业综合经济效益。认真做好施工准备工作，有利于发挥企业优势，合理供应资源，加快施工进度，提高工程质量，降低工程成本，增加企业经济效益，赢得企业社会信誉，实现企业管理现代化，从而提高企业综合经济效益。

2.1.3　施工准备工作的分类

1. 按照施工准备工作的范围不同分类

（1）施工总准备（全场性施工准备）。它是以一个建设项目为对象进行的各项施工准备。该准备工作的目的、内容都是为全场性施工服务的，它不仅要为全场性的施工活动创造有利条件，而且要兼顾单位工程施工条件的准备。

（2）单项（单位）工程施工条件准备。它是以一个建筑物或构筑物为对象进行的施工条件准备工作。该准备工作的目的、内容都是为单位工程施工服务的，它不仅为该单位工程在开工前做好一切准备，而且要为分部（分项）工程做好施工准备工作。

（3）分部（分项）工程作业条件准备。它是以一个分部（分项）工程或冬季、雨季施工为对象进行的作业条件准备。

2. **按照工程项目所处的施工阶段的不同分类**

（1）开工前的施工准备。它是在拟建工程正式开工之前所进行的一切施工准备工作，其目的是为拟建工程正式开工创造必要的施工条件。它既可能是全场性的施工准备，又可能是单位工程施工条件的准备。

（2）开工后的施工准备。它是在工程开工之后，每个施工阶段正式开工之前所进行的施工准备工作，其作用是为每个施工阶段创造必要的施工条件。如混合结构的民用住宅的施工，一般可分为地下工程、主体工程、装饰工程和屋面工程等施工阶段，根据每个施工阶段的施工内容不同，所需要的技术条件、物资条件、组织要求和现场布置等方面也不同，因此，在每个施工阶段开工之前，都要认真做好相应的施工准备工作。

2.1.4 施工准备工作的内容

施工准备工作的内容一般包括调查研究收集资料、技术资料准备、资源准备、施工现场准备、季节性施工准备等（见图 2-1）。

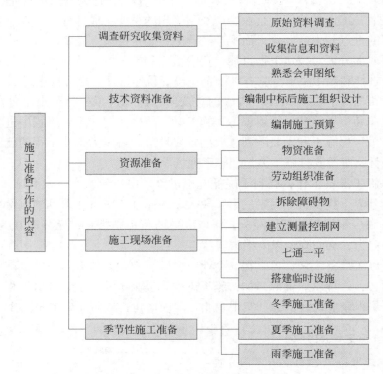

图 2-1 施工准备工作的一般内容

2.2　施工技术、物资、劳动组织准备

2.2.1　原始资料调查分析

对一项工程所涉及的自然条件和技术经济条件等施工资料进行调查研究与收集整理，是施工准备工作的一项重要内容，也是编制施工组织设计的重要依据。建筑产品生产的特点决定了建设地区自然条件、技术经济条件对建设项目的影响和制约。因此，在编制施工组织设计时，应以建设地区自然条件和技术经济条件、地址环境等实际情况为依据。为保证施工的顺利进行，必须进行原始资料调查分析。

调查研究与收集资料的工作应有计划、有目的地进行，事先要拟定详细的调查提纲。其调查的范围、内容要求等应根据拟建工程的规模、性质、复杂程序、工期以及对当地了解程度确定。调查时，除向建设单位、勘察设计单位、当地气象台站及有关部门和单位收集资料及有关规定外，还应到实地勘测，并向当地居民了解情况。对调查、收集到的资料，应注意整理归纳、分析研究，对其中特别重要的资料，必须复查其数据的真实性和可靠性。

1. 自然条件调查

自然条件调查分析包括对建设地区的气象资料、工程地形地质、工程水文地质、环境及障碍物条件等项目进行调查，为制订施工方案、技术组织措施、冬雨期施工措施进行施工平面规划布置等提供依据，为编制现场"七通一平"计划提供依据。可参考表 2-1 制作自然条件调查项目表。

表 2-1　自然条件调查项目表

项目	项目内容	调查内容	调查目的
气象资料	气温	（1）全年各月平均气温； （2）极端温度及月份（最高气温及月份，最低气温及月份）； （3）冬季、夏季室外计算温度； （4）霜、冻、冰雹期； （5）低于 -3℃、0℃、5℃的天数及起止日期	（1）防暑降温； （2）全年正常施工天数； （3）冬季施工措施； （4）估计混凝土、砂浆强度增长
	降雨	（1）雨季起止时间； （2）全年降水量、一日最大降水量； （3）全年雷暴天数、时间； （4）全年各月平均降水量	（1）雨季施工措施； （2）现场排水、防洪方案； （3）防雷设施； （4）雨天天数估计
	风	（1）主导风向及频率； （2）大于或等于 8 级风的全年天数、时间	（1）临时设施布置方案； （2）高空作业及吊装措施
工程地形地质	地形	（1）区域地形图； （2）工程位置地形图； （3）建设地区城市规划图； （4）控制桩、水准点的位置； （5）地形地质特征； （6）勘察文件、资料等	（1）选择施工用地； （2）布置施工总平面图； （3）场地平整及土方量计算； （4）障碍物及数量； （5）拆除及清理施工现场方案

续表

项目	项目内容	调查内容	调查目的
工程地形地质	地质	（1）钻孔布置图； （2）地质剖面图； （3）土质稳定性：滑坡、流沙、冲沟； （4）物理力学指标：天然含水率、孔隙比、塑性指数、渗透系数、压缩试验及地基土强度； （5）最大冻结深度； （6）地基土破坏情况：枯井、洞穴、防空洞、沟渠管网等	（1）土方施工方法的选择； （2）地基处理方法； （3）基础、地下结构施工措施； （4）基坑开挖方案设计； （5）障碍物拆除计划
	地震	（1）地震等级、烈度大小； （2）抗震设防烈度的大小	对地基、基础、结构的影响，施工注意事项
工程水文地质	地下水	（1）最高、最低水位及时间； （2）流向、流速及流量； （3）水质分析； （4）抽水试验，测定水量	（1）基础施工方案选择； （2）降低地下水的方法； （3）侵蚀性介质的措施； （4）使用地下水的可能性
	地面水	（1）临近水域及距离：江河、湖泊； （2）洪水、平水、枯水期水位、流量、流速、航道深度； （3）水质分析； （4）最大、最小冻结深度及冻结时间	（1）临时给水方案； （2）运输方式； （3）土木工程施工方案； （4）防洪方案

资料来源：当地气象局、地震局、设计单位的原始资料、勘察报告等。

2. 技术经济条件调查

技术经济条件调查主要包括建设地区的能源、交通、材料、半成品及成品货源、价格等内容，作为选择施工方法和确定费用的依据。可参考表 2-2~ 表 2-6。

表 2-2　能源调查项目表

项　目	调查内容	调查目的
给水与排水	（1）与当地现有水源连接的可能性，可供水量，接管地点、管径、管材、埋深、水压、水质、水费，至工地距离，地形地物情况； （2）临时供水源：利用江河、湖水可能性，水源、水量、水质、取水方式，至工地距离、地形地物情况；临时水井位置、深度、出水量、水质； （3）利用永久排水设施的可能性，施工排水去向，距离坡度；有无洪水计划影响，现有防洪设施、排洪能力	（1）确定生活、生产供水方案； （2）确定工地排水和防洪方案； （3）拟定给水、排水的施工进度计划
供电与电信	（1）电源位置，引入的可能，允许供电容量、电压、导线截面、距离、电费、接线地点，至工地距离、地形地物情况； （2）建设和施工单位自有发电、变电设备的规格型号、台数、能力； （3）利用邻近通信设备的可能性，电话、电报局至工地距离，增设电话设备和计算机等自动化办公设备和线路的可能性	（1）确定供电方案； （2）确定通信方案； （3）拟定供电和通信的施工制度计划

项 目	调查内容	调查目的
供气	（1）供气来源，可供能力、数量，接管地点、管径、埋深，至工地距离，地形地物情况，供气价格，供气的正常性； （2）建设和施工单位自有锅炉型号台数、能力、所需燃料、用水水质、投资费用； （3）当地建设单位提供压缩空气、氧气的能力，至工地的距离	（1）确定生产、生活用气的方案； （2）确定压缩空气、氧气的供应计划

资料来源：当地城建、供电局、水厂等单位及建设单位。

表 2-3 交通情况调查项目表

项目	调查内容	调查目的
铁路	（1）邻近铁路专用线、车站到工地的距离及沿途运输条件； （2）站场卸货线长度、起重能力和储存能力； （3）装载单个货物的最大尺寸、重量的限制； （4）运费、装卸费和装卸力量	
公路	（1）主要材料产地至工地的公路等级，路面构造宽度及完好情况，允许最大载重量，途经桥涵等级和允许最大载重量； （2）当地专业运输机构及附近村镇能提供的装卸、运输能力，汽车、畜力车、人力车的数量及运输效率、运费、装卸费； （3）当地有无汽车修配厂，修配能力和至工地距离	（1）选择施工运输方式； （2）拟定施工运输计划
水路	（1）货源、工地至邻近河流、码头渡口的距离，道路情况； （2）洪水、平水、枯水期时，通航的最大船只及吨位，取得船只的可能性； （3）码头装卸能力、最大起重量，增设码头的可能性； （4）渡口的渡船能力，同时可载汽车、畜力车数，每日次数，能为施工提供的能力； （5）运输费、渡口费、装修费	
航空	（1）邻近机场至工地的距离及运输能力； （2）装卸单个货物的最大尺寸、重量的限制； （3）空运的各种费用	

表 2-4 主要材料、特殊材料和主要设备情况调查项目表

项 目	调查内容	调查目的
三大材料	（1）钢材订货的规格、钢号、数量和到货时间； （2）木材订货的规格、等级、数量和到货时间； （3）水泥订货的品种、标号、数量和到货时间	（1）确定临时设施和堆放场地； （2）确定木材加工计划； （3）确定水泥储存方式
特殊材料	（1）需要的品种、规格、数量； （2）试制、加工的供应情况； （3）紧扣材料和新材料	（1）制订采购计划； （2）确定储存方式
主要设备	（1）主要工艺设备名称、规格、数量和供货单位； （2）设备分批和全部到货时间	（1）确定临时设施和堆放场地； （2）拟定防御措施

表 2-5　地方资源情况调查项目表

序号	材料名称	产地	储存量	质量	开采（生产）量	开采费	出厂价	运距	运费
1									
2									

表 2-6　地方建筑材料及构件生产企业情况调查项目表

序号	企业名称	产品名称	产品单位	产品规格	产品质量	生产能力	供应能力	生产方式	出厂价格	运距	运输方式	单位运价	备注
1													
2													

3. 社会资料调查

社会资料调查内容包括社会劳动力、生活设施及施工单位情况等。建设地区的社会劳动力和生活条件调查主要是了解当地能提供的劳动力人数、技术水平、来源和生活安排；了解能提供作为施工用的现有房屋情况；了解当地的产品供应、文化教育、消防治安、医疗单位的基本情况及能为施工提供的支援能力。这些资料是制订劳动力安排计划、建立职工生活基地、确定临时设施的依据，可参考表 2-7 和表 2-8。

表 2-7　社会劳动力和生活设施情况调查项目表

项　目	调查内容	调查目的
社会劳动力	（1）少数民族地区的风俗习惯； （2）当地能提供的劳动力人数、技术水平和来源； （3）上述人员的生活安排	（1）制订劳动力计划； （2）安排临时设施
房屋设施	（1）必须在工地居住的单身人数和户数； （2）能作为施工的现有的房屋栋数、每栋面积、房屋设施结构特征、总面积、位置、水、暖、电、卫生设备状况； （3）现有建筑物的适宜用途，用作宿舍、食堂、办公室的可能性	（1）确定现有房屋为施工服务的可能性； （2）安排临时设施
周围环境	（1）日用品供应、文化教育、消防治安等机构能为施工提供的支援能力； （2）临近医疗单位至工地的距离，可能就医情况； （3）当地公共汽车、电信、邮电服务情况； （4）周围是否存在有害气体、污染情况，有无地方疾病	确定职工生活基地

4. 其他参考资料调查

在编制施工组织设计时，为弥补原始资料的不足，还要借助一些相关的参考资料作为依据。如现行的由国家有关部门制定的技术规范、规程及有关技术规定、施工手册、各种施工规范、施工组织设计编写实例及平时施工实践活动中所积累的资料等，如《建筑工程施工质量验收统一标准》（GB 50300—2013）及相关专业工程施工质量验收规范，《建筑施工安全检查标准》（JGJ 59—2011）及有关专业工程安全技术规范规程，《建设工程项目管理

规范 》(GB/T 50326—2017)、《建设工程文件归档规范 》(GB/T 50328—2014)、《建筑工程冬期施工规程 》(JGJ/T 104—2011)，各专业工程施工技术规范等。

表 2-8　施工单位情况调查项目表

项　目	调 查 内 容	调查目的
工人	（1）工人的总数、各专业工种的人数、能投入本工程的人数； （2）专业分工及一专多能情况； （3）定额完成情况	
管理人员	（1）管理人员总数，各种人员比例及其人数； （2）工程技术的人数，专业构成情况	
施工机械	（1）施工机械名称、型号、规格、台数及新旧程度； （2）总装配程度、技术装备率和动力装备率； （3）拟增购的施工机械明细表	（1）了解总、分包单位的技术、管理水平； （2）选择分包单位； （3）为编制施工组织设计提供依据
施工经验	（1）历史上曾经施工过程的主要工程项目及完成情况； （2）习惯采用的施工方法，曾采用过的先进施工方法； （3）科研成果和技术更新情况	
主要指标	（1）劳动生产率指标：产值、产量、全员建安劳动生产率； （2）质量指标：产品优良率及合格率； （3）安全指标：安全事故频率； （4）利润成本指标：产值、资金利润率，成本计划实际降低率； （5）机械化、工厂化施工程度； （6）机械设备完好率、利用率和效率	

此外，还应向建设单位和设计单位收集建设项目的建设安排及设计方面的资料。建设单位与设计单位项目资料收集调查可参考表 2-9。

表 2-9　施工单位情况调查项目表

调查单位	调 查 内 容	调查目的
建设单位	（1）建设项目设计任务书、有关文件； （2）建设项目性质、规模、生产能力； （3）生产工艺流程、主要工艺设备名称及来源、供应时间、分批和全部到货时间； （4）建设期限、开工时间、交工先后顺序、竣工投产时间； （5）总概算投资、年度建设计划； （6）准备工作内容、安排、工作进度表	（1）施工依据； （2）项目建设部署； （3）制订主要工程施工方案； （4）规划施工总进度； （5）安排年度施工计划； （6）规划施工总平面； （7）确定占地范围
设计单位	（1）建设项目总平面规划； （2）工程地质勘察资料、水文勘察资料； （3）项目建筑规模、建筑、结构、装修概况、总建筑面积、占地面积、单项（单位）工程个数、设计进度安排； （4）生产工艺设计、特点； （5）地形测量图	（1）施工总平面图规划； （2）规划生产施工区、生活区； （3）安排大型暂设工程； （4）概算、规划施工总进度； （5）计算平整场地土石方量； （6）确定地基、基础的施工方案

2.2.2 技术准备

技术资料的准备即通常所说的室内准备（或内业准备），是施工准备的核心，指导着现场施工准备工作，对于保证建筑产品质量、实现安全生产、加快工程进度、提高工程经济效益都具有十分重要的意义。任何技术差错和隐患都可能引起人身安全和质量事故，造成生命财产和经济的巨大损失，因此，必须重视技术资料准备工作。其内容一般包括熟悉与会审图纸、编制施工组织设计、编制施工图预算和施工预算。技术资料的准备是施工准备的核心工作，直接指导现场的施工准备工作。

1. 熟悉和会审图纸

施工图全部或分阶段出图以后，施工单位应依据建设单位和设计单位提供的初步设计或扩大初步设计（技术设计）、施工图设计、建筑总平面图、土方竖向设计和城市规划等资料文件，以及调查、收集的原始资料和其他相关信息与资料，组织有关人员对设计图纸进行学习和会审工作，使参与施工的人员掌握施工图的内容、要求和特点，同时发现施工图中的问题，以便在图纸会审时统一提出，解决施工图中存在的问题，确保工程施工顺利进行。

1）熟悉图纸

熟悉设计图纸，领会设计意图，掌握工程特点及难点，找出图纸设计中的错误、矛盾、交代不清楚、设计不合理等问题，尽可能把这些问题及时提出来，在施工作业之前解决。

阅读图纸时，应重点熟悉掌握以下内容。

（1）先粗后细。就是先看平面图、立面图、剖面图，对整个工程的概貌有一个了解，对总的长、宽尺寸，轴线尺寸、标高、层高、总高有一个大体的印象。然后看细部做法，核对总尺寸与细部尺寸、位置、标高是否相符，门窗表中的门窗型号、规格、形状、数量是否与结构相符等。

（2）先小后大。就是先看小样图，后看大样图。核对在平面图、立面图、剖面图中标注的细部做法，与大样图的做法是否相符；所采用的标准构件图集编号、类型、型号，与设计图纸有无矛盾，索引符号有无漏标之处，大样图是否齐全等。

（3）先建筑后结构。就是先看建筑图，后看结构图。把建筑图与结构图互相对照，核对其轴线尺寸、标高是否相符，有无矛盾，查对有无遗漏尺寸，有无构造不合理之处。

（4）先一般后特殊。就是先看一般的部位和要求，后看特殊的部位和要求。特殊部位一般包括地基处理方法、变形缝的设置、防水处理要求和抗震、防火、保温、隔热、防尘、特殊装修等技术要求。

（5）图纸与说明结合。就是要在看图时对照设计总说明和图中的细部说明，核对图纸和说明有无矛盾，规定是否明确，要求是否可行，做法是否合理等。

（6）土建与安装结合。就是看土建图时，有针对性地看一些安装图，核对与土建有关的安装图有无矛盾，预埋件、预留洞、槽的位置、尺寸是否一致，了解安装对土建的要求，以便考虑在施工中的协作配合。

（7）图纸要求与实际情况结合。就是核对图纸有无不符合施工实际之处，如建筑物相对位置、场地标高、地质情况等是否与设计图纸相符；对一些特殊的施工工艺，施工单位能否做到等。

2）图纸会审

图纸会审通常分为自审、会审和现场签证三个阶段。

（1）图纸自审阶段由施工单位负责该项目的经理部组织各工种人员对本工种的有关图纸进行审查，掌握和了解图纸中的细节；在此基础上，由总承包单位内部的土建与水、暖、电等专业人员共同核对图纸，消除差错，协商施工配合事项；最后，总承包单位与外分包单位（如桩基施工、装饰工程施工、设备安装施工等）在各自审查图纸的基础上共同核对图纸中的差错及协商有关施工配合问题。

图纸自审的要求主要有以下内容。

① 审查拟建工程的地点，建筑总平面图同国家、城市或地区规划是否一致，以及建筑物或构筑物的设计功能和使用要求是否符合环卫、防火及城市美化方面的要求。

② 审查设计图纸是否完整齐全，以及设计图纸和资料是否符合国家有关技术规范要求。

③ 审查建筑、结构、设备安装图纸是否相符，有无"错、漏、碰、缺"，内部结构图和工艺设备有无矛盾。

④ 审查地基处理与基础设计同拟建工程地点的工程地质和水文地质等条件是否一致，以及建筑物或构筑物与原地下构筑物及管线之间有无矛盾。深基础的防水方案是否可靠，能否解决材料设备问题。

⑤ 明确拟建工程的结构形式和特点，复核主要承重结构的承载力、刚度和稳定性是否满足要求，审查设计图纸中的形体复杂、施工难度大和技术要求高的分部分项工程或新结构、新材料、新工艺，在施工技术和管理水平上能否满足质量和工期要求，能否解决选用的材料、构配件、设备等问题。

⑥ 明确建设期限，分期分批投产或交付使用的顺序和时间，以及工程所用的主要材料、设备的数量、规格、来源和供货日期。

⑦ 明确建设单位、设计单位和施工单位等之间的协作、配合关系，以及建设单位可以提供的施工条件。

⑧ 审查设计是否考虑了施工的需要，各种结构的承载力、刚度和稳定性是否满足设置内爬、附着、固定式塔式起重机等使用的要求。

（2）图纸会审阶段一般工程由建设单位组织并主持会议，设计单位交底，施工单位、监理单位参加。对于重点工程或规模较大及结构、装修较复杂的工程，如有必要，可邀请各主管部门及消防、防疫与协作单位参加，会审的程序是设计单位做设计交底，施工单位对图纸提出问题，有关单位发表意见，与会者讨论、研究、协商，逐条解决问题，达成共识，组织会审的单位汇总成文，各单位会签，形成图纸会审纪要，会审纪要作为与施工图纸具有同等法律效力的技术文件来使用。

图纸会审审查设计图纸及其他技术资料时，应注意以下问题。

① 设计是否符合国家有关方针、政策和规定。

② 设计规模、内容是否符合国家有关的技术规范要求，尤其是强制性标准的要求，是否符合环境保护和消防安全的要求。

③ 建筑设计是否符合国家有关的技术规范要求，尤其是强制性标准的要求，是否符合环境保护和消防安全的要求。

④ 建筑平面布置是否符合核准的按建筑红线划定的详图和现场实际情况；是否提供符合要求的永久水准点或临时水准点位置。

⑤ 图纸及说明是否齐全、清楚、明确。

⑥ 建筑、结构、设备等图纸本身及相互之间是否有错误和矛盾，图纸与说明之间有无矛盾。

⑦ 有无特殊材料（包括新材料）要求，其品种规格、数量能否满足需要。

⑧ 设计是否符合施工技术装备条件，如需采取特殊技术措施时，技术上有无困难，能否保证安全施工。

⑨ 地基处理及基础设计有无问题，建筑物与地下构筑物、管线之间有无矛盾。

⑩ 建（构）筑物及设备的各部位尺寸、轴线位置标高、预留孔洞及预埋件、大样图及做法说明有无错误和矛盾。

（3）施工图纸的现场签证阶段。在拟建工程施工过程中，如果发现施工的条件与设计图纸的条件不符，或者发现图纸中仍然有错误，或者因为材料的规格、质量不能满足设计要求，或者因为施工单位提出了合理化建议，需要对施工图纸进行及时修订的，应遵循技术核定和设计变更的签证制度，进行图纸的施工现场签证。如果设计变更的内容对拟建工程的规模、投资影响较大时，要报请项目的原批准单位批准。施工现场的图纸修改、技术核定和设计变更资料都要有正式的文字记录，归入拟建工程施工档案，作为指导施工、工程结算和竣工验收的依据。

2. 编制施工组织设计

施工组织设计是由承建单位根据自身的实际情况和工程项目的特点，在施工前对设计和施工、技术和经济、前方和后方、人力和物力、时间和空间等方面所做的一个导向，是指导施工现场全部生产活动的技术经济文件，是统筹施工全过程的重要的技术文件。它是在投标书施工组织设计的基础上，结合所收集的原始资料和相关信息资料，根据图纸及会审纪要，按照编制施工组织设计的基本原则，综合建设单位、监理单位、设计意图的具体要求进行编制，以保证工程好、快、省、安全、顺利地完成。

施工单位必须在约定的时间内完成施工组织设计的编制与自审工作，并填写施工组织设计报审表报送项目监理机构。总监理工程师应在约定的时间内组织专业监理工程师审查，提出审查意见后，总监理工程师审定批准，需要施工单位修改时，由总监理工程师签发书面意见，退回施工单位修改后再报审，总监理工程师应重新审定，已审定的施工组织设计由项目监理机构报送建设单位。施工单位应按审定的施工组织设计文件组织施工，如需对其内容作较大变更，应在实施前将变更书面内容报送项目监理机构重新审定。对规模大、结构复杂或属于新结构、特种结构的工程，专业监理工程师提出审查意见后，由总监理工程师签发审查意见，必要时与建设单位协商，组织有关专家会审。

3. 编制施工图预算和施工预算

1）编制施工图预算

施工图预算是在拟建工程开工前的施工准备工作期所编制的确定建筑安装工程造价的

经济性文件。它是施工单位签订承包合同、工程结算和进行成本核算的依据。

2）编制施工预算

施工预算是施工单位根据施工合同价款、施工图纸、施工组织设计或施工方案、施工定额等文件进行编制的企业内部经济文件，它直接受施工合同中合同价款的控制，是施工前的一项重要准备工作。它是施工企业内部控制各项成本支出、考核用工、签发施工任务书、限额领料，基层进行经济核算、进行经济活动分析的依据。在施工过程中，要按施工预算严格控制各项指标，以降低工程成本，提高施工管理水平。

2.2.3　物资准备

施工物资准备是指在项目施工中必须有的劳动手段（施工机械、工具）和劳动对象（材料、配件、构件）等的准备，是一项较为复杂而又细致的工作，建筑施工所需的材料、构（配）件、机具和设备品种多且数量大，能否保证按计划供应，对整个施工过程的工期、质量和成本有着举足轻重的作用。

物资准备的具体内容有材料准备、构（配）件及设备加工订货准备、施工机具准备、生产工艺设备准备、运输准备和施工物资价格管理等。

1. 材料准备

（1）根据施工方案中的施工进度计划和施工预算中的工料分析，编制工程所需材料用量计划，作为备料、供料和确定仓库、堆场面积及组织运输的依据。

（2）根据材料需用量计划，做好材料的申请、订货和采购工作，使计划得到落实。

（3）组织材料按计划进场，按施工平面图和相应位置堆放，并做好合理储备、保管等工作。

（4）严格验收、检查、核对材料的数量和规格，做好材料试验和检验工作，保证施工质量。

2. 构（配）件及设备加工订货准备

（1）根据施工进度计划及施工预算所提供的各种构配件及设备数量，做好加工翻样工作，并编制相应的需用量计划。

（2）根据需用计划，向有关厂家提出加工订货计划要求，并签订订货合同。

（3）组织构配件和设备按计划进场，按施工平面布置图做好存放及保管工作。

3. 施工机具准备

（1）各种土方机械，混凝土、砂浆搅拌设备，垂直及水平运输机械，钢筋加工设备，木工机械，焊接设备，打夯机，排水设备等，应根据施工方案，对施工机具配备的要求、数量以及施工进度安排，编制施工机具需用量计划。

（2）拟由本企业内部负责解决的施工机具，应根据需用量计划组织落实，确保按期供应。

（3）对施工企业缺少且需要的施工机具，应与有关方面签订订购和租赁合同，以保证施工需要。

（4）对于大型施工机械（如塔式起重机、挖土机、桩基设备等）的需求量和时间，应向有关方面（如专业分包单位）联系，提出要求，在落实后签订有关分包合同，并为大型机械按期进场做好现场有关准备工作。

（5）安装、调试施工机具，按照施工机具需用量计划，组织施工机具进场，根据施工总平面图将施工机具安置在规定的地方或仓库。对施工机具要进行就位、搭棚、接电源、保养、调试工作。所有施工机具都必须在使用前进行检查和试运转。

4. 生产工艺设备准备

订购生产用的生产工艺设备，要注意交货时间与土建进度密切配合，由于某些庞大设备的安装往往要与土建施工穿插进行，如果土建全部完成或封顶后，安装会有困难，故各种设备的交货时间要与安装时间密切配合，它将直接影响建设工期。准备时按照施工项目工艺流程及工艺设备的布置图提出工艺设备的名称、型号、生产能力和需要量，确定分期分批进场时间和保管方式，编制工艺设备需要量计划，为组织运输、确定堆场面积提供依据。

5. 运输准备

（1）根据材料、构（配）件、施工机具、工艺设备需用量计划，编制运输需用量计划，并组织落实运输工具。

（2）按照材料、构（配）件、施工机具、工艺设备需用量计划明确的进场日期，联系和调配所需运输工具，确保材料、构（配）件和机具设备按期进场。

6. 施工物资价格管理

（1）建立市场信息制度，定期收集、披露市场物资价格信息，提高透明度。

（2）在市场价格信息指导下，"货比三家"，选优进货；对于大宗物资的采购，要采取招标采购方式，在保证物资质量和工程质量的前提下，降低成本、提高效益。

2.2.4 劳动组织准备

工程项目是否按目标完成，很大程度上取决于承担这一工程的施工人员的素质。劳动组织准备包括施工管理层和作业层两大部分，这些人员的合理选择和配备，将直接影响工程质量与安全、施工进度及工程成本，因此，劳动组织准备是开工前施工准备的一项重要内容。

1. 项目组织机构建设

对于实行项目管理的工程，项目经理部应该建立高效率的项目组织机构，为建设单位项目管理目标服务。这项工作实施的合理与否很大程度上关系到拟建工程能否顺利进行。施工企业建立项目经理部，要针对工程特点和建设单位要求，根据有关规定进行精心组织安排，认真抓实、抓细、抓好。

项目组织机构的设置应遵循以下原则。

（1）用户满意原则。施工单位要根据单位要求组建项目经理部，让建设单位满意、放心。

（2）全能配套原则。项目经理要会管理、善经营、懂技术、能公关，且要具有较强的适应能力、应变能力和开拓进取精神。项目经理部成员要有施工经验、创造精神、工作效率高。项目经理部既要合理分工，又要密切协作，人员配置应满足施工项目管理的需要，如大型项目，项目经理是一级建造师来担任，管理人员中高级职称人员的比例不应低于 10%。

（3）精干高效原则。施工管理机构要尽量压缩管理层次，因事设职，因职选人，做到管理人员精干、一职多能、人尽其才、恪尽职守，以适应市场变化要求。避免松散、重叠、人浮于事。

（4）管理跨度原则。如管理跨度过大，则鞭长莫及且心有余而力不足；管理跨度过小，人员增多，容易造成资源浪费。因此，施工管理机构各层面设置是否合理，要看管理跨度是否科学，也就是应使每一个管理层面都保持适当的工作幅度，以使其各层面管理人员在职责范围内实施有效的控制。

（5）系统化管理原则。建设项目是由许多子系统组成的有机整体，系统内部存在大量的"结合"部，各层次的管理职能的设计要形成一个相互制约、相互联系的完整体系。

2. 建立精干的施工队伍

（1）组织施工队伍，要认真考虑专业工程的合理配合，技术工人和普通工人的比例要满足合理的劳动组织要求。按组织施工方式的要求，确定建立混合施工队组或专业施工队组及其数量。组建施工队组，要坚持合理、精干的原则，同时制订该工程的劳动力需用量计划。

（2）集结施工力量，组织劳动力进场。项目经理部确定之后，按照开工日期和劳动力需要量计划组织劳动力进场。

3. 优化劳动组合与技术培训

（1）针对工程施工难点，组织工程技术人员和工人队组中的骨干力量，进行类似工程的考察学习。

（2）做好专业工程技术培训工作，提高对新工艺、新材料使用操作的适应能力。

（3）强化质量意识，抓好质量教育，增强质量观念。

（4）工人队组实行优化组合、双向选择、动态管理，最大限度地调动职工的积极性。

（5）认真全面地进行施工组织设计的落实和技术交底工作。施工组织设计、计划和技术交底的目的是把施工项目的设计内容、施工计划和施工技术等要求，详尽地向施工队组和工人讲解交代。这是落实计划和技术责任制的好办法。

（6）切实抓好施工安全、安全防火和文明施工等方面的教育。

4. 建立、健全各项管理制度

工地的各项管理制度是否建立、健全，直接决定其各项施工活动能否顺利进行。有章不循，其后果是严重的，而无章可循更是危险的。为此，必须建立、健全工地的各项管理制度。其内容通常包括项目管理人员岗位责任制度；项目技术管理制度；项目质量管理制度；项目安全管理制度；项目计划、统计与进度管理制度；项目成本核算制度；项目材料、机械设备管理制度；项目现场管理制度；项目分配与奖励制度；项目例会及施工日志制度；项目分包及劳务管理制度；项目组织协调制度；项目信息管理制度。项目经理部自行制订的规章制度与企业现行的有关规定不一致时，应报送企业或其授权的职能部门批准。

5. 做好分包安排

对于本企业难以承担的一些专业项目，如深基础开挖和支护、大型结构安装和设备安装等项目，应及早做好分包或劳务安排，与有关单位协调，签订分包合同或劳务合同，以保证按计划施工。

6. 组织好科研攻关

工程中采用带有试验性质的一些新材料、新产品、新工艺项目，应在建设单位、主管部门的参与下，组织有关设计、科研、教学单位共同进行科研工作。要明确相互承担的试验项目、工作步骤、时间要求、经费来源和职责分工。所有科研项目必须经过技术鉴定后，再用于施工。

2.3 施工现场准备

施工现场的准备工作即通常所说的室外准备（或外业准备），它是为工程创造有利于施工条件的保证，施工现场的准备工作，主要是为了给施工项目创造有利的施工条件，是保证工程按计划开工和顺利进行的重要环节。其工作应按施工组织设计的要求进行，主要包括拆除障碍物、"七通一平"、施工测量、搭设临时设施等内容。

2.3.1 拆除障碍物

施工现场内的一切地上、地下障碍物，都应在开工前拆除。清除障碍物一般由建设单位完成，但有时委托施工单位完成。清除时，一定要了解现场实际情况，原有建筑物情况复杂、原始资料不全时，必须采取相应的措施，以防止发生事故。

对原有电力、通信、给排水、燃气、供热网、树木等设施的拆除和清理，要与有关部门联系并办好手续后方可进行，一般由专业公司来处理。对于房屋的拆除，一般只要把水源、电源切断后即可进行。若房屋较大、较坚固，必须采用爆破的方法时，应经有关部门批准，需要由专业的爆破作业人员来承担。架空电线（电力、通信）、地下电缆（电力通信）的拆除，要与电力部门或通信部门取得联系，并办理有关手续后方可进行。自来水、污水、燃气、热力等管线的拆除，都应与有关部门取得联系，办好相关手续后，由专业公司来完成。若场地内有树木，须报园林部门批准后方可砍伐。拆除障碍物留下的渣土等杂物都应进行清除。运输时，应遵守交通、环保部门的有关规定，运土的车辆要按指定的路线和时间行驶，并采取封闭运输车或在渣土上直接洒水等措施，以免渣土飞扬而污染环境。

2.3.2 "七通一平"

"七通一平"包括在工程项目用地范围内，接通施工用水、用电、道路、电信及燃气，施工现场排水及排污畅通和平整场地的工作。

1. 路通

施工现场的道路是组织物资进场的动脉，拟建工程开工前，必须按照施工总平面图的要求，修建必要的临时性道路，为节约临时工程费用，缩短施工准备工作时间，尽量利用原有道路设施或拟建永久性道路解决现场道路问题，形成畅通的运输网络，使现场施工用道路的布置能确保运输和消防用车等行驶畅通。临时道路的等级，可根据交通流量和所用车解决。

2. 给水通

施工用水包括生产、生活与消防用水，应按施工总平面图的规划进行安排，施工给水尽可能与永久性的给水系统结合起来。临时管线的铺设，既要满足施工用水的需用量，又要施工方便，并且尽量缩短管线的长度，以降低工程的成本。

3. 排水通

施工现场的排水也十分重要，特别在雨期，如场地排水不畅，会影响到施工和运输的顺利进行，高层建筑的基坑深、面积大，施工往往要经过雨期，应做好基坑周围的挡土支护工作，防止坑外雨水向坑内流，并做好基坑底部雨水的排放工作。

4. 排污通

施工现场的污水排放，直接影响城市的环境卫生，由于环境保护的要求，有些污水不能直接排放，而需进行处理以后方可排放。因此，现场的排污也是一项重要的工作。

5. 电及电信通

电是施工现场的主要动力来源，施工现场用电包括施工生产用电和生活用电。由于建筑工程施工供电面积大、起动电流大、负荷变化多和手持式用电机具多，施工现场临时用电要考虑安全和节能措施。开工前，要按照施工组织设计的要求，接通电力和电信设施，电源首先应考虑从建设单位给定的电源上获得，如其供电能力不能满足施工用电需要，则应考虑在现场建立自备发电系统，确保施工现场动力设备和通信设备的正常运行。

6. 蒸汽及燃气通

施工中如需要通过蒸汽、燃气，应按施工组织设计的要求进行安排，以保证施工的顺利进行。

7. 平整场地

清除障碍物后，即可进行场地平整工作，按照建筑施工总平面、勘测地形图和场地平整施工方案等技术文件的要求，通过测量，计算出填挖土方工程量，设计土方调配方案，确定平整场地的施工方案，组织人力和机械进行平整场地的工作。应尽量做到挖填方量趋于平衡，总运输量最小，便于机械施工和充分利用建筑物挖方填土；并应防止利用地表土、软润土层、草皮、建筑垃圾等做填方。

2.3.3 施工测量

施工测量是把设计图上的建筑，通过测量手段"搬"到地面上去，并用各种标志表现出来，以作为施工依据。建筑施工工期长，现场情况变化大，因此，保证控制网点的稳定、正确，是确保建筑施工质量的先决条件，特别是在城区建设，障碍多、通视条件差，给测量工作带来一定的难度，施工时，应根据建设单位提供的由规划部门给定的永久性坐标和高程，按建筑总图上的要求，进行现场控制网点的测量，妥善设立现场永久性标桩，为施工全过程的投测创造条件。

（1）施工时，应根据建设单位提供的由规划部门给定的永久性坐标和高程，按建筑总图上的要求进行现场控制网点的测量，妥善设立现场永久性标准，为施工全过程的测量放线创造条件。

（2）在测量放线前，应做好检验校正仪器、校核红线桩（规划部门给定的红线，在法律上起着控制建筑用地的作用）与水准点、制订测量放线方案（如平面控制、标高控制、沉降观测和竣工测量等）等工作。如发现红线桩和水准点有问题，应提请建设单位处理。

（3）建筑物应通过设计图中的平面控制轴线来确定其轮廓位置，测定后提交有关部门和建设单位验线，以保证定位的准确性。

2.3.4 搭设临时设施

施工现场临时设施应按照施工平面布置图的要求进行，临时建筑平面图及主要房屋结构图都应报请城市规划、市政、消防、交通、环境保护等有关部门审查批准。

所有生产及生活用临时设施，包括各种仓库、搅拌站、加工厂作业棚、宿舍、办公用房、食堂、文化生活设施等，均应按批准的施工组织设计的要求组织搭设，并尽量利用施工现场或附近原有设施（包括要拆迁但可暂时利用的建筑物）和在建工程本身供施工使用的部分用房，尽可能减少临时设施的数量，以便节约用地、节省投资。

为了施工方便和行人的安全及文明施工，应用围墙将施工用地围护起来，围墙的形式、材料和高度应符合市容管理的有关规定和要求，并在主要出入口设置标牌挂图，标明工程项目名称、施工单位、项目负责人等。

2.4 季节性施工准备

2.4.1 冬季施工准备

1. 冬季施工的特点

（1）冬季持续低温、温差大、强风、反复冰冻，经常造成工程质量事故，是工程质量事故的多发期。

（2）冬季施工会因质量事故而呈滞后性。

（3）冬季施工对技术要求高，能源消耗多，施工费用会增加。

2. 冬季施工的准备工作

（1）合理安排冬季施工项目和进度。对于采取冬季施工措施费用增加不大的项目，如吊装、打桩工程等可列入冬季施工范围；而对于冬季施工措施费用增加较大的项目，如土方、基础、防水工程等，尽量安排在冬季之前进行。

（2）重视冬季施工对临时设施布置的特殊要求。施工临时给排水管网应采取防冻措施，尽量埋设在冰冻线以下，外露的管网应用保暖材料包扎，避免受冻；注意道路的清理，防止积雪的阻塞，保证运输畅通。

（3）及早做好物资的供应和储备。及早准备好混凝土促凝剂等特殊施工材料和保温材料以及锅炉、蒸汽管、劳保防寒用品等。

（4）加强冬季防火保安措施，及时检查消防器材和装备的性能。

2.4.2 雨季施工准备

1. 雨季施工的特点

（1）雨季施工的开始具有突然性。这就要求提前做好雨季施工的准备工作和防范措施。

（2）雨季施工带有突击性。因为雨水对建筑结构和地基基础有冲刷或浸泡作用，会造成严重的破坏，所以必须迅速及时地防护已完工程，以免发生质量事故。

（3）雨季往往持续时间较长，从而影响工期。

2. 雨季施工的准备工作

（1）首先在施工进度安排上，注意晴雨结合。晴天多进行室外工作，为雨天创造工作面。不宜在雨天施工的项目，应安排在雨季之前或之后进行。

（2）做好施工现场排水防洪准备工作。经常疏通排水管沟，防止堵塞。

（3）注意道路防滑措施，保证施工现场内外交通畅通。

（4）加强施工物资的保管，注意防水和控制工程质量。

2.5 施工准备工作计划与开工报告

2.5.1 施工准备工作计划

为了落实各项施工准备工作，加强检查和监督，必须根据各项施工准备的内容、时间和人员，编制出施工准备工作计划，见表 2-10。

表 2-10 施工准备工作计划表

序号	施工准备工作	内容	要求	负责单位	负责人	配合单位	起止日期	备注
1								
2								

由于各项施工准备工作不是分离的、孤立的，而是互相补充、互相配合的，为了提高施工准备工作的质量，加快施工准备工作的速度，除了按表 2-10 编制施工准备工作计划外，还可采用编制施工准备工作网络计划的方法，以明确各项准备工作之间的逻辑关系，找出关键线路，并在网络计划图上进行施工准备工期的调整，尽量缩短准备工作的时间，使各项工作有领导、有组织、有计划和分期分批地进行。

2.5.2 开工报告

1. 准备开工

施工准备工作计划编制完成后，应进行落实和检查到位情况。因此，开工前，应建立严格的施工准备工作责任制和施工准备工作检查制度，不断协调和调整施工准备工作计划，把开工前的准备工作落到实处。工程开工时，还应具备相关开工条件和遵循工程基本建设程序，才能填写开工报审表。

2. 开工条件

1）国家规定

国务院各主管部门负责对本行业中央项目开工条件进行检查。各省（自治区、直辖市）计划部门负责对本地区地方项目开工条件进行检查。凡上报国家发放委申请开工的项目，必须附有国务院有关部门或地方计划部门的开工条件检查意见，国家发放委按照本规定对申请开工的项目进行审核。其中，大中型项目批准开工前，国家发放委将派人去现场检查落实开工条件。凡未达到开工条件的，不予批准开工。

国家发放委关于基本建设大中型项目开工条件的规定。

（1）已经设立项目法人。项目组织管理机构和规章制度健全，项目经理和管理机构成员已经到位，项目经理已经过培训，具备承担项目施工工作的资质条件。

（2）项目初步设计及总概算已经批复。若项目总概算批复时间至项目申请开工时间超过2年（含2年），或自批复至开工，动态因素变化大，总投资超出原批概算10%以上的，须重新核定项目总概算。

（3）项目资本金和其他建设资金已经落实，资金来源符合国家有关规定，承诺手续完备，并经审计部门认可。

（4）项目施工组织设计大纲已经编制完成。

（5）项目主体工程（或控制性工程）的施工单位已经通过招标选定，施工承包合同已经签订。

（6）项目法人与项目设计单位已签订设计图纸交付协议。项目主体工程（或控制性工程）的施工图纸至少可以满足连续3个月施工的需要。

（7）项目施工监理单位已通过招标选定。

（8）项目征地、拆迁的施工场地"七通一平"（即供电、供水、道路、通信、燃气、排水、排污和场地平整）工作已经完成，有关外部配套生产条件已签订协议。项目主体工程（或控制性工程）施工准备工作已经做好，具备连续施工的条件。

（9）项目建设需要的主要设备和材料已经订货，项目所需建筑材料已落实来源和运输条件，并已备好连续施工3个月的材料用量。需要进行招标采购的设备、材料，其招标组织机构落实、采购计划与工程进度相衔接。

小型项目的开工条件，各地区、各部门可参照本规定制订具体的管理办法。

2）工程项目开工条件的规定

依据《建设工程监理规范》（GB/T 50319—2013），工程项目开工前，施工准备工作具备以下条件时，施工单位应向监理单位报送工程开工报审表及开工报告、证明文件等，由总监理工程师签发，并报送建设单位。

（1）施工许可证已获政府主管部门批准。

（2）征地拆迁工作能满足工程进度的需要。

（3）施工组织设计已获总监理工程师批准。

（4）施工单位现场管理人员已到位，机具、施工人员已进场，主要工程材料已落实。

（5）进场道路及水、电、通风等已满足开工要求。

3. 开工报告

当施工准备工作的各项内容已经完成，满足开工条件已经办理了施工许可证，项目经理部应申请开工报告，报上级批准后才能开工。实行监理的工程，还应将开工报告送监理工程师审批，由监理工程师签发开工通知书。开工报审表和开工报告可采用《建设工程监理规范》（GB/T 50319—2013）中规定的施工阶段工作的基本表格，格式示例见表2-11。

表 2-11　工程开工报告

编号：

工程名称		建设单位			设计单位		施工单位	
工程地点		结构类型			建筑面积		建筑层数	
工程批准文号			施工准备工作情况		施工许可证办理情况			
预算造价					施工图纸会审情况			
计划开工日期	年　月　日				主要物质准备情况			
计划竣工日期	年　月　日				施工组织设计编审情况			
实际开工日期	年　月　日				七通一平情况			
合同工期					工程预算编制情况			
合同编号					施工队伍进场情况			
审核意见	建设单位意见： 建设单位（章）： 建设单位项目负责人（章）： 年　月　日	项目监理机构意见： 项目监理机构（章）： 总监理工程师（章）： 年　月　日			施工企业意见： 施工企业（章）： 负责人（章）： 年　月　日		施工单位意见： 施工单位（章）： 施工单位项目负责人（章）： 年　月　日	

注：本表由施工单位填报，建设单位、监理单位、施工单位各存一份。

复习思考题

1. 简述施工准备的重要性。
2. 试述施工准备工作的分类和主要内容。
3. 原始资料的调查包括哪些方面？还需要收集哪些相关信息与资料？
4. 试述熟悉图纸的要求以及会审图纸应包含的内容。
5. 资源准备包括哪些方面？如何做好劳动组织准备？
6. 简述施工现场准备应包含的内容。
7. 冬季施工应做哪些准备？
8. 雨季、夏季施工应做哪些准备？
9. 收集一份建筑工程施工合同。

[总结与思考]

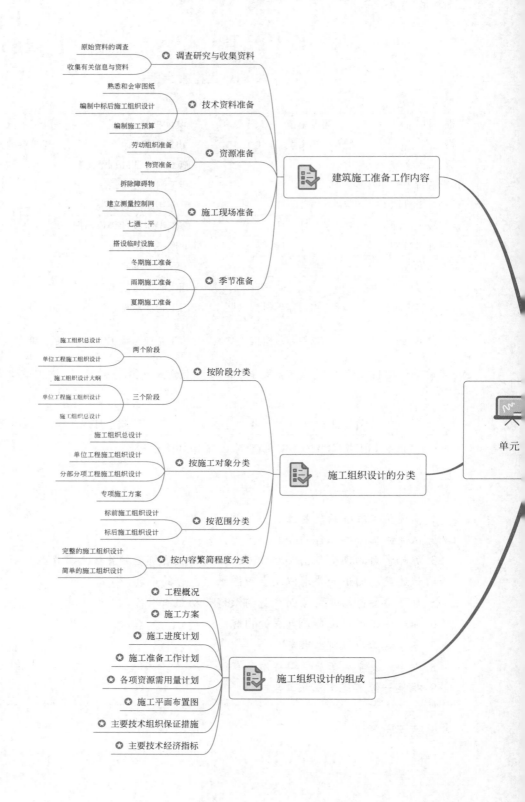

原始资料的调查
收集有关信息与资料
  ✪ 调查研究与收集资料

熟悉和会审图纸
编制中标后施工组织设计
编制施工预算
  ✪ 技术资料准备

劳动组织准备
物资准备
  ✪ 资源准备

拆除障碍物
建立测量控制网
七通一平
搭设临时设施
  ✪ 施工现场准备

冬期施工准备
雨期施工准备
夏期施工准备
  ✪ 季节准备

建筑施工准备工作内容

施工组织总设计
单位工程施工组织设计
两个阶段
施工组织设计大纲
单位工程施工组织设计
施工组织总设计
三个阶段
  ✪ 按阶段分类

施工组织总设计
单位工程施工组织设计
分部分项工程施工组织设计
专项施工方案
  ✪ 按施工对象分类

标前施工组织设计
标后施工组织设计
  ✪ 按范围分类

完整的施工组织设计
简单的施工组织设计
  ✪ 按内容繁简程度分类

施工组织设计的分类

✪ 工程概况
✪ 施工方案
✪ 施工进度计划
✪ 施工准备工作计划
✪ 各项资源需用量计划
✪ 施工平面布置图
✪ 主要技术组织保证措施
✪ 主要技术经济指标

施工组织设计的组成

单元

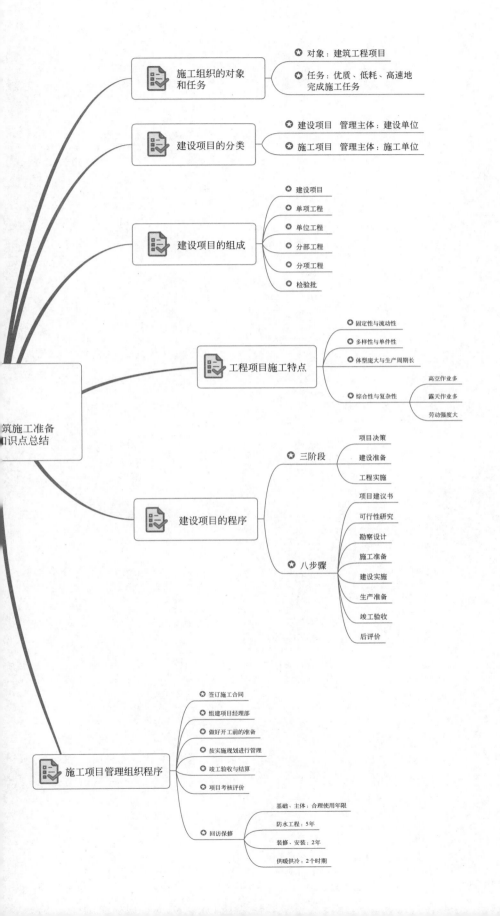

筑施工准备
口识点总结

施工组织的对象和任务
- 对象：建筑工程项目
- 任务：优质、低耗、高速地完成施工任务

建设项目的分类
- 建设项目　管理主体：建设单位
- 施工项目　管理主体：施工单位

建设项目的组成
- 建设项目
- 单项工程
- 单位工程
- 分部工程
- 分项工程
- 检验批

工程项目施工特点
- 固定性与流动性
- 多样性与单件性
- 体型庞大与生产周期长
- 综合性与复杂性
  - 高空作业多
  - 露天作业多
  - 劳动强度大

建设项目的程序
- 三阶段
  - 项目决策
  - 建设准备
  - 工程实施
- 八步骤
  - 项目建议书
  - 可行性研究
  - 勘察设计
  - 施工准备
  - 建设实施
  - 生产准备
  - 竣工验收
  - 后评价

施工项目管理组织程序
- 签订施工合同
- 组建项目经理部
- 做好开工前的准备
- 按实施规划进行管理
- 竣工验收与结算
- 项目考核评价
- 回访保修
  - 基础、主体：合理使用年限
  - 防水工程：5年
  - 装修、安装：2年
  - 供暖供冷：2个时期

单元 2　施工部署及方案

思政元素

1. 使用规范的语言正确描述工程概况，讨论案例时具备协作共进的团队精神。
2. 确定施工顺序时需要考虑施工组织的要求、保证施工质量、确保施工安全。
3. 危险性较大的专项施工方案需要反复比选，在方案的制定过程中，设计人要强化安全意识，按照绿色环保的新发展理念。

育人目标

通过对施工方案选择的学习，融入安全文明、绿色环保的新发展理念以及协作共进的团队精神，培养学生精益求精的大国工匠精神，树立绿色环保的新发展理念。

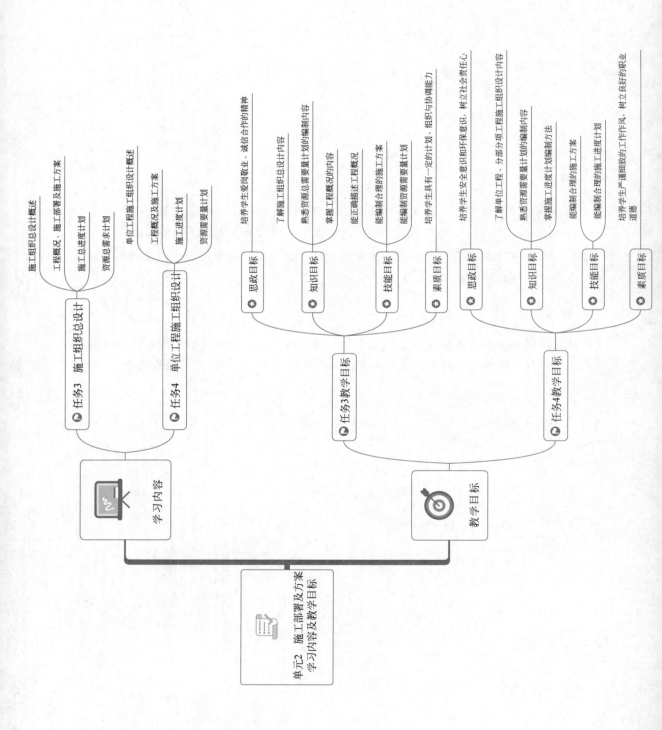

单元2 施工部署及方案
学习内容及教学目标

学习内容

任务3 施工组织总设计

施工组织总设计概述
工程概况、施工部署及施工方案
施工总进度计划
资源总需求计划

任务4 单位工程施工组织设计

单位工程施工组织设计概述
工程概况及施工方案
施工进度计划
资源需要量计划

教学目标

任务3教学目标

思政目标
培养学生爱岗敬业、诚信合作的精神

知识目标
了解施工组织总设计内容
熟悉资源总需量计划的编制内容

技能目标
掌握工程概况的内容
能正确描述工程概况
能编制合理的施工方案
能编制资源需量计划

素质目标
培养学生具有一定的计划、组织与协调能力

任务4教学目标

思政目标
培养学生安全意识和环保意识、树立社会责任心

知识目标
了解单位工程、分部分项工程施工组织设计内容
熟悉资源需要量计划的编制内容
掌握施工进度计划编制方法

技能目标
能编制合理的施工方案
能编制合理的施工进度计划

素质目标
培养学生严谨细致的工作作风、树立良好的职业道德

任务 3　施工组织总设计

3.1　施工组织总设计概述

3.1.1　施工组织总设计的作用与内容

1. 施工组织总设计的概念与作用

施工组织总设计是以建设项目或特大型项目群为主要对象，根据初步设计或扩大初步设计图纸以及其他有关资料和现场施工条件编制，是用于指导整个施工现场各项施工准备和组织施工活动的技术经济文件。施工组织总设计对整个项目的施工过程起统筹规划、重点控制的作用，主要体现在以下方面。

（1）从全局出发，为整个项目的施工进行全面的战略部署。

（2）指导全场性的施工准备工作，保证资源供应提供依据。

（3）为编制单位工程施工组织设计提供依据。

（4）为组织施工力量和技术、保证物资资源的供应提供依据。

（5）为确定设计方案的施工可行性和经济合理性提供依据。

（6）为业主或监理单位编制项目计划提供依据。

2. 内容

施工组织总设计编制内容根据工程性质、规模、工期、结构特点以及施工条件的不同而有所不同，通常包括下列内容：工程概况及特点分析、施工部署和主要工程项目施工方案、施工总进度计划、施工资源需要量计划、施工准备工作计划、施工总平面图和主要技术经济指标等。

3.1.2　施工组织总设计编制依据和程序

1. 施工组织总设计编制依据

为了保证施工组织总设计的编制工作顺利进行，并提高质量，使设计文件更能结合工程实际情况，更好地发挥施工组织总设计的作用，在编制施工组织总设计时，应具备下列编制依据。

（1）计划文件及有关合同：包括国家批准的基本建设计划、可行性研究报告、工程项目一览表、分期分批施工项目和投资计划、主管部门的批件、施工单位上级主管部门下达的施工任务计划、招投标文件及签订的工程承包合同、工程材料和设备的订货合同等。

（2）设计文件及有关资料：包括建设项目的初步设计与扩大初步设计，或技术设计的有关图纸、设计说明书、建筑总平面图、建设地区区域平面图、建筑竖向设计、建设项目总概算、修正总概算或者设计总概算等。

（3）工程勘察和原始资料：包括建设地区的地形、地貌、工程地质及水文地质、气象等自然条件；交通运输能力，能源、建筑材料、构配件和半成品供应情况，水电供应，机械设备及进口设备和材料到货口岸及其转运方式等技术经济条件；建设地区的政治、经济、文化、生活、卫生等社会生活条件。

（4）现行规范、规程和有关技术规定：包括国家现行的施工及验收规范、操作规程、定额、技术规定和技术经济指标。

（5）类似工程的施工组织总设计和有关参考资料。

2. 施工组织总设计编制程序

施工组织总设计编制程序如图 3-1 所示。

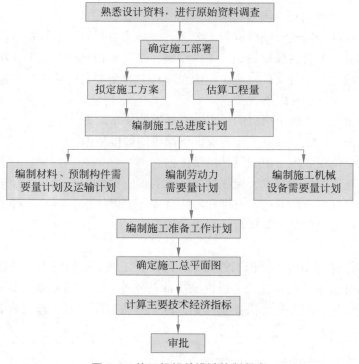

图 3-1　施工组织总设计编制程序

3.2　工程概况、施工部署及施工方案

3.2.1　工程概况

工程概况是对整个建设项目的总说明和总分析，包括项目主要情况和项目主要施工条件等，是对整个建设项目或建筑群所做的一个简单扼要、突出重点的文字介绍。有时为了补充文字介绍的不足，还可以附有建设项目总平面图，主要建筑的平面、立面、剖面示意图及辅助表格。

1. 建设项目主要情况

主要说明：建设项目名称、项目性质、项目使用功能和建设地点，占地总面积和建设总规模，分期分批投入使用的项目和工期、建筑安装工作量和设备安装总吨数、生产工艺流程及其特点，以及每个单项工程占地面积、建筑面积、建筑层数、主要建筑装饰用料、建筑结构类型特征、建筑抗震设防烈度、主要建筑结构材料使用情况，新技术、新材料、新工艺的复杂程度和应用情况，安装工程和机电设备的配置等情况。为了清晰易读，上述内容通常以图表形式表达，见表 3-1 和表 3-2。

表 3-1 建筑安装工程项目一览表

| 序号 | 工程名称 | 建筑面积 /m² | 建筑层数 | 结构类型 | 建筑安装工作量 / 万元 | | 设备安装工程量 /t |
					土建	安装	
	合计						

表 3-2 主要建筑物和构筑物一览表

| 序号 | 工程名称 | 建筑结构构造类型 | | | 占地面积 /m² | 建筑面积 /m² | 建筑层数 | 建筑体积 /m³ |
		基础	主体	屋面				

2. 项目主要施工条件

项目主要施工情况包括项目建设地点气象状况，项目施工区域地形地貌和工程水文地质状况，项目施工区域地上、地下管线及相邻的地上、地下建（构）筑物情况，与项目施工有关的道路、河流等情况，当地建筑材料、设备供应和交通运输方式及其服务能力状况，当地供电、供水、供热和通信服务能力状况，社会劳动力和生活服务设施状况，施工企业的生产能力、技术装备、管理水平等情况，有关建设项目的决议、合同、协议、土地征用范围、数量和居民搬迁时间等情况；其他与施工有关的主要因素。

3.2.2 施工部署及施工方案

施工总体部署是对整个建设项目全局进行的统筹规划和全面安排，主要解决影响建设项目全局的重大施工问题，对项目总体施工进行宏观部署。

施工总体部署是对项目施工的重点和难点进行简要分析，由于建设项目的性质、规模和施工条件等不同，施工总体部署也不尽相同，主要包括以下内容。

（1）确定项目施工总目标，包括进度、质量、安全、环境和成本等目标。

（2）根据项目施工总目标的要求，确定项目分阶段交付的计划。

（3）确定项目分阶段施工的合理顺序及空间组织。

（4）总包单位明确项目管理组织机构形式，并宜采用框图的形式表示。

（5）对项目施工中开发和使用的新技术、新工艺做出部署。

（6）对主要分包项目施工单位资质和能力提出明确要求。

1. 工程开展程序

确定建设项目中各项工程的合理开展程序是关系到整个建设项目能否尽快投产使用的关键问题。对于一些大中型工业建设项目，一般要根据建设项目总目标的要求，分期分批建设，既可使各具体项目尽快建成，尽早投入使用，又可在全局上实现施工的连续性和均衡性，减少暂设工程数量，降低工程成本。至于分几期施工，每期工程包含哪些项目，则要根据生产工艺要求、建设部门要求、工程规模大小和施工难易程度、资金、技术等情况，由建设单位和施工单位共同研究确定。

对于大中型民用建设项目（如居民小区），一般也应分期分批建设。除考虑住宅以外，还应考虑幼儿园、学校、商店和其他公共设施的建设，以便交付使用后能及早发挥经济效益、社会效益和环境保护效益。

对于小型工业与民用建筑或大型建设项目的某一系统，由于工期较短或生产工艺的要求，也可不必分期分批建设，采取一次性建成投产。

在统筹安排各类项目施工时，要保证重点，兼顾其他，应优先安排工程量大、施工难度大、工期长的项目；供施工、生活使用的项目及临时设施；按生产工艺要求，先期投入生产或起主导作用的工程项目等。

2. 主要施工项目的施工方案

施工组织总设计中要拟定一些主要工程项目的施工方案，与单位工程施工组织设计中的施工方案所要求的内容和深度不同。这些项目是整个建设项目中工程量大、施工难度大、工期长，对整个建设项目的完成起关键作用的建筑物或构筑物，以及全场范围内工程量大、影响全局的主要分部（分项）工程，以及脚手架工程、起重吊装工程、临时用水用电工程、季节性施工等专项工程。拟定主要工程项目施工方案的目的是进行技术和资源的准备工作，同时有助于施工顺利进行和现场的合理布局。它包括施工方法、施工工艺流程、施工机械设备等。

对施工方法的确定要考虑技术工艺的先进性和经济上的合理性；对施工机械的选择，应使主导机械的性能既能满足工程的需要，又能发挥其效能，在各个工程上都能够实现综合流水作业，减少其拆、装、运的次数，对于辅助机械，其性能应与主导施工机械相适应，以便充分发挥主导施工机械的工作效率。

3. 施工任务的划分与组织安排

在明确施工项目管理体制、机构的条件下，划分参与建设的各施工单位的施工任务，明确总包与分包单位的关系，建立施工现场统一的组织领导机构及职能部门，确定综合的和专业化的施工组织，明确各施工单位之间的分工与协作关系，划分施工阶段，确定各施工单位分期分批的主导施工项目和穿插施工项目。

4. 全场临时设施的规划

根据工程开展程序和施工项目施工方案的要求，对施工现场临时设施进行规划。其主要内容包括安排生产和生活性临时设施的建设；安排原材料、成品、半成品、构件的运输和储存方式；安排场地平整方案和全场排水设施；安排场内外道路、水、电、气引入方案；安排厂区内的测量标志等。

3.3　施工总进度计划

施工总进度计划是根据施工合同、施工进度目标、有关技术经济资料、施工部署中工程项目开展的程序，对整个工地的所有工程项目做出时间和空间上的安排。其作用在于确定各个建筑物及其主要工种、工程、准备工作和全工地性工程的施工期限及开工、竣工的日期，从而确定建筑施工现场劳动力、材料、成品、半成品、施工机械的需要数量和调配情况，以及现场临时设施的数量、水电供应数量和能源、交通的需要数量等。因此，正确地编制施工总进度计划是保证各项目以及整个建设工程按期交付使用，充分发挥投资效益，降低建筑工程成本的重要条件。

编制施工总进度计划的基本要求是保证拟建工程在规定的期限内完成，采用合理的施工方法保证施工的连续性和均衡性，发挥投资效益，节约施工费用。

总进度计划的编制方法和步骤因各项目类型和具体编制人员的经验而有所不同，一般可按以下步骤进行编制。

1. 列出全场性工程项目并计算工程量

根据批准的项目一览表，分别计算各工程项目的工程量。由于施工总进度计划主要起控制性作用，因此项目划分不宜过细，可按确定的工程项目的开展程序进行排列，应突出主要项目，一些附属、辅助工程及小型工程、临时建筑物工程可以合并。

计算各工程项目的工程量是为了正确选择施工方案和主要的施工、运输安装机械，初步规划各主要工程的流水施工，计算各项资源的需用量。因此，只需粗略计算工程量，可按初步设计图纸或扩大初步设计图纸及各种定额手册进行计算。常用的定额、资料有以下几种。

（1）概算指标和扩大结构定额。这两种定额分别按建筑物的结构类型、跨度、层数、高度等分类，给出每 $100m^3$ 建筑体积和每 $100m^2$ 建筑面积的劳动力和主要材料消耗指标。

（2）万元、十万元投资工程量、劳动力及材料消耗扩大指标。这种定额规定了某种结构类型建筑、每万元或十万元投资中劳动力、主要材料等消耗数量。根据设计图纸中的结构类型，即可求出拟建工程各分项工程需要的劳动力和主要材料的消耗数量。

（3）标准设计或已建的同类型建筑物、构筑物的资料。在缺乏上述几种定额手册的情况下，可采用标准设计或已建成的类似工程实际所消耗的劳动力及材料加以类推，按比例估算。但是，由于和拟建工程完全相同的已建工程极为少见，因此在采用已建工程资料时，一般都要进行换算调整。这种消耗指标都是各单位多年积累的经验数据，实际工作中常用这种方法计算。

除建设项目本身外，还必须计算其他全工地性工程的工程量，如场地平整面积，铁路、道路及各种管线长度等，这些可根据建筑总平面图来计算。

将按上述方法计算出的工程量填入统一的工程量汇总表，见表 3-3。

表 3-3　工程项目工程量汇总表

项目工程分类	工程项目名称	结构类型	建筑面积/1000m²	栋（跨）数/个	概算投资/万元	主要实物工程量				
						场地平整/1000m²	土方工程/1000m²	桩基工程/1000m²	装饰工程/1000m²	……
A 全地性工程										
B 主体项目										
C 辅助项目										
D 永久住宅										
E 临时建筑										

2. 确定各单位工程的施工期限

单位工程的施工期限，应根据施工单位的施工技术力量、管理水平、施工项目的建筑结构特征、建筑面积或体积大小、现场施工条件、资金与材料供应等情况综合确定。确定时，还应参考工期定额。工期定额是根据我国各部门多年来的施工经验，在调查统计的基础上，经分析对比后制定的。

3. 确定单位工程的开 / 竣工时间和相互搭接关系

在施工部署中已确定总的施工期限和开展程序，再通过上面对各单位工程施工期限（即工期）进行分析、确定后，就可以进一步确定各单位工程的开 / 竣工时间和相互搭接关系及时间。在安排各项工程搭接施工时间和开 / 竣工时间时，应考虑以下因素。

（1）同一时间进行的项目不宜过多，避免人力、物力分散。

（2）要按照"辅助—主要—辅助"的顺序安排，辅助工程（动力系统、给排水系统、运输系统及居住建筑群、汽车库等）应先行施工一部分，这样既可以为主要生产车间投产时使用，又可以为施工服务，以节约临时设施费用。

（3）安排施工进度，应尽量使各工种施工人员、施工机械在全工地内连续施工，尽量组织流水施工，从而实现人力、材料和施工机械的综合平衡。

（4）要考虑季节影响，以减少施工措施费。一般大规模土方和深基础施工应避开雨季，大批量的现浇混凝土工程应避开冬季；对于寒冷地区，在入冬前，应尽量做好围护结构，以便冬季安排室内作业或设备安装工程等。

（5）确定一些附属工程或零星项目作为后备项目（如宿舍、商店、附属或辅助车间、临时设施等）和调节项目，穿插在主要项目的流水施工中，以使施工连续、均衡。

（6）应考虑施工现场空间布置的影响。

4. 编制初步施工总进度计划

施工总进度计划应安排全工地性的流水作业。安排时应以工程量大、工期长的单项工程或单位工程为主导，组织若干条流水线，并以此带动其他工程。

施工总进度计划可以用横道图表达，也可以用网络图表达。由于施工总进度计划只是起控制性作用，因此不必编得过细。否则，由于在实施过程中情况复杂多变，调整计划反而不便。

当用横道图表达总进度计划时，项目的排列可按施工总体方案所确定的工程开展程序排列。横道图上应表达出各施工项目的开 / 竣工时间及施工持续时间，见表 3-4。

表 3-4 施工总进度计划

表 3-4 施工总进度计划

序号	工程项目名称	工程量	施工进度计划										
			××××年						××××年				

5. 施工总进度计划的检查与调整优化

绘制完成施工总进度计划表后，应对其进行检查，主要从以下四个方面进行。

（1）是否满足项目总进度计划或施工总承包合同对总工期以及起止时间的要求。

（2）各施工项目之间的搭接是否合理。

（3）整个建设项目资源需要量动态曲线是否均衡。

（4）主体工程与辅助工程、配套工程之间是否平衡。

如果发现施工总进度计划有问题，则应调整解决。调整的主要方法是改变某些工程的起止时间，或调整主导工程的工期。如果是利用计算机程序编制计划，还可分别进行工期优化、费用优化及资源优化。当初步施工总进度计划经调整符合要求后，即可编制正式的施工总进度计划。

3.4 资源总需求计划

施工总进度计划编制完成后，就可以编制劳动力、材料、构配件、加工品及施工机具等主要资源需要量计划，以便组织供应、保证施工总进度计划的实现；同时可为场地布置及临时设施的规划提供依据。

3.4.1 劳动力需求量计划

劳动力需求量计划是确定暂设工程规模和组织劳动力进场的依据。编制时，首先应根据工种工程量汇总表中分别列出的各个项目专业工种的工程量，查套预算定额或有关资料，求出各个建筑物几个主要工种的劳动量；再根据总进度计划表中各单位工程各工种的持续时间，求出某单位工程在某段时间内的平均劳动力人数。用同样的方法可以计算出各个项目的各主要工种在各个时期的平均工人数。将总进度计划表纵坐标方向上各单位工程同工种的人数叠加在一起并连成一条曲线，即为某工种的劳动力动态曲线图。劳动力需求量计划见表 3-5。

表 3-5 劳动力需求量计划

序号	工种名称	高峰期需要人数	××××年	××××年	现有人数	多余或不足人数

3.4.2 材料、构配件及加工品的需求量计划

该计划是落实组织货源、签订供应合同、确定运输方式、编制运输计划、组织进场、确定暂设工程规模的依据。根据各工种工程量汇总表所列出的各建筑物主要项目的工程量，查询相关定额或指标，便可得出各项目所需的材料、构配件和加工品的需用量。然后根据总进度计划表大致估算出某些建筑材料在某季度某月的需求量，从而编制出建筑材料、构配件和加工品的需求量计划。有关材料、构配件、加工品需求量计划的内容和一般格式见表 3-6 和表 3-7。

表 3-6　主要材料需求量计划

序号	材料名称	单位	× 季度	× 季度

表 3-7　构配件和加工品需求量计划

序号	构配件及加工品名称	规格	单位	需求量				
				× 月	× 月	× 月	× 月	× 月

3.4.3 施工机具需求量计划

施工机具需求量计划是组织机具供应、确定停放场地或库房的面积、计算配电线路及选择变压器容量等的依据。主要施工机具的种类与规格应依据主要项目的施工方案确定，其数量及需用日期可根据施工总进度计划和工程量，套用台班产量定额或按经验确定。主要施工机具、设备需求量计划的内容及形式见表 3-8。

表 3-8　主要施工机具、设备需求量计划

序号	工程项目名称	规格型号	数量	生产效率	施工进度计划								
					×××× 年				×××× 年				

复习思考题

1. 试述施工组织总设计的作用和编制依据。
2. 试述施工组织总设计的内容和编制程序。
3. 施工组织总设计中的工程概况包括哪些内容？
4. 施工部署中应解决的问题有哪些？
5. 试述施工总进度计划的编制原则和内容。
6. 施工总进度计划的编制方法有哪些？

任务 4　单位工程施工组织设计

4.1　单位工程施工组织设计概述

单位工程施工组织设计是以单位（子单位）为主要对象编制的施工组织设计，对单位（子单位）工程的施工过程起指导和制约作用，是一个工程的战略部署，是宏观定性的、体现指导性和原则性的文件，是建筑施工企业组织和指导单位工程施工全过程各项活动的技术经济文件。它是基层施工单位编制季度、月度、旬施工作业计划、分部分项工程作业设计及劳动力、材料、预制构件、施工机具等供应计划的主要依据，也是建筑施工企业加强生产管理的一项重要工作。

施工组织设计从其作用上看总体有两大类：一类是施工企业在投标时所编写的施工组织设计；另一类是中标后编写的用于指导整个施工的施工组织设计，这里主要介绍第二类。

4.1.1　单位工程施工组织设计的作用

施工企业在施工前，应对每一个施工项目编制详细的施工组织设计。其作用主要有以下几个方面。

（1）施工组织设计为施工准备工作进行了详细的安排。施工准备是单位工程施工组织设计的一项重要内容。在单位工程施工组织设计中，应对以下施工准备工作提出明确的要求，或进行详细、具体的安排。

① 熟悉施工图纸，了解施工环境。

② 施工项目管理机构的组建、施工力量的配备。

③ 施工现场"七通一平"工作的落实。

④ 各种建筑材料及水电设备的采购和进场安排。

⑤ 施工设备及起重机等的准备和现场布置。

⑥ 提出预制构件、门、窗以及预埋件等的数量和需要日期。

⑦ 确定施工现场临时仓库、工棚、办公室、机具房以及宿舍等的面积，并组织进场。

（2）施工组织设计对项目施工过程中的技术管理进行了具体安排。单位施工组织设计是指导施工的技术文件，可以针对以下六个主要方面的技术方案和技术措施进行详细的安排，用以指导施工。

① 结合具体工程特点，提出切实可行的施工方案和技术手段。

② 各分部（分项）工程以及各工种之间的先后施工顺序和交叉搭接。

③ 对各种新技术及较复杂的施工方法所必须采取的有效措施与技术规定。

④ 设备安装的进场时间以及与土建施工的交叉搭接。

⑤ 施工中的安全技术和所采取的措施。

⑥ 施工进度计划与安排。

总之，从施工的角度看，单位工程施工组织设计是科学组织单位工程施工的重要技术、经济文件，也是建筑企业实现管理科学化，特别是施工现场管理的重要措施之一。同时，它也是指导施工和施工准备工作的技术文件，是现场组织施工的计划书、任务书和指导书。

4.1.2 单位工程施工组织设计的编写依据

单位工程施工组织设计的编写依据包括以下几个方面。

（1）上级领导机关对该工程的有关批示文件和要求，建设单位的意图和要求，工程承包合同等。

（2）施工组织总设计。当单位工程为建筑群的一个组成部分时，则该建筑物的施工组织设计必须按照施工组织总设计的各项指标和任务要求来编制，如进度计划的安排应符合总设计的要求等。

（3）施工图及设计单位对施工的要求。其中包括单位工程的全部施工图样、会审记录和相关标准图等有关设计资料。对较复杂的工业建筑、公共建筑和高层建筑等，还应了解设备图样和设备安装对土建施工的要求，以及设计单位对新结构、新技术、新材料和新工艺的要求。

（4）施工现场条件和地质勘察资料，如施工现场的地形、地貌、地上与地下障碍物以及水文地质、水准点、气象条件、交通运输道路、施工现场可占用的场地面积等。

（5）材料、预制构件及半成品供应情况，主要包括工程所在地的主要建筑材料、构配件、半成品的供货来源、供应方式及运距和运输条件等。

（6）劳动力配备情况。一方面是企业能提供的劳动力总量和各专业工种的劳动力人数；另一方面是工程所在地的劳动力市场情况，各种材料、构件、加工品的来源及供应条件，施工机械的配备及生产能力。

（7）施工企业年度生产计划对该工程项目的安排和规定的有关指标，如开工、竣工时间及其他项目穿插施工的要求等。

（8）本项目相关的技术资料，包括标准图集、地区定额手册、国家操作规程及相关的施工与验收规范、施工手册等，同时包括企业相关的经验资料、企业定额等。

（9）建设单位的要求，包括开工、竣工时间，对项目质量、建材的要求，以及其他特殊要求等。

（10）建设单位可能提供的条件，如现场"七通一平"情况，临时设施以及合同中约定的建设单位供应的材料、设备的时间等。

（11）建设用地征购、拆迁情况，施工执照，国家有关规定、规范、规程和定额等。

4.1.3 单位工程施工组织设计的编写原则

1. 做好施工现场相关资料的调查工作

工程技术资料等原始资料是编制施工组织设计的主要依据，要求其必须全面、真实、可靠，特别是材料供应、运输及水、电供应的资料。有了完整、准确的资料，就可以根据实际条件制订方案和进行方案优选。

2. 合理划分施工段和安排施工顺序

为了科学地组织施工，满足流水施工的要求，应将施工对象划分成若干个合理的施工段。同时，按照施工客观规律和建筑产品的工艺要求安排施工顺序，这也是编制单位工程施工组织设计的重要原则。在施工组织设计中，一般应将施工对象按工艺特征进行分解，以便组织流水作业，使不同的施工过程尽量进行平行搭接施工。同一施工工艺（施工过程）连续作业，可以缩短工期，减少窝工现象。当然，在组织施工时，应注意安全。

3. 采用先进的施工技术和施工组织措施

要想提高企业劳动生产率，保证工程质量，加快施工进度，降低施工成本，减轻劳动强度等，就需要先进的施工技术。但选用新技术和新方法应从企业实际技术水平出发，以实事求是的态度，在充分调查研究的基础上，经过科学分析和技术经济论证，既要保证其先进性，又要保证其适用性和经济性。在采用先进施工技术的同时，也要采用相应的科学管理方法，以提高企业人员的技术水平和整体实力。

4. 专业工种的合理搭接和密切配合

施工组织设计要有预见性和计划性，既要使各施工过程、专业工种顺利进行施工，又要使它们尽可能地实现搭接和交叉，以缩短工期。在有些工程的施工中，一些专业工种既相互制约，又相互依存，这就需要各工种间密切配合。高质量的施工组织设计应对专业工种的合理搭接和密切配合进行周密的安排。

5. 充分做好施工前的计划编制工作

施工前的计划编制工作包括编制工程施工劳动力需求计划、施工机具使用计划、材料需求量计划、施工进度计划等，是一项科学性极强、要求相当严谨的工作。这些计划应以该项目的分项工程工作量为基础，用定额进行测算拟定，计划的编制目标为节能降耗和高效。

6. 进行施工方案的技术经济分析

应对主要工程的施工方案和主要施工机械的选择方案进行论证和技术经济分析，优选出经济上合理、技术上先进且符合现场实际要求的施工方案。

7. 确保工程质量，降低成本并安全施工

在单位工程施工组织设计中，应根据工程条件拟定保证质量、降低成本和安全施工的措施。在施工中必须严格执行这些措施，真正做到保质、保量并降低成本。

4.1.4　单位工程施工组织设计的编制程序

单位工程施工组织设计编制的一般程序如图 4-1 所示。

4.1.5　单位工程施工组织设计的内容

根据工程性质、规模和复杂程度，单位工程施工组织设计在内容、深度和广度上会有不同要求，因而在编制时应从实际出发确定各种生产要素，如材料、机械、资金、劳动力等，使其真正起到指导建筑工程投标、现场施工的目的。单位工程施工组织设计较完整的内容一般包括以下七个方面。

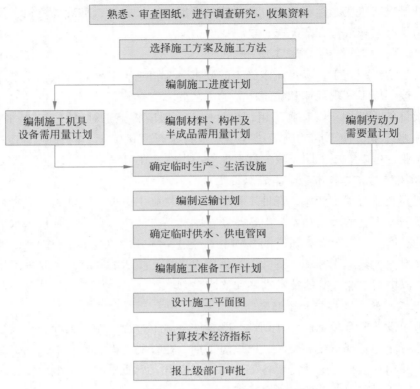

图 4-1　单位工程施工组织设计的编制程序

（1）工程概况：主要包括拟建工程的性质、规模、建筑、结构特点、建设条件、施工条件、建设单位及上级的要求等。

（2）施工方案：包括确定总的施工顺序及施工流向，主要分部（分项）工程的划分及其施工方法的选择、施工阶段的划分、施工机械的选择、技术组织措施的拟定等。

（3）施工进度计划：主要包括划分施工过程和计算工程量、劳动量、机械台班量、施工班组人数每天工作班次、工作持续时间，以及确定分部（分项）工程（施工过程）施工顺序及搭接关系、绘制进度计划表等。

（4）施工准备工作计划：主要包括施工前的技术准备，现场准备，机械设备，工具、材料、构件和半成品构件的准备，并编制准备工作计划表。

（5）资源需求量计划：包括材料需用量计划、劳动力需求用量计划、构件及半成品需求量计划、机械需求量计划、运输量计划等。

（6）施工平面图：主要包括施工所需机械、临时加工场地、材料、构件仓库与堆场的布置及临时水网电网、临时道路、临时设施用房的布置等。

（7）技术经济指标分析：主要包括工期指标、质量指标、安全指标、降低成本指标等的分析。

在单位工程施工组织设计的各项内容中，劳动力、材料、构件和机械设备等需求量计划，施工准备工作计划，施工现场平面布置图是指导施工准备工作进行，为施工创造物质基础的技术条件；施工方案和进度计划则主要是指导施工过程的进行，规划整个施工活动的文件。工程能否按期完工或提前交工，主要取决于施工进度计划的安排，而施工进度计划的制订又必须以施工准备、场地条件以及劳动力、机械设备、材料的供应能力和施工技术水平等因素为基础。反过来，各项施工准备工作的规模和进度、施工平面图的分期布置、各种资源的供应计划等又必须以施工进度计划为依据。因此，在编制时，应抓住关键环节，同时处理好各方面的相互关系，重点编好施工平面布置图、施工方案和施工进度计划表，即常说的"一图一案一表"，突出技术、时间和空间三大要素，其他问题就会迎刃而解。

4.2　工程概况及施工方案

4.2.1　工程概况

1. 工程建设概况

单位工程施工组织设计刚开始就应对建设单位，建设地点，工程性质、名称、用途，资金来源及造价，开 / 竣工日期，设计单位，施工总分包单位，上级有关文件、要求，施工图纸情况，施工合同是否签订等做出简单介绍。这些基本情况的介绍可以制作成工程概况表的形式（见表 4-1）。

表 4-1　工程概况

建设单位		建筑结构			建筑装饰	
勘察单位		层数		楼板	外粉	
设计单位		基础		屋架	内粉	
监理单位		墙体		吊车梁	楼面	
施工单位		柱			地面	
建筑面积		梁			天棚	
工程造价		模板			门窗	
计划	开工日期				地质情况	
	竣工日期					
编制程序	上级文件要求				地下水位	
	施工图纸情况					
	合同签订情况				气温	
	土地征购情况					
	"七通一平"情况				雨量	
	主要材料落实程度					
	临时设施解决办法				其他	
	其他					

2. 建筑设计概况

1）建筑设计

建筑设计概况用于说明总建筑面积以及地上和地下部分的建筑面积、层数、层高；明确檐口高度、基础埋深和轴网尺寸；应介绍地下部分和首层、标准层、屋面层的层高与功能；应明确防水要求，说明建筑防火设计和抗震设计要求；注明内、外装饰及屋面的做法；并附上平面、立面、剖面简图。

2）结构设计

结构设计概况应说明建筑结构设计等级、使用年限；明确抗震设防等级；注明土质情况、渗透系数、持力层的情况；注明地下水位；明确基础类型、做法、埋深及设备基础形式；注明地下室主要部位的结构参数、混凝土的强度等级；说明主体结构的体系和类型、预制构件类型、屋面结构类型；注明砌体工程的部位和使用材料。

3）设备安装设计

设备安装设计概况应主要说明建筑采暖卫生与煤气工程、电器安装工程、通风与空调工程、电气安装工程、消防、监控及楼宇自动化等的设计要求和系统做法；应说明使用的特殊设备。

4.2.2　施工方案

1. 施工顺序的确定

1）确定施工顺序应遵循的基本原则和基本要求

确定合理的施工顺序是选择施工方案时首先应考虑的问题。施工顺序是指工程开工后各分部分项工程施工的先后次序。确定施工顺序既是为了按照客观的施工规律组织施工，也是为了解决工种之间的合理搭接，在保证工程质量和施工安全的前提下，充分利用空间，以达到缩短工期的目的。

在实际工程施工中，可以有多种施工顺序。不仅不同类型建筑物的建造过程有着不同的施工顺序；而且，在同一类型的建筑工程施工中，也会有不同的施工顺序。因此，本节的基本任务就是如何在众多的施工顺序中，选择出既符合客观规律，又经济合理的施工顺序。

（1）确定施工顺序应遵循的基本原则。

① 先地下，后地上。这条原则是指在地上工程开始之前，把管道、线路等地下设施、土方工程和基础工程全部完成或基本完成。坚固耐用的建筑需要有一个坚实的基础，从工艺的角度考虑，也必须先地下，后地上，地下工程施工时，应做到先深后浅，这样可以避免对地上部分施工产生干扰，从而避免带来施工不便，造成浪费，影响工程质量。

② 先主体，后围护。这条原则是指框架结构建筑和装配式单层工业厂房施工中，先进行主体结构施工，后完成维护工程。同时，框架主体结构与维护工程在总的施工顺序上要合理搭接，一般来说，多层建筑以少搭接为宜，而高层建筑则应尽量采用搭接施工，以缩短施工工期；而装配式单层工业厂房主体结构与维护工程一般不搭接。

③ 先结构，后装修。这条原则是对一般情况而言，有时为了缩短施工工期，也可以有部分合理的搭接。

④ 先土建，后设备。这条原则是指不论是民用建筑还是工业建筑，一般来说，土建施工应先于水、暖、煤、卫、电等建筑设备的施工。但它们之间更多的是穿插配合关系，尤其在装修阶段，要从保证施工质量、降低成本的角度，处理好相互之间的关系。

以上原则并不是一成不变的，在特殊情况下，如在冬期施工之前，应尽可能完成土建和维护工程，以利于施工中的防寒和室内作业的开展，从而达到改善工人的劳动环境、缩短工期的目的；又如大板建筑施工，大板承重结构部分和某些装饰部分宜在加工厂同时完成。因此，随着我国施工技术的发展、企业经营管理水平的提高，以上原则也在进一步完善之中。

（2）确定施工顺序的基本要求。

① 必须符合施工工艺的要求。建筑物在建造过程中，各分部分项工程之间存在一定的工艺顺序关系，它随着建筑物结构和构造的不同而变化，应在分析建筑物各分部分项工程之间工艺关系的基础上确定施工顺序。

② 必须与施工方法协调一致。不同的施工方法和施工机械会使施工过程的先后顺序有所不同。例如，建造装配式单层厂房，采用分件吊装法的施工顺序是先吊装全部柱子，再吊装全部吊车梁，最后吊装所有屋架和屋面板；采用综合吊装法的顺序是先吊装完一个节间的柱子、吊车梁、屋架和屋面板之后，再吊装另一个节间的构件。

③ 必须施工组织的要求。如地下室的混凝土地坪，第一种方案是在地下室的楼板铺设前施工，第二种方案是在楼板铺设后施工。但从施工组织的角度来看，第一种方案便于利用安装楼板的起重机向地下室运送混凝土，因此宜采用此方案。

④ 必须考虑施工质量要求。在安排施工顺序时，要以保证和提高工程质量为前提，影响工程质量时，要重新安排施工顺序，或采取必要的技术措施。

⑤ 必须考虑当地的气候条件。例如，砌筑工程、屋面工程应尽量安排在冬季、雨季到来之前施工，而室内工程可以适当推后施工。这样有利于改善工人的劳动环境，有利于保证工程质量。

⑥ 必须考虑安全施工的要求。在立体交叉、平行搭接施工时，一定要注意安全问题。例如，在主体结构施工时，水、暖、煤、卫、电的安装与构件、模板、钢筋等的吊装和安装不能在同一个工作面上，必要时应采取一定的安全保护措施。

2）多层砌体结构民用房屋的施工顺序

多层砌体结构民用房屋的施工，按照房屋结构各部位不同的施工特点，可分为基础工程、主体工程、屋面及装修工程三个施工阶段，如图4-2所示。

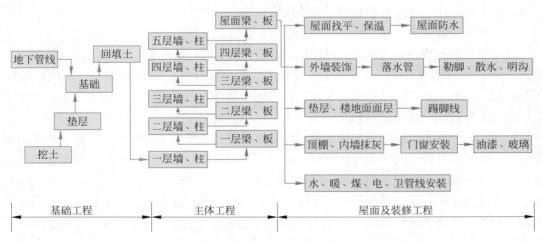

图 4-2　多层砌体结构民用房屋的施工顺序示意图

（1）基础工程阶段施工顺序。

基础工程是指室内地面以下的工程。其施工顺序比较容易确定，一般是挖土方→垫层→基础→回填土。具体内容视工程设计而定。如有桩基础工程，应另列桩基础工程。如有地下室，则施工过程和施工顺序一般是挖土方→垫层→地下室底板→地下室墙、柱结构→地下室顶板→防水层及保护层→回填土。但由于地下室结构、构造不同，有些施工内容应有一定的配合和交叉。

在基础工程施工阶段，挖土方与做垫层这两道工序在施工安排上要紧凑，时间间隔不宜太长，必要时可将挖土方与做垫层合并为一个施工过程。在施工中，可以集中兵力，分段流水进行施工，以避免基槽（坑）土方开挖后，因垫层施工未能及时进行，使基槽（坑）浸水或受冻害，从而使地基承载力下降，造成工程质量事故，或引起工程量、劳动力、机械等资源的增加。同时，还应注意混凝土垫层施工后必须有一定的技术间歇时间，使之具有一定的强度后，再进行下道工序的施工。各种管沟的挖土、铺设等施工过程应尽可能与基础工程施工配合，采取平行搭接施工。回填土一般在基础工程完工后一次性分层、对称夯填，以避免基础受到浸泡并为后一道工序施工创造条件。当回填土工程量较大且工期较紧时，也可将回填土分段施工并与主体结构搭接进行，室内回填土可安排在室内装修施工前进行。

（2）主体工程阶段施工顺序。

主体工程是指基础工程以上、屋面板以下的所有工程。这一施工阶段的施工过程主要包括安装起重垂直运输机械设备，搭设脚手架，砌筑墙体，现浇柱、梁、板、雨篷、阳台、楼梯等施工内容。

其中，砌墙和现浇楼板是主体工程施工阶段的主导过程。两者在各楼层中交替进行，应注意使它们在施工中保持均衡、连续、有节奏地进行。并以它们为主组织流水施工，根据每个施工段的砌墙和现浇楼板工程量、工人人数、吊装机械的效率、施工组织的安排等计算确定流水节拍大小，而其他施工过程则应配合砌墙和现浇楼板组织流水施工，搭接进行。如脚手架搭设应配合砌墙和现浇楼板逐段逐层进行；其他现浇钢筋混凝土构件的支模、绑扎钢筋可安排在现浇楼板的同时或砌筑墙体的最后一步插入，要及时做好模板、钢筋的加工制作工作，以免影响后续工程的按期投入。

（3）屋面及装修工程施工顺序。

屋面及装修工程是指屋面板完成以后的所有工作。这一施工阶段的施工特点是施工内容多、繁、杂；有的工程量大而集中，有的工程量小而分散；劳动消耗大，手工作业多，工期较长。因此，妥善安排屋面及装修工程的施工顺序，组织立体交叉流水作业，对加快工程进度有着特别重要的现实意义。

屋面工程的施工，应根据屋面的设计要求逐层进行。例如，柔性屋面的施工顺序按照隔气层→保温层→隔气层→柔性防水层→隔热保护层的顺序依次进行；刚性屋面按照找平层→保温层→找平层→刚性防水层→隔热层的施工顺序依次进行，其中，细石混凝土防水层、分仓缝施工应在主体结构完成后尽快完成，为顺利进行室内装修创造条件。为了保证屋面工程质量，防止屋面渗漏，屋面防水在南方做成"双保险"，即既做刚性防水层，又做柔性防水层，但也应精心施工、精心管理。屋面工程施工在一般情况下不划分流水段，它可以和装修工程搭接施工。

装修工程的施工可分为室外装修（檐沟、女儿墙、外墙、勒脚、散水、台阶、明沟、雨水管等）和室内装修（顶棚、墙面、楼面、地面、踢脚线、楼梯、门窗、五金、油漆及玻璃等）两个方面的内容。其中，内、外墙及楼、地面的饰面是整个装修工程施工的主导过程，因此，要着重解决饰面工作的空间顺序。

根据装修工程的质量、工期、施工安全以及施工条件，其施工顺序一般有以下几种。

① 室外装修工程。

室外装修工程一般采用自上而下的施工顺序，从顶层至底层依次逐层向下进行。其施工流向一般为水平向下，如图 4-3 所示。采用这种顺序的优点是可以使房屋在主体结构完成后，有足够的沉降和收缩期，从而可以保证装修工程质量，同时便于脚手架的及时拆除。

② 室内装修工程。

室内装饰自上而下的施工顺序是指主体工程及屋面防水层完工后，室内抹灰从顶层依次逐层向下进行。其

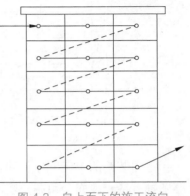

图 4-3 自上而下的施工流向
（水平向下）

施工流向又可分为水平向下和垂直向下两种，通常采用水平向下的施工方向，如图 4-4 所示。采用自上而下施工顺序的优点是可以使房屋主体结构完成后，有足够的沉降和收缩期，沉降变化趋向稳定，这样可保证屋面防水工程质量，不易产生屋面渗漏，也能保证室内装修质量，可以减少或避免各工种操作互相交叉，便于施工组织，有利于施工安全，而且方便清理楼层。其缺点是不能与主体及屋面工程施工搭接，故总工期相应较长。

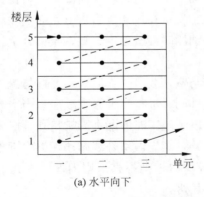

(a) 水平向下

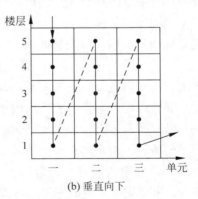

(b) 垂直向下

图 4-4 自上而下的施工流向

室内装修自下而上的施工顺序是指主体结构施工到三层及三层以上时（有两层楼板，以确保底层施工安全），室内抹灰从底层开始逐层向上进行，一般与主体结构平行搭接施工。其施工流向又可分为水平向上和垂直向上两种，通常采用水平向上的施工流向，如图 4-5 所示。为了防止雨水或施工用水从上层楼板渗漏而影响装修质量，应先做好上层楼板的面层，再进行本层顶棚、墙面、楼、地面的饰面。采用自下而上的施工顺序的优点是可以与主体结构平行搭接施工，从而缩短工期。其缺点是同时施工的工序多、人员多、工序间交

叉作业多，要采取必要的安全措施；材料供应集中，施工机具负担重，现场施工组织和管理比较复杂。因此，只有当工期紧迫时，室内装修才考虑采取自下而上的施工顺序。

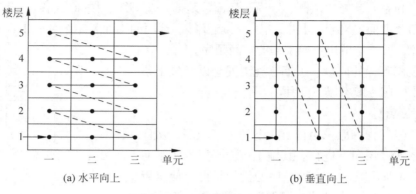

(a) 水平向上 　　　　　　　　　　　(b) 垂直向上

图 4-5　自下而上的施工流向

室内装修的单元顺序，即在同一楼层内顶棚、墙面、楼、地面之间的施工顺序，一般有两种：楼、地面→顶棚→墙面，顶棚→墙面→楼、地面。这两种施工顺序各有利弊。前者便于清理地面基层，易保证楼、地面质量，而且便于收集墙面和顶棚的落地灰，从而节约材料，但要注意楼、地面成品保护，否则不能及时进行后一道工序。后者则在楼、地面施工之前必须将落地灰清扫干净，否则会影响面层与结构层间的粘结，引起楼、地面施工起壳，而且楼、地面施工用水可能影响下层墙面、顶棚的施工质量。底层本地面施工通常在最后进行。

由于楼梯间和楼梯踏步在施工期间易受损坏，为了保证装修工程质量，楼梯间和踏步装修往往安排在其他室内装修完工之后，自上而下统一进行。门窗的安装可在抹灰之前或之后进行，主要视气候和施工条件而定，但通常安排在抹灰之后进行。而油漆和安装玻璃的次序是应先油漆门窗扇，后安装玻璃，以免油漆时弄脏玻璃，塑钢及铝合金门窗不受此限制。

在装修工程施工阶段，还需考虑室内装修与室外装修的先后顺序，这与施工条件和天气变化有关。通常有先内后外、先外后内、内外同时进行三种施工顺序。当室内有水磨石楼面时，应先做水磨石楼面，再做室外装修，以免施工时渗漏水影响室外装修质量；当采用单排脚手架砌墙时，由于留有脚手眼需要填补，应先做室外装修，在拆除脚手架后，同时填补脚手眼，再做室内装修；当装饰工人较少时，则不宜采用内外同时施工的施工顺序。一般来说，采用先外后内的施工顺序较为有利。

3）钢筋混凝土框架结构房屋的施工顺序

钢筋混凝土框架结构房屋的施工顺序也可分为基础、主体、屋面及装修工程三个阶段。它在主体工程施工时与砌体结构房屋有所区别，即框架柱、框架梁、板交替进行，也可采用框架柱、梁、板同时进行，墙体工程则与框架柱、梁、板搭接施工。其他工程的施工顺序与砌体结构房屋相同。

4）装配式单层工业厂房施工顺序

装配式单层工业厂房的施工，按照厂房结构各部位不同的施工特点，一般分为基础工程、预制工程、吊装工程、其他工程四个施工阶段。如图 4-6 所示。

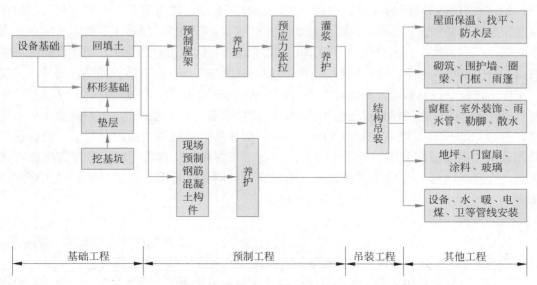

图 4-6　装配式单层工业厂房施工顺序示意图

　　在装配式单层工业厂房施工中，有时由于工程规模较大，生产工艺复杂，厂房应按生产工艺要求来分区、分段。因此，在确定装配式单层工业厂房的施工顺序时，不仅要考虑土建施工及施工组织的要求，还要研究生产工艺流程，即先生产的区段先施工，以尽早交付生产使用，尽快发挥基本建设投资的效益。所以，工程规模较大、生产工艺要求较复杂的装配式单层工业厂房施工时，要分期分批进行，分期分批交付试生产，这是确定其施工顺序的总要求。下面根据中小型装配式单层工业厂房各施工阶段来叙述施工顺序。

　　（1）基础工程。

　　装配式单层工业厂房的柱基础大多采用钢筋混凝土杯形基础。基础工程施工阶段的施工过程和施工顺序一般是挖土→垫层→钢筋混凝土杯形基础（也可分为绑扎钢筋、支模、浇混凝土、养护、拆模）→回填土。如有桩基础工程，则应另列桩基础工程。

　　在基础工程施工阶段，挖土与做垫层这两道工序，在施工安排上要紧凑，时间间隔不宜太长。在施工中，挖土、做垫层及钢筋混凝土杯形基础可采取集中力量，分区、分段进行流水施工。但应注意混凝土垫层和钢筋混凝土杯形基础施工后，必须有一定的技术间歇时间，待其有一定的强度后，再进行下一道工序的施工。回填土必须在基础工程完工后及时地、一次性分层对称夯实，以保证基础工程质量，并及时提供现场预制构件制作场地。

　　装配式单层工业厂房往往都有设备基础，特别是重型工业厂房，其设备基础埋置深、体积大、所需工期长和施工条件差，比一般的柱基工程施工困难和复杂得多，有时还会因为设备基础施工顺序不同，影响到构件的吊装方法、设备安装及投入生产使用时间。因此，必须对设备基础的施工引起足够的重视。设备基础的施工视其埋置深浅、体积大小、位置关系和施工条件，有两种施工顺序方案，即封闭式施工和敞开式施工。封闭式施工是指厂房柱基础先施工，设备基础在结构吊装后施工。它适用于设备基础埋置浅（不超过厂房柱基础埋置深度）、体积小、土质较好、距柱基础较远，以及在厂房结构吊装后对厂房结构稳定性并无影响的情况。采用封闭式施工的优点是土建施工工作面大，有利于构件现场预制、吊装和就位，便于选择合适的起重机械和开行路线；维护工程能及早完工，设备基础能在室内施工，不受气候影响，可以减少设备基础施工时的防雨、防寒及防暑等的费用；有时还可以利用厂房内的桥式吊车为设备基础施工服务。其缺点是会出现某些重复性工作，如部分柱基回填土的重复挖填；设备基础施工条件差，场地拥挤，其基坑不宜采用机械开挖；当厂房所在地点土质不佳时，设备基础基坑开挖过程中，容易造成土体不稳定，需增加加固措施费用。敞开式施工是指厂房柱基础与设备基础同时施工，或设备基础先施工。它的适用范围、优缺点与封闭式施工正好相反。这两种施工顺序方案各有优缺点，究竟采用哪一种施工顺序方案，应根据工程的具体情况，仔细分析、对比后加以确定。

（2）预制工程阶段施工顺序。

装配式单层工业厂房的钢筋混凝土结构构件较多。一般包括柱子、基础梁、联系梁、吊车梁、支撑、屋架、天窗架、天窗端壁、屋面板、天沟及檐沟板等构件。

目前，装配式单层工业厂房构件的预制方式一般采用加工厂预制和现场预制（在拟建车间内部、外部）相结合的预制方式。这里着重阐述现场预制的施工顺序。对于重量大、批量小或运输不便的构件，应采用现场预制的方式，如柱子、吊车梁、屋架等；对于中小型构件，应采用加工厂预制方式。但在具体确定构件预制方式时，应结合构件的技术特征、当地加工厂的生产能力、工期要求、现场施工条件、运输条件等因素进行技术经济分析后确定。

非预应力预制构件制作的施工顺序是支模→绑扎钢筋→预埋铁件→浇筑混凝土养护→拆模。

后张法预应力预制构件制作的施工顺序是支模→绑扎钢筋→预埋铁件→孔道留设→浇筑混凝土→养护→拆模→预应力钢筋的张拉、锚固→孔道灌浆→养护。

预制构件开始制作的日期、位置、流向和顺序，在很大程度上取决于工作面后续工程的要求。一般来说，只要基础回填土、场地平整完成一部分之后，结构吊装方案一经确定，即可开始制作构件，制作流向应与基础工程的施工流向一致，这样既能使构件制作早日开始，又能及早地交出工作面，为结构吊装尽早进行创条件。

当采用分件吊装法时，预制构件的制作有两种方案：若场地狭窄而工期又允许时，构件制作可分批进行，首先制作柱子和吊车梁，待柱子和吊车梁吊装完后再进行屋架制作；若场地宽敞，可考虑柱子和吊车梁等构件在拟建车间内部预制，屋架在拟建车间进行制作。当采用综合吊装法时，预制构件需一次制作完成，这时，应视场地的具体情况确定构件是全部在拟建车间内部制作，还是一部分在拟建车间外制作。

（3）吊装工程阶段施工顺序。

结构吊装工程是装配式单层工业厂房施工中的主导施工过程。其内容依次为柱子、基础梁、吊车梁、联系梁、屋架、天窗架、屋面板等构件的吊装、校正和固定。

构件吊装开始日期取决于吊装前准备工作完成的情况。吊装流向和顺序主要由后续工程对它的要求来确定。

当柱基杯口弹线、杯底标高找平、构件的弹线、吊装强度验算、加固设施、吊装机械进场等准备工作完成之后，就可以开始吊装。

吊装流向通常应与构件制作的流向一致。但如果车间为多跨且有高低跨时，吊装流向应从高低跨柱列开始，以适应吊装工艺的要求。

吊装的顺序取决于吊装方法。若采用分件吊装法时，其吊装顺序如下：第一次开行吊装柱子，随后校正与固定；第二次开行吊装基础梁、吊车梁、联系梁；第三次开行吊装屋盖构件。有时也可将第二次开行、第三次开行合并为一次开行。若采用综合吊装法时，其吊装顺序是先吊装四根或六根柱子，迅速校正固定，再吊装基础梁、吊车梁、联系梁及屋盖等构件，如此逐个节间吊装，直至整个厂房吊装完毕。

装配式单层工业厂房两端山墙往往设有抗风柱，抗风柱有两种吊装顺序：在吊装柱的同时，先吊装该跨一端的抗风柱，另一端抗风柱则待屋盖吊装完后进行；全部抗风柱预制均待屋盖吊装完之后进行。

（4）其他工程阶段施工顺序。

其他工程阶段主要包括维护工程、屋面工程、装修工程、设备安装工程等内容。这一阶段总的施工顺序是维护工程→屋面工程→装修工程→设备安装工程，但有时也可相互交叉、平行搭接施工。

围护工程的施工过程和施工顺序是搭设垂直运输设备（一般选用井架）→砌墙（手架搭设与之配合进行）→现浇门框、雨篷等。

屋面工程在屋盖构件吊装完毕，垂直运输设备搭好后，就可安排施工，其施工过程件和施工顺序与前述多层砌体结构民用房屋基本相同。

装修工程包括室外装修和室内装修，两者可平行进行，并可与其他施工过程交叉进行，通常不占用总工期。室外装修一般采用自上而下的施工顺序；室内按屋面板底→内墙→地面的顺序进行施工；门窗安装在粉刷中穿插进行。

设备安装包括水、暖、煤、卫、电和生产设备安装。水、暖、煤、卫、电安装与前述多层砌体结构民用房屋基本相同。而生产设备的安装则由于专业性强、技术要求高等，一般由专业公司分包安装。

上面所述多层砌体结构民用房屋、钢筋混凝土框架结构房屋和装配式单层工业厂房施工顺序，仅适用于一般情况。建筑施工顺序的确定既是一个复杂的过程，又是一个发展的过程，它随着科学技术的发展、人们观念的更新而在不断地变化。因此，针对每一个单位工程，必须根据其施工特点和具体情况，合理确定施工顺序。

5）装配式混凝土建筑主体结构施工顺序

（1）装配式构件生产工艺流程。

① 预制墙板生产工艺流程如图 4-7 所示。

② 预应力 PK 叠合板生产工艺如图 4-8 所示。

③ 预制楼梯生产工艺流程如图 4-9 所示。

（2）吊装施工工序。

吊装前，先将预制内外墙板编号，再划分施工段，按照施工流向组织流水施工。具体施工顺序如图 4-10 所示。

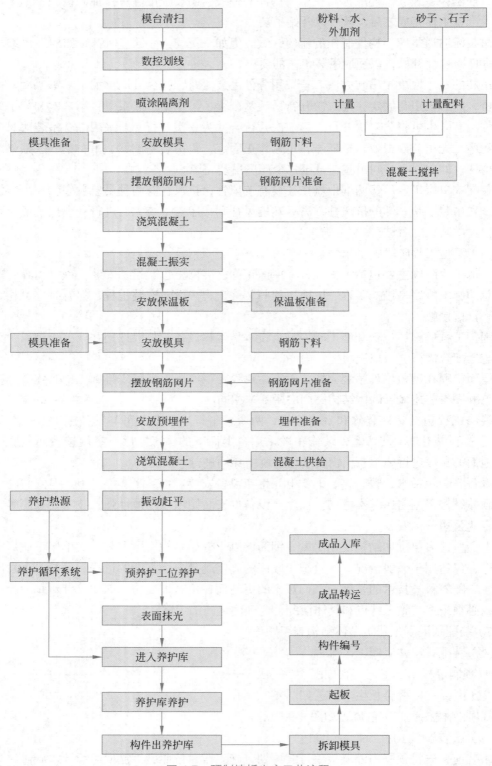

图 4-7　预制墙板生产工艺流程

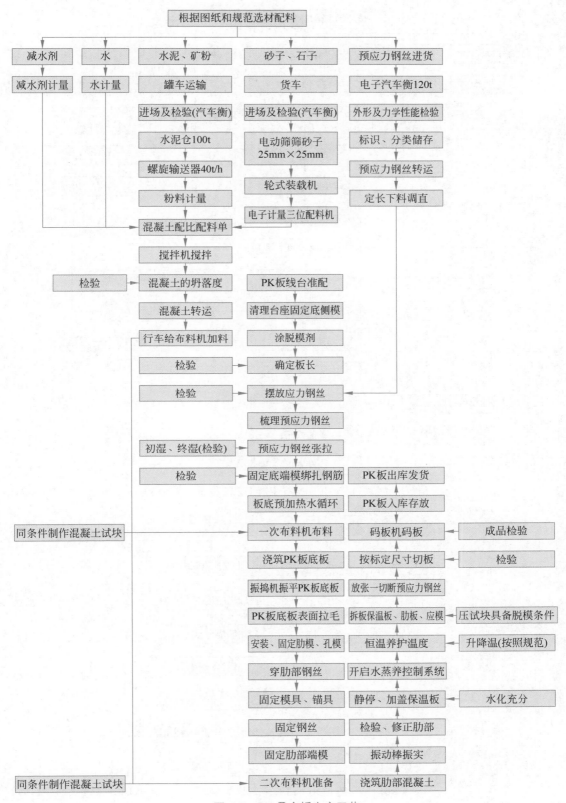

图 4-8　PK 叠合板生产工艺

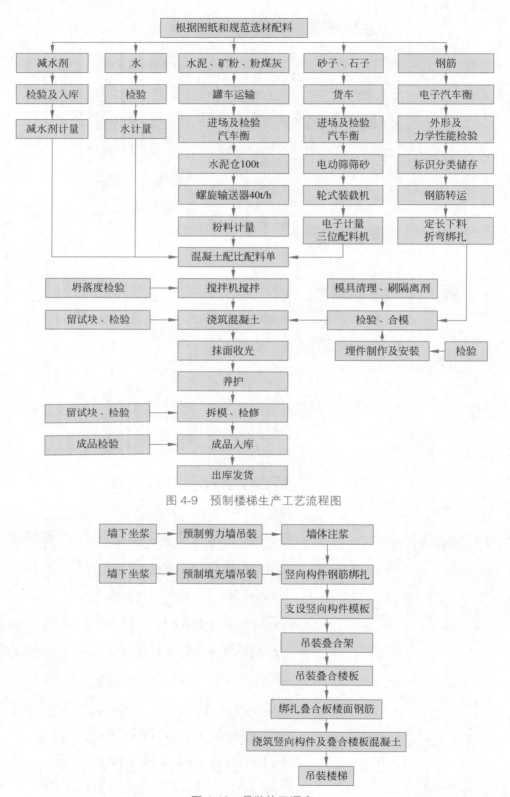

图 4-9 预制楼梯生产工艺流程图

图 4-10 吊装施工顺序

2. 施工方法的确定

1）施工方法确定的原则

施工方法确定的原则有以下三点。

（1）具有针对性。在确定某个分部（分项）工程的施工方法时，应结合本分项工程的情况，不能泛泛而谈。例如，模板工程应结合本分项工程的特点来确定其模板的组合、支撑及加固方案，画出相应的模板安装图，不能仅仅按施工规范确定安装要求。

（2）体现先进性、经济性和实用性。选择某个具体的施工方法（工艺）时，首先应考虑其先进性，保证施工的质量。同时，还应考虑到在保证质量的前提下，该方法是否经济和适用，并对不同的方法进行经济评价。

（3）保障性措施应落实。在拟定施工方法时，不仅要拟定操作过程和方法，而且要提出质量要求。

2）施工方法的选择

在选择主要的分部（分项）工程施工时，应包括以下内容。

（1）土石方工程。

① 计算土石方工程量，确定开挖或爆破方法，选择相应的施工机械。当采用人工开挖时，应按工期要求确定劳动力数量，并确定如何分区分段施工。当采用机械开挖时，应选择机械挖土的方式，确定挖掘机型号、数量和行走线路，以充分利用机械能力，达到最高的挖土效率。

② 对地形复杂的地区进行场地平整时，需确定土石方调配方案。

③ 基坑深度低于地下水位时，应选择降低地下水位的方法，确定降低地下水所需设备。

④ 当基坑较深时，应根据土壤类别确定边坡坡度和土壁支护方法，确保安全施工。

（2）基础工程。

① 基础需设施工缝时，应明确留设位置和技术要求。

② 确定浅基础的垫层、混凝土和钢筋混凝土基础施工的技术要求，或有地下室时的防水施工技术要求。

③ 确定桩基础的施工方法和施工机械。

（3）砌筑工程。

① 明确砖墙的砌筑方法和质量要求。

② 明确砌筑施工中的流水分段和劳动力组合形式等。

③ 确定脚手架搭设方法和技术要求。

（4）混凝土及钢筋混凝土。

① 确定混凝土工程施工方案，如滑模法、爬升法或其他方法等。

② 确定模板类型和支模方法。重点应考虑提高模板周转利用次数，节约人力和降低成本，对于复杂工程，还需进行模板设计和绘制模板放样图或排列图。

③ 钢筋工程应选择恰当的加工、绑扎和焊接方法。当钢筋在现场做预应力张拉时，应详细制订预应力钢筋的加工、运输、安装和检测方法。

④ 选择混凝土的制备方案，如是采用商品混凝土还是现场制备混凝土。确定搅拌、运输及浇筑顺序和方法，选择泵送混凝土和普通垂直运输混凝土机械。

⑤ 选择混凝土搅拌、振捣设备的类型和规格，确定施工缝的留设位置。

⑥ 如采用预应力混凝土，应确定预应力混凝土的施工方法、控制应力和张拉设备。

（5）结构吊装工程。

① 根据选用的机械设备确定结构吊装方法，安排吊装顺序、机械位置、开行路线及构件的制作、拼装场地。

② 确定构件的运输、装卸、堆放方法，所需的机具、设备的型号和数量以及对运输道路的要求。

（6）装饰工程。

① 围绕室内外装修，确定采用工厂化、机械化施工方法。

② 确定工艺流程和劳动组织，组织流水施工。

③ 确定所需机械设备，确定材料的堆放、平面布置和储存要求。

（7）现场垂直、水平运输。

① 确定垂直运输量（有标准层的要确定标准层的运输量），选择垂直运输方式，脚手架的选择及搭设方式。

② 水平运输方式及设备的型号、数量，配套使用的专用工具、设备（如混凝土车、灰浆车、料斗、砖车、砖笼等），确定地面和楼层上水平运输的行驶路线。

③ 合理地布置垂直运输设施的位置，综合安排各种垂直运输设施的任务和服务范围，混凝土后台上料方式。

3. 施工机械的选择

选择施工机械时，应注意以下几点。

（1）应首先根据工程特点选择主导工程的施工机械，如地下工程的土方机械，主体结构工程的垂直、水平运输机械，结构吊装工程的起重机械等。在选择装配式单层工业厂房结构安装使用的起重机类型时，如工程量较大且集中，可以采用生产效率较高的塔式起重机；但当工程量较小，或工程量虽大却相当分散时，则采用无轨自行式起重机较为经济。

（2）在选择辅助施工机械时，必须充分发挥主导施工机械的生产效率，要使两者的台班生产能力协调一致，并确定出辅助施工机械的类型、型号和台数。例如，土方工程中自卸汽车的载重量应为挖掘机斗容量的整数倍，汽车的数量应保证挖掘机连续工作，充分发挥挖掘机的效率。

（3）为便于施工机械化管理，同一施工现场的机械型号应尽可能少，当工程量大而且集中时，应选用专业化施工机械；当工程量小而分散时，可选择多用途施工机械。例如，挖土机既可用于挖土，又能用于装卸、起重和打桩。

（4）尽量选用施工单位的自有机械，以减少施工的投资额，提高自有机械的利用率，降低成本。当自有施工机械不能满足工程需要时，应购置或租赁所需新型机械。

4. 施工方案的评价

工程项目施工方案选择的要求是要适合本工程，即方案在技术上可行，经济上合理，做到技术与经济相统一。对施工方案进行技术经济分析，就是为了避免施工方案的盲目性、片面性，在方案付诸实施之前就能分析出其经济效益，保证所选方案的科学性、有效性和经济性，达到提高质量、缩短工期、降低成本的目的，进而提高工程施工的经济效益。

1）评价方法

施工方案技术经济分析方法可分为定性分析和定量分析两大类。定性分析只能泛泛地分析各方案的优缺点，如施工操作上的难易和安全与否，可否为后续工序提供有利条件，冬季或雨季对施工影响的大小，是否可利用某些现有的机械和设备，能否一机多用，能否给现场文明施工创造有利条件等。对施工方案的评价受评价人的主观因素影响大，故只用于方案初步评价。

定量分析法是对各方案的投入与产出进行计算，如对劳动力、材料及机械台班消耗、工期、成本等直接进行计算、比较，用数据说话比较客观，让人信服，所以定量分析是方案评价的主要方法。

2）评价指标

（1）技术指标：一般用各种参数表示，如深基坑支护中，若选用板桩支护，则指标有板桩的最小挖土深度、桩间距、桩的截面尺寸等。在大体积混凝土施工时，为了防止裂缝的出现，体现浇筑方案的指标有浇筑速度、浇筑厚度、水泥用量等，模板方案中的模板面积、型号、支撑间距等。这些技术指标应结合具体的施工对象来确定。

（2）经济指标：主要反映为完成任务必须消耗的资源量，由一系列价值指标、实物指标及劳动指标组成，如工程施工成本消耗的机械台班台数、用工量及钢材、木材、水泥（混凝土）等材料消耗量等，这些指标能评价方案是否经济合理。

（3）效果指标：主要反映采用该施工方案后预期达到的效果。效果指标有两大类：一类是工程效果指标，如工程工期、工程效率等；另一类是经济效果指标，如成本降低额或降低率、材料的节约量或节约率等。

4.3 施工进度计划

4.3.1 概述

1. 单位工程施工进度计划的作用及分类

单位工程施工进度计划是施工组织设计的重要内容，是控制各分部分项工程施工进程及总工期的主要依据，也是编制施工作业计划及各项资源需要量计划的依据。它的主要作用是确定各分部分项工程的施工时间及其相互之间的衔接、穿插、平行搭接、协作配合等关系；确定所需的劳动力、机械、材料等资源用量；指导现场的施工安排，确保施工任务的如期完成。

单位工程施工进度计划根据工程规模的大小、结构的难易程度、工期长短、资源供应情况等因素考虑。根据其作用，一般可分为控制性进度计划和指导性进度计划两类。控制性进度计划按分部工程来划分施工过程，以控制各分部工程的施工时间及其相互搭接配合关系。它主要适用于工程结构较复杂、规模较大、工期较长而需跨年度施工的工程（如宾馆、体育场、火车站候车大楼等大型公共建筑），还适用于虽然工程规模不大或结构不复杂，但各种资源（劳动力、机械、材料等）尚未落实的情况，以及建筑结构等可能变化的情况。指导性进度计划按分项工程或施工工序来划分施工过程，具体确定各施工过程的施工时间及其相互搭接、配合关系。它适用于任务具体而明确、施工条件基本落实、各项资源供应正常及施工工期不太长的工程。

2. 单位工程施工进度计划的表达方式及组成

单位工程施工进度计划的表达方式一般有横道图和网络图两种，详见前述内容。施工进度计划由两部分组成，一部分反映拟建工程所划分施工过程的工程量、劳动量或台班量、施工人数或机械数、工作班次及工作延续时间等计算内容；另一部分则用图表形式表示各施工过程的起止时间、延续时间及其搭接关系。

3. 单位工程施工进度计划的编制依据

单位工程施工进度计划的编制依据主要包括施工图、工艺图及有关标准图等技术资料；施工组织总设计对本工程的要求；施工工期要求；施工方案、施工定额以及施工资源供应情况。

4.3.2 单位工程施工进度计划的编制程序与步骤

1. 编制程序

单位工程施工进度计划是在既定施工方案的基础上，根据规定的工期和各种资源供应条件，对单位工程中的各分部（分项）工程的施工顺序、施工起止时间及衔接关系进行合理安排的计划。其编制程序如下：收集编制依据→划分施工过程→确定施工顺序→计算工程量套用工程量→套用施工定额→计算劳动量和机械台班需用量→确定施工过程的持续时间→确定各项目之间的关系及搭接→编制初步计划方案并绘制进度计划图→施工进度计划的检查与调整→绘制正式进度计划。

2. 编制步骤

1）划分施工过程

施工过程是进度计划的基本组成单元，其划分的粗与细、适当与否关系到进度计划的安排，因而应结合具体的施工项目来合理地确定施工过程。这里的施工过程主要包括直接在建筑物（或构筑物）上进行施工的所有分部（分项）工程，不包括加工厂的预制加工及运输过程，即这些施工过程不纳入进度计划中，可以提前完成，不影响进度。在确定施工过程时，应注意以下五个问题。

（1）施工过程划分的粗细程度主要取决于进度计划的客观需要。编制控制性进度计划时，施工过程应划分得粗一些，通常只列出分部工程名称。编制实施性施工进度计划时，项目要划分得细一些，特别是其中的主导工程和主要分部工程，应做到尽量详细而且不漏项，以便于指导施工。

（2）施工过程的划分要结合所选择的施工方案。施工方案不同，施工过程的名称、数量和内容也会有所不同。

（3）适当简化施工进度计划的内容，避免工程项目划分过细、重点不突出。编制时，可考虑将某些穿插性分项工程合并到主要分项工程中，如安装门窗框可以并入砌墙工程。对于在同一时间内，由同一工程队施工的过程可以合并为一个施工过程，而对于次要的零星分项工程可合并为"其他工程"项。

（4）水、暖、电、卫工程和设备安装工程通常由专业施工队负责施工，因此，施工进度计划中只要反映出这些工程与土建工程如何配合即可，不必细分。此项目可穿插进行。

（5）所有施工过程应大致按施工顺序先后排列，所采用的施工项目名称可参考现行定额手册上的项目名称。

总之，施工过程的划分要粗细得当，最后列出施工过程一览表以供使用。

2）计算工程量

工程量的计算应严格按照施工图纸和工程量计算规则进行。当编制施工进度计划时，如已经有了预算文件，则可直接利用预算文件中有关的工程量；当某些项目的工程量有出入但相差不大时，可结合工程项目的实际情况作一些调整或补充。计算工程量时，应注意以下四个问题。

（1）各分部（分项）工程的计算单位必须与现行施工定额的计量单位一致，以便计算劳动量和材料、机械台班消耗量时直接套用。

（2）结合分部（分项）工程的施工方法和技术安全的要求计算工程量。

（3）结合施工组织的要求，分层、分段计算工程量。

（4）计算工程量时，应尽量考虑到编制其他计划时使用数据的方便，做到一次计算，多次使用。

3）计算劳动量和机械台班数

劳动量和机械台班数应根据所划分的施工过程和选定的施工方法，套用现行的施工定额并结合当地的具体情况加以确定，可按式（4-1）或式（4-2）计算。

$$P = QH \tag{4-1}$$

或

$$P = Q/S \tag{4-2}$$

式中　P——该施工过程所需劳动量或机械台班量；

　　　Q——该施工过程的工程量；

　　　S——施工过程的产量定额；

　　　H——施工过程的时间定额。

对于"其他工程"项目的劳动量或机械台班量，可根据合并项目的实际情况进行计算。实践中常根据工程特点，结合工地和施工单位的具体情况，以总劳动量的一定比例估算，一般占总劳动量的 10%~20%。

当某一分项工程是由若干具有同一性质但具有不同类型的分项工程合并而成时，则应分别根据各分项工程的时间定额（或产量定额）及工程量，计算出合并后的综合时间定额（或综合产量定额），即

$$H = \frac{Q_1 H_1 + Q_2 H_2 + \cdots + Q_n H_n}{Q_1 + Q_2 + \cdots + Q_n} \tag{4-3}$$

再根据工作项目的工程量和综合时间定额，按式（4-1）计算出分项工程所需要的劳动量和机械台班数。

4）确定施工项目的延续时间

确定施工项目的延续时间有以下几种方法。

（1）经验估算法。施工项目的持续时间最好是按正常情况确定，这时它的费用一般是较低的。待编制出初始进度计划，并经过计算后，再结合实际情况进行必要的调整，这是

避免因盲目抢工而造成浪费的有效方法。根据过去的施工经验并按照实际地施工条件来估算项目的施工持续时间是较为简便的办法，现在一般也多采用这种办法。这种办法多用于采用新工艺、新技术新材料等无定额可循的工种。在经验估算法中，有时为了提高其精确程度，往往采用"三时估计法"，即先估计出该项目的最长、最短和最可能的三种持续施工时间，然后根据以求出期望的施工持续时间作为该项目的施工持续时间。其计算公式如下：

$$t = \frac{A + 4C + B}{6} \tag{4-4}$$

式中　　t——项目施工持续时间；

　　　　A——最长施工持续时间；

　　　　B——最短施工持续时间；

　　　　C——最可能施工持续时间。

（2）定额计算法。根据可供使用的人员或机械数量和正常施工的班制安排，计算出施工项目的延续时间。公式如下：

$$T_i = \frac{P_i}{R_i b_i} \tag{4-5}$$

式中　　T_i——某施工项目的延续时间，天；

　　　　P_i——该施工项目的劳动量（工日）或机械台班量（台班）；

　　　　R_i——该施工项目每天提供或安排的班组人数（人）或机械台数（台）；

　　　　b_i——该施工项目每天采用的工作班制数（1~3 班工作制）。

5）编制进度计划初始方案

根据已确定的施工顺序、各施工过程的持续时间、划分的施工段和施工层找出主导施工过程，按照流水施工的原则来组织工程施工，绘制初始的横道图或网络计划，形成初始方案。

6）施工进度计划的检查与调整

无论采用流水作业法还是网络计划技术，均应对施工进度计划的初始方案进行检查、调整和优化。其主要包括以下内容。

（1）各施工过程的施工工序是否正确，流水施工组织方法的应用是否正确，技术间歇是否合理。

（2）编制的计划工期能否满足合同规定的工期要求。

（3）劳动力方面，主要工种工人能否连续施工，劳动力消耗是否均衡。劳动力消耗的均衡性是针对整个单位工程或各个工种而言的，应力求每天出勤的工人人数不发生过大变动。

（4）物资方面，主要机械、设备、材料等的利用是否均衡，施工机械是否被充分利用。

根据检查结果，对不满足要求的项目进行调整，如增加或缩短某施工过程的持续时间、调整施工方法或施工技术组织措施等。总之，通过调整，在满足工期的条件下，达到使劳动力、材料、设备需要趋于均衡，主要施工机械利用合理的目的。

另外，在施工进度计划执行过程中，往往会因人力、物力及现场客观条件的变化而打破原定计划，因此，在施工过程中，应经常检查和调整施工进度计划。

3. 进度计划的评价

施工进度计划编制得是否合理，不仅会直接影响工期的长短、施工成本的高低，还可能影响施工的质量和安全。因此，对工程施工进度计划进行经济评价是非常必要的。

评价单位工程施工进度计划的优劣，实质上是评价施工进度计划对工期目标、工程质量施工安全及工期费用等方面的影响。

具体评价施工进度计划的指标主要有以下两种。

（1）工期。包括总工期、主要施工阶段的工期、计划工期、定额工期或合同工期（期望工期）。

（2）施工资源的均衡性。施工资源是指劳动力，施工机具、周转材料、建筑材料及施工所需要的人、财、物等。

4.4　资源需要量计划

1. 劳动力需要量计划

劳动力需要量计划是根据施工预算、劳动定额和施工进度计划编制而成的，是规划临时建筑和组织劳动力进场的依据。编制时，应根据各单位工程分工和工程量，查预算定额或有关资料，即可求出各单位工程重要工种的劳动力需要量。将各单位工程所需的主要劳动力汇总，即可得出整个建筑工程项目劳动力需要量计划。其计划内容见表 4-2。

表 4-2　劳动力需要量计划

序号	工种名称	总需要量 / 工日	需要工人人数及时间											
			×月			×月			×月			×月		
			上旬	中旬	下旬	上旬	中旬	下旬	上旬	中旬	下旬	上旬	中旬	下旬

2. 主要材料需要量计划

主要材料需要量计划是确定备料、供料、仓库、堆场面积及组织运输的依据。其编制方法是根据施工预算中工料分析表、施工进度计划表、材料的储备和消耗定额，将施工中需要的材料按品种、规格、数量、使用时间计算汇总，填入主要材料需要量计划表，见表 4-3。

表 4-3　主要材料需要量计划

序号	材料名称	规格	需要量		供应时间	备注
			单位	数量		

3. 构建需要量计划

构件需要量计划主要用于落实加工订货单位，并按照所需规格、数量、时间、组织加工、运输和确定仓库或堆场，可根据施工图和施工进度计划编制，见表 4-4。

表 4-4　构件需要量计划

序号	品名	规格	图号型号	需要量		使用部位	加工单位	供应日期	备注
				单位	数量				

4. 施工机械需要量计划

主要施工机械，如挖土机、起重机等的需要量，需根据施工进度计划、主要建筑物施工方案和工程量，并套用机械产量定额求得；辅助机械的需要量可以根据建筑安装工程概算指标求得；运输机械的需要量可以根据运输量计算。最后编制施工机具需要量计划。施工机具需要量计划除为组织机械供应外，还可作为计算施工用电、选择变压器容量等和确定停放场地面积的依据，其计划内容见表 4-5。

表 4-5　施工机械需要量计划

序号	机具、设备名称	类型型号	需要量		货源	进场日期	使用起止时间	备注
			单位	数量				

复习思考题

1. 简述单位工程施工组织设计的概念。
2. 试述单位工程施工组织设计的编制依据和程序。
3. 单位工程施工组织设计包含的内容有哪些？
4. 单位工程施工组织设计的工程概况包含的内容有哪些？
5. 试述确定施工顺序应遵循的基本原则和要求。
6. 选择施工方法和施工机械时应满足的基本要求有哪些？
7. 单位工程施工进度计划分为几类？分别适用什么情况？
8. 试述单位工程施工进度计划的编制步骤。
9. 施工过程划分应考虑的因素有哪些？
10. 资源需要量计划的类型有哪些？

[总结与思考]

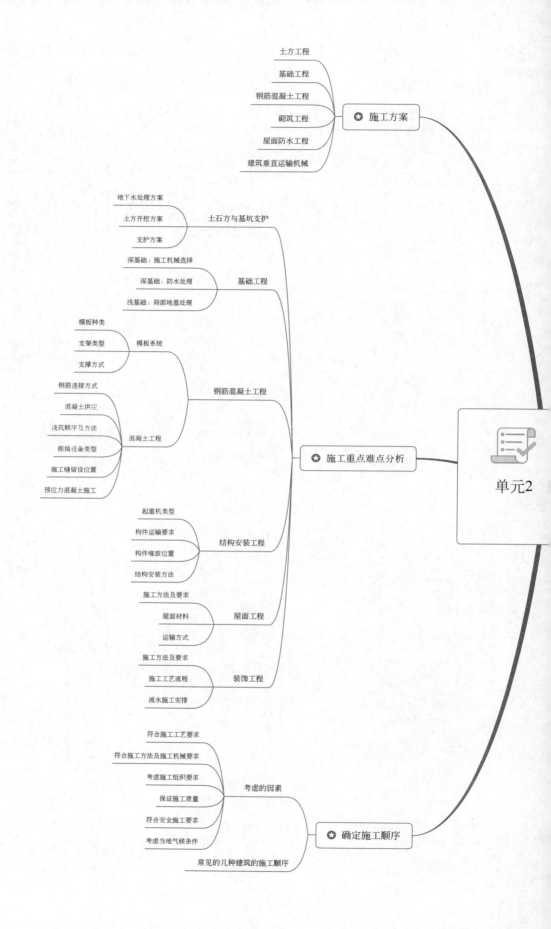

施工方案
- 土方工程
- 基础工程
- 钢筋混凝土工程
- 砌筑工程
- 屋面防水工程
- 建筑垂直运输机械

施工重点难点分析
- 土石方与基坑支护
  - 地下水处理方案
  - 土方开挖方案
  - 支护方案
- 基础工程
  - 深基础：施工机械选择
  - 深基础：防水处理
  - 浅基础：局部地基处理
- 钢筋混凝土工程
  - 模板系统
    - 模板种类
    - 支架类型
    - 支撑方式
  - 混凝土工程
    - 钢筋连接方式
    - 混凝土供应
    - 浇筑顺序及方法
    - 振捣设备类型
    - 施工缝留设位置
    - 预应力混凝土施工
- 结构安装工程
  - 起重机类型
  - 构件运输要求
  - 构件堆放位置
  - 结构安装方法
- 屋面工程
  - 施工方法及要求
  - 屋面材料
  - 运输方式
- 装饰工程
  - 施工方法及要求
  - 施工工艺流程
  - 流水施工安排

确定施工顺序
- 考虑的因素
  - 符合施工工艺要求
  - 符合施工方法及施工机械要求
  - 考虑施工组织要求
  - 保证施工质量
  - 符合安全施工要求
  - 考虑当地气候条件
- 常见的几种建筑的施工顺序

单元2

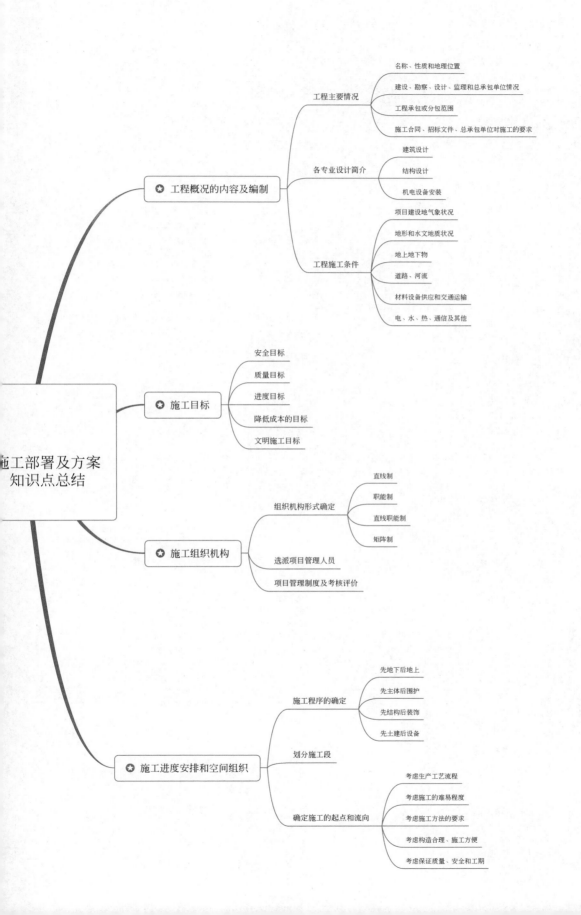

施工部署及方案
知识点总结

工程概况的内容及编制
- 工程主要情况
  - 名称、性质和地理位置
  - 建设、勘察、设计、监理和总承包单位情况
  - 工程承包或分包范围
  - 施工合同、招标文件、总承包单位对施工的要求
- 各专业设计简介
  - 建筑设计
  - 结构设计
  - 机电设备安装
- 工程施工条件
  - 项目建设地气象状况
  - 地形和水文地质状况
  - 地上地下物
  - 道路、河流
  - 材料设备供应和交通运输
  - 电、水、热、通信及其他

施工目标
- 安全目标
- 质量目标
- 进度目标
- 降低成本的目标
- 文明施工目标

施工组织机构
- 组织机构形式确定
  - 直线制
  - 职能制
  - 直线职能制
  - 矩阵制
- 选派项目管理人员
- 项目管理制度及考核评价

施工进度安排和空间组织
- 施工程序的确定
  - 先地下后地上
  - 先主体后围护
  - 先结构后装饰
  - 先土建后设备
- 划分施工段
- 确定施工的起点和流向
  - 考虑生产工艺流程
  - 考虑施工的难易程度
  - 考虑施工方法的要求
  - 考虑构造合理、施工方便
  - 考虑保证质量、安全和工期

单元 3 施工进度计划

思政元素

1. 选择适合工程项目的流水施工组织方式，绘制横道图时认认真真，讨论案例时积极发言。

2. 用网络计划控制工程进度时，确保施工安全、施工质量。

3. 品茗施工进度软件实训，引入 BIM 技术，与时俱进、追求卓越的创新精神。

育人目标

通过对施工进度计划横道图、网络图的学习，融入从手工绘图、计算、调整到依托计算机软件进行，不仅效率提高了，计算与分析的精度也提高了，这种变化源于科技进步，而科技进步的原动力却是与时俱进、追求卓越的创新精神。目标是培养学生敬业的价值观，追求卓越的创新精神。

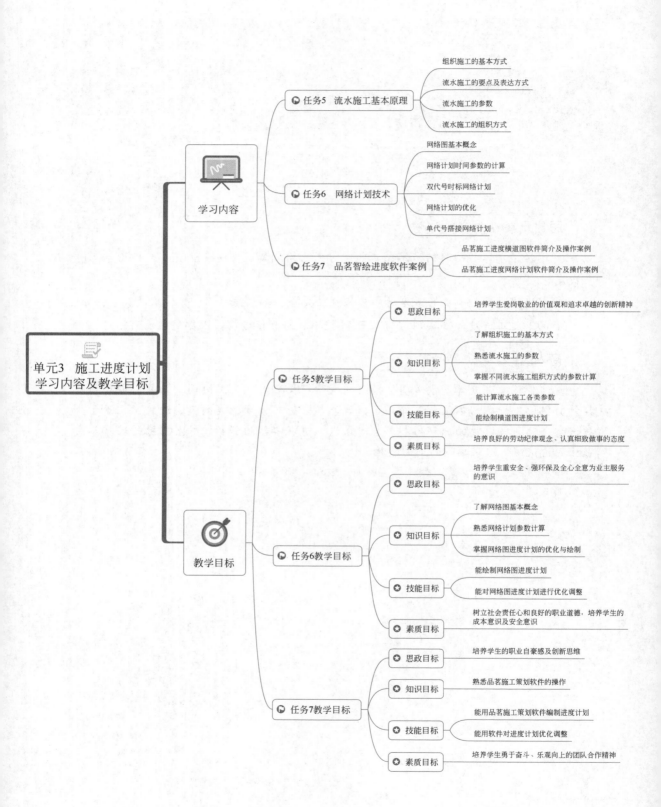

单元3　施工进度计划
学习内容及教学目标

学习内容

任务5　流水施工基本原理
- 组织施工的基本方式
- 流水施工的要点及表达方式
- 流水施工的参数
- 流水施工的组织方式

任务6　网络计划技术
- 网络图基本概念
- 网络计划时间参数的计算
- 双代号时标网络计划
- 网络计划的优化
- 单代号搭接网络计划

任务7　品茗智绘进度软件案例
- 品茗施工进度横道图软件简介及操作案例
- 品茗施工进度网络计划软件简介及操作案例

教学目标

任务5教学目标
- 思政目标：培养学生爱岗敬业的价值观和追求卓越的创新精神
- 知识目标：
  - 了解组织施工的基本方式
  - 熟悉流水施工的参数
  - 掌握不同流水施工组织方式的参数计算
- 技能目标：
  - 能计算流水施工各类参数
  - 能绘制横道图进度计划
- 素质目标：培养良好的劳动纪律观念、认真细致做事的态度

任务6教学目标
- 思政目标：培养学生重安全、强环保及全心全意为业主服务的意识
- 知识目标：
  - 了解网络图基本概念
  - 熟悉网络计划参数计算
  - 掌握网络图进度计划的优化与绘制
- 技能目标：
  - 能绘制网络图进度计划
  - 能对网络图进度计划进行优化调整
- 素质目标：树立社会责任心和良好的职业道德，培养学生的成本意识及安全意识

任务7教学目标
- 思政目标：培养学生的职业自豪感及创新思维
- 知识目标：熟悉品茗施工策划软件的操作
- 技能目标：
  - 能用品茗施工策划软件编制进度计划
  - 能用软件对进度计划优化调整
- 素质目标：培养学生勇于奋斗、乐观向上的团队合作精神

任务 5　流水施工基本原理

从投资的角度考虑，人们总是希望一个建设项目能在尽可能短的时间内建成，以发挥其投资的经济效益和社会效益。然而，建设项目的建设工期，与整个建设项目的施工展开方式和开工顺序有关。为了正确选择施工展开方式和进行施工任务的组织，以满足建设工期的要求，必须了解不同施工展开方式的特点及其对建设工期的影响，掌握施工项目开工顺序的基本规律。

5.1　组织施工的基本方式

任何工程建设施工过程中，都会考虑建筑工程项目的施工特点、工艺流程、资源利用、平面或空间布置等因素，组织施工的基本方式有依次施工、平行施工和流水施工三种。

1. 依次施工

依次施工也称顺序施工，即将一个工程项目的整个建造过程分解成若干个施工过程，按照一定的施工顺序，前一个施工过程完成后，后一个施工过程才开始施工；或前一个施工段完成后，后一个施工段才开始施工。它是一种最基本的、最原始的施工组织方式。

2. 平行施工

平行施工是在拟建工程任务十分紧迫、工作面允许及资源保证供应的条件下，组织几个专业的工作队，在同一时间、不同的工作面上，完成同样的施工任务的施工组织方式。

3. 流水施工

流水施工是所有的施工过程按一定的时间间隔依次投入施工，各个施工过程陆续开工、陆续竣工，使同一施工过程的专业工作队保持连续、均衡施工，不同的施工过程尽可能平行搭接施工的组织方式。

下面以工程案例来分别说明三种施工组织方式。

【例 5-1】　某工厂拟建三个结构相同的厂房，各厂房基础工程划分为挖土方、现浇混凝土基础和回填土三个施工过程。每个施工过程安排一个专业工作队，其中，挖土方工作队由 15 人组成，2 天完成；现浇混凝土基础工作队由 20 人组成，2 天完成；回填土工作队由 10 人组成，2 天完成。

【解】

1）依次施工（见图 5-1 和图 5-2）

由图 5-1 和图 5-2 可以看出，依次施工的组织方式具有以下特点。

（1）单位时间内投入的人力、物力、材料等资源较少，有利于组织资源供应。

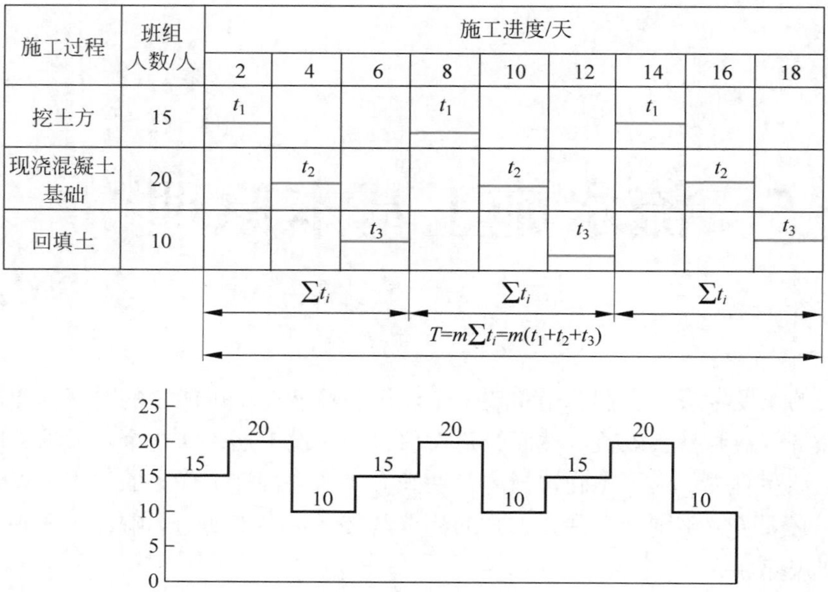

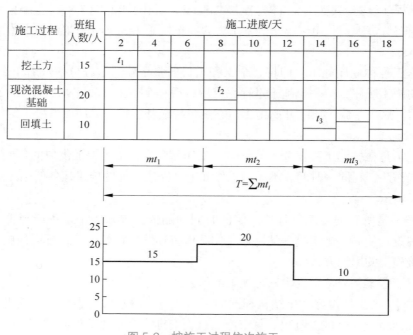

施工过程	班组人数/人	施工进度/天								
		2	4	6	8	10	12	14	16	18
挖土方	15	t_1			t_1			t_1		
现浇混凝土基础	20		t_2			t_2			t_2	
回填土	10			t_3			t_3			t_3

$$\sum t_i \quad \sum t_i \quad \sum t_i$$
$$T=m\sum t_i=m(t_1+t_2+t_3)$$

图 5-1　按施工段依次施工

（图中 t 的下角标 1、2、3 分别表示施工过程数）

施工过程	班组人数/人	施工进度/天								
		2	4	6	8	10	12	14	16	18
挖土方	15	t_1								
现浇混凝土基础	20				t_2					
回填土	10							t_3		

$$mt_1 \quad mt_2 \quad mt_3$$
$$T=\sum mt_i$$

图 5-2　按施工过程依次施工

（图中 t 的下角标 1、2、3 分别表示施工过程数，m 为施工段数）

（2）施工现场的组织管理较简单。

（3）施工工期为 18 天，工期较长。

（4）按施工段依次施工时，各专业工作队不能连续工作，产生窝工现象。

（5）工作面有闲置现象，空间不连续。

由于采用依次施工工期拖得较长，施工组织的安排上也不尽合理，所以依次施工作业适用于规模较小、工期要求不紧、施工工作面有限的工程项目。

2）平行施工（见图 5-3）

由图 5-3 可以看出，平行施工具有以下特点。

（1）施工工期为 6 天，工期较短。

（2）能充分利用工作面，空间连续。

（3）单位时间内投入的劳动力、材料和机械设备等资源都成倍增加，不利于资源供应组织。

（4）施工现场的组织管理复杂。

平行施工一般适用于工期要求紧，大规模、同类型的建筑群及分批、分期组织施工的工程任务，该施工方式只有在各方面的资源供应都有保障的前提下才是合理的。

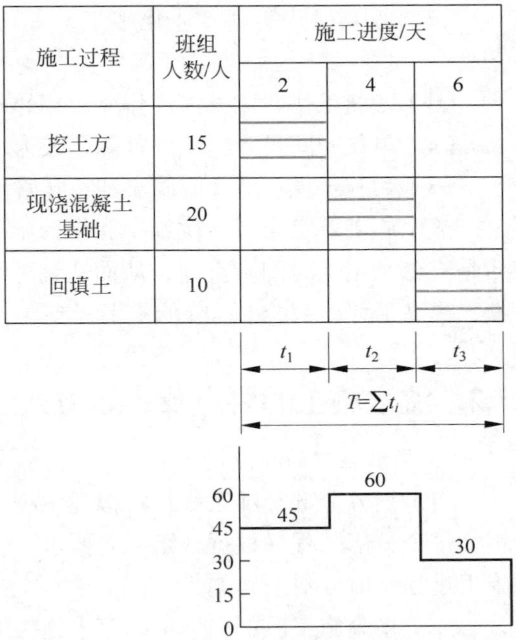
施工过程
班组人数/人
施工进度/天
2
4
6
挖土方
15
现浇混凝土基础
20
回填土
10
t_1
t_2
t_3
$T=\sum t_i$
60
45
30
15
0
45
60
30
图 5-3　平行施工

3）流水施工（见图 5-4）

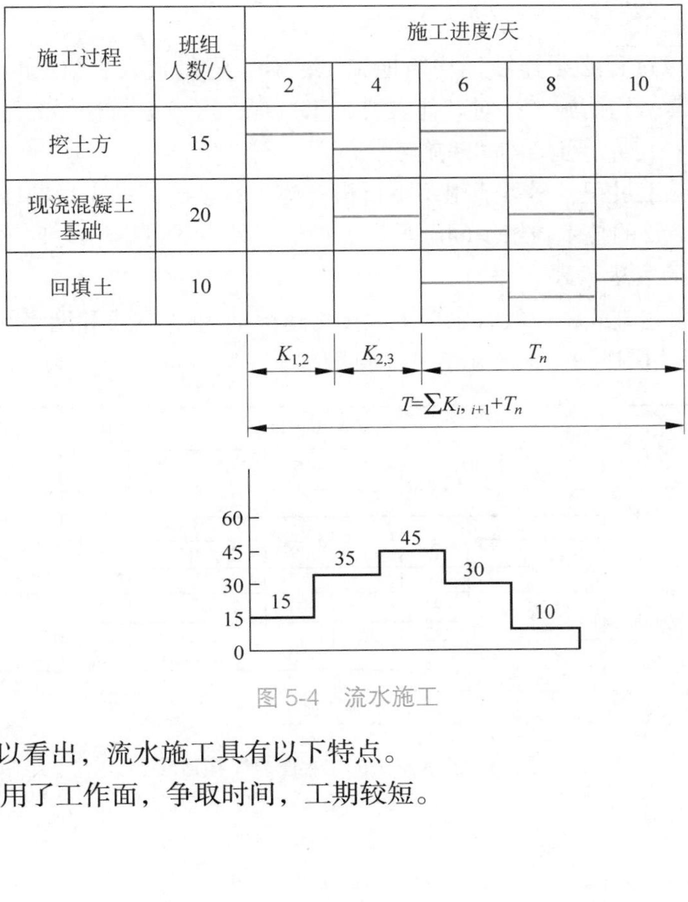
施工过程
班组人数/人
施工进度/天
2
4
6
8
10
挖土方
15
现浇混凝土基础
20
回填土
10
$K_{1,2}$
$K_{2,3}$
T_n
$T=\sum K_{i,\ i+1}+T_n$
60
45
30
15
0
15
35
45
30
10
图 5-4　流水施工

由图 5-4 可以看出，流水施工具有以下特点。

（1）充分利用了工作面，争取时间，工期较短。

（2）各工程队实现专业化施工，有利于改进操作技术，保证工作质量，提高劳动生产率。

（3）专业工作队能够连续作业，相邻两个工作队之间实现了最大限度的合理搭接。

（4）单位时间投入施工的资源量较为均衡，有利于资源供应的组织工作。

（5）为施工现场的文明施工和科学管理创造了有利条件。

流水施工既综合了一次施工和平行施工的优点，又克服了它们的缺点，流水施工的实质是充分利用了时间和空间，从而达到连续、均衡、有节奏的施工的目的，缩短了施工工期，提高了劳动生产率，降低了工程成本。流水施工是一种先进的、科学的施工组织方式。

5.2 流水施工的要点及表达方式

1. 流水施工的要点

（1）划分分部分项工程：将拟建工程，根据工程特点及施工要求，划分为若干分部工程；每个分部工程又根据施工工艺要求、工程量大小、施工班组的组成情况，划分成若干施工过程（即分项工程）。

（2）划分施工段：根据组织流水施工的需要，将拟建工程在平面和空间上划分为工程量大致相等的若干个施工段。

（3）每个施工过程尽可能组织独立的施工班组，配备必要的施工机具，按施工工艺的先后顺序，依次、连续、均衡地从一个施工段转移到另一个施工段完成本施工过程相同的施工操作。

（4）主要施工过程必须连续、均衡地施工；对工程量较大、施工时间较长的施工过程，必须组织连续、均衡施工；对其他次要施工过程，可考虑与相邻的施工过程合并。如不能合并，为缩短工期，可安排间断施工。

（5）不同的施工过程，尽可能组织平行搭接施工；按施工的先后顺序要求，在有工作面的条件下，除必要的技术与组织间歇（如养护等）外，尽可能组织平行搭接施工。

2. 流水施工的表达方式

流水施工的表达方式，一般有水平图表（横道图）、垂直图表和网络图三种表达方式。

1）水平图表（横道图）的表示方式（见图 5-5）

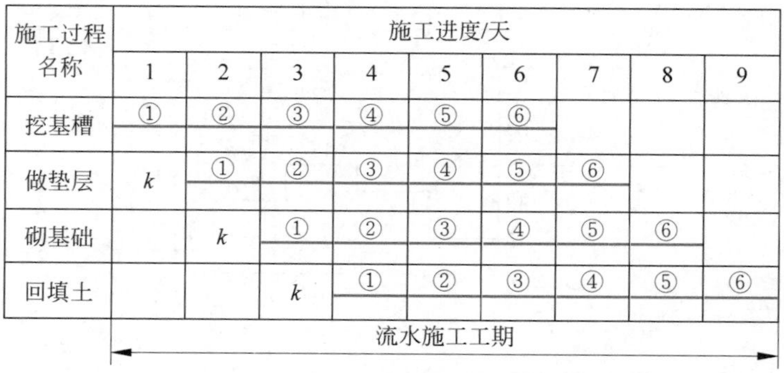

施工过程	施工进度/天								
名称	1	2	3	4	5	6	7	8	9
挖基槽	①	②	③	④	⑤	⑥			
做垫层	k	①	②	③	④	⑤	⑥		
砌基础		k	①	②	③	④	⑤	⑥	
回填土			k	①	②	③	④	⑤	⑥
流水施工工期									

图 5-5 流水施工的水平图表（横道图）

水平图表（横道图）的优点是绘制简单，施工过程及其先后顺序清楚，时间和空间状况形象直观；进度线的长度可以反映流水施工速度，使用方便。在实际工程中，常用水平图表（横道图）编制施工进度计划。

2）垂直图表的表示方式（见图 5-6）

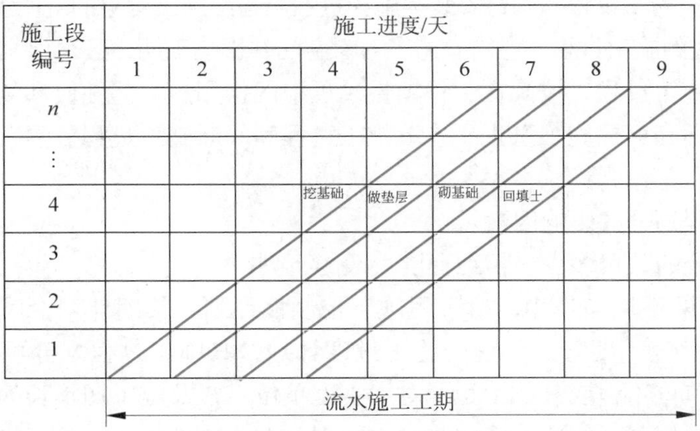

施工段编号	施工进度/天								
	1	2	3	4	5	6	7	8	9
n									
⋮									
4				挖基础	做垫层	砌基础	回填土		
3									
2									
1									

流水施工工期

图 5-6　流水施工的垂直图表

垂直图表的优点是施工过程及其先后顺序清楚，时间和空间状况形象直观，斜向进度线的斜率可以明显地表示出各施工过程的施工速度；利用垂直图表研究流水施工的基本理论比较方便，但编制实际工程进度计划不如横道图方便，一般不用其表示实际工程的流水施工进度计划。

3）网络图的表示方式

流水施工的网络图表示方式详见任务 6。

5.3　流水施工的参数

在组织建筑工程流水施工时，用于表达流水施工在工艺流程、时间及空间方面开展状态的参数统称为流水施工参数。流水施工参数按其作用的不同，一般可分为工艺参数、空间参数和时间参数三种。

1. 工艺参数

工艺参数是指在组织流水施工时，用于表达流水施工在施工工艺方面进展状态的参数。工艺参数包括施工过程数（n）和流水强度（V_i）。

1）施工过程数

施工过程数是指参与一组流水的施工过程数目，用符号 n 表示。一个工程的施工由许多施工过程组成，如挖土、支模、扎钢筋、浇混凝土等。

（1）施工过程的分类。

① 制备类施工过程。为了提高建筑产品的装配化、工厂化、机械化和生产能力而形成的施工过程称为制备类施工过程。它一般不占有施工对象的空间，不影响项目总工期，因此不在项目施工进度表上表示；只有当其占有施工对象的空间并影响项目总工期时，才列入项目施工进度表，如砂浆、混凝土、构配件、门窗框扇等的制备过程。

② 运输类施工过程。将建筑材料、构（配）件、（半）成品、制品和设备等运到项目工地仓库或现场操作使用地点而形成的施工过程称为运输类施工过程。它一般不占有施工对象的空间，也不影响项目总工期，通常不列入施工进度计划中；只有当其占有施工对象的空间并影响项目总工期时，才列入项目施工进度表。

③ 砌筑安装类施工过程。砌筑安装类施工过程是指在施工对象的空间上直接进行最终建筑产品加工而形成的施工过程，它占有施工对象空间并影响工期，必须列入施工进度计划。

砌筑安装类施工过程，按其在工程项目过程中的作用、工艺性质和复杂程度不同，可分为主导施工过程和穿插施工过程、连续施工过程和间断施工过程、复杂施工过程和简单施工过程。

（2）施工过程划分的影响因素。

施工过程划分的数目多少、粗细程度一般与下列因素有关。

① 施工计划的性质与作用。对工程施工控制性计划、长期计划，以及建筑群体、规模大、结构复杂、施工期长的工程的施工进度计划，其施工过程划分可粗些，综合性大些，一般划分至单位工程或分部工程。对中小型单位工程及施工期不长的工程施工实施性计划，其施工过程划分可细些、具体些，一般划分至分项工程。对月度作业性计划，有些施工过程还可分解为工序，如安装模板、绑扎钢筋等。

② 施工方案及工程结构。施工过程的划分与工程的施工方案及工程结构形式有关。如厂房的柱基础与设备基础挖土，如同时施工，可合并为一个施工过程，若先后施工，可分为两个施工过程。承重墙与非承重墙的砌筑也是如此。砖混结构、大墙板结构、装配式框架与现浇钢筋混凝土框架等不同结构体系，其施工过程划分及其内容也各不相同。

③ 劳动组织及劳动量大小。施工过程的划分与专业工作队的组织形式有关。如现浇钢筋混凝土结构的施工，如果是单一工种组成的施工班组，可以划分为支模板、扎钢筋、浇混凝土三个施工过程；同时，为了组织流水施工的方便或需要，也可将其合并成一个施工过程，这时按劳动班组的组成是多工种混合班组。施工过程的划分还与劳动量大小有关。劳动量小的施工过程，当组织流水施工有困难时，可与其他施工过程合并。如垫层劳动量较小时，可与挖土合并为一个施工过程，这样可以使各个施工过程的劳动量大致相等，便于组织流水施工。

④ 施工过程内容和工作范围。施工过程的划分与其内容和范围有关。如直接在施工现场或工程对象上进行的劳动过程，可以划入流水施工过程，如砌筑安装类施工过程、施工现场制备及运输类施工过程等；而场外劳动内容可以不划入流水施工过程，如部分场外制备和运输类施工过程。

综上所述，施工过程的划分既不能太多、过细，会增加计算量，重点不突出；也不能太少、过粗，会过于笼统，失去指导作用。

2）流水强度

流水强度是指某施工过程在单位时间内所完成的工作量，一般以 V_i 表示。

（1）机械施工过程的流水强度

$$V_i = \sum_{i=1}^{x} R_i S_i \tag{5-1}$$

式中　V_i——某施工过程 i 的机械操作流水强度；

　　　R_i——投入施工过程 i 的某种施工机械台数；

　　　S_i——投入施工过程 i 的某种施工机械产量定额；

　　　x——投入施工过程 i 的施工机械种类数。

（2）人工施工过程的流水强度

$$V_i = R_i S_i \tag{5-2}$$

式中　R_i——投入施工过程 i 的工作队人数；

　　　S_i——投入施工过程 i 的工作队平均产量定额；

　　　V_i——某施工过程 i 的人工操作流水强度。

2. 空间参数

在组织流水施工时，用于表达流水施工在空间布置上所处状态的参数，称为空间参数。空间参数主要有工作面、施工段数（m）和施工层数（r）。

1）工作面

施工工作面又称为工作前线，是施工对象上供某专业工种或某种施工机械进行施工的活动空间。它的大小是根据相应工种单位时间内的产量定额、工程操作规程和安全规程等要求确定的。工作面确定得合理与否，直接影响专业工种工人的劳动生产效率，对此，必须认真对待，并合理确定工作面。有关工种的工作面如表 5-1 所示。

表 5-1　主要工种工作面参考数据表

工 作 项 目	每个技工的工作面	说　　明
砖基础	7.6m / 人	以 $1\frac{1}{2}$ 砖计，2 砖乘以 0.8，3 砖乘以 0.55
砌砖墙	8.5m / 人	以 1 砖计，$1\frac{1}{2}$ 砖乘以 0.7，2 砖乘以 0.57
毛石墙基	3m / 人	以 60cm 计
毛石墙	3.3m / 人	以 40cm 计
混凝土柱、墙基础	8m³ / 人	机拌、机捣
混凝土设备基础	7m³ / 人	机拌、机捣
现浇钢筋混凝土柱	2.45m³ / 人	机拌、机捣
现浇钢筋混凝土梁	3.20m³ / 人	机拌、机捣
现浇钢筋混凝土墙	5m³ / 人	机拌、机捣
现浇钢筋混凝土楼板	5.3m³ / 人	机拌、机捣
预制钢筋混凝土柱	3.6m³ / 人	机拌、机捣
预制钢筋混凝土梁	3.6m³ / 人	机拌、机捣
预制钢筋混凝土屋架	2.7m³ / 人	机拌、机捣
预制钢筋混凝土平板、空心板	1.91m³ / 人	机拌、机捣
预制钢筋混凝土大型屋面板	2.62m³ / 人	机拌、机捣
混凝土地坪及面层	40m² / 人	机拌、机捣
外墙抹灰	16m² / 人	
内墙抹灰	18.5m² / 人	

工 作 项 目	每个技工的工作面	说　　明
卷材屋面	18.5m² / 人	
防水水泥砂浆屋面	16m² / 人	
门窗安装	11m² / 人	

2）施工段数和施工层数

施工段数和施工层数是指工程对象在组织流水施工中所划分的施工区段数目。一般把平面上划分的若干个劳动量大致相等的施工区段称为施工段，用符号 m 表示。把建筑物垂直方向划分的施工区段称为施工层，用符号 r 表示。

划分施工段的目的是保证不同的专业工作队能在不同的施工段上同时进行施工，消灭由于不同的专业工作队不能同时在一个工作面上工作而产生的互等、停歇现象，为流水施工创造条件。

划分施工段有以下基本要求。

（1）施工路段的数目要合理。施工段数过多，则要减少人数，工作面不能充分利用，拖长工期；施工段数过少，则会引起劳动力、机械和材料供应的过分集中，有时还会造成"断流"的现象。

（2）各施工段的劳动量（或工程量）要大致相等（相差宜在 15% 以内），以保证各专业工作队连续、均衡、有节奏地施工。

（3）要有足够的工作面，使每一施工段所能容纳的劳动力人数和机械台数能满足合理劳动组织的要求。

（4）要有利于结构的整体性。施工段分界线宜划在伸缩缝、沉降缝以及对结构整体性影响较小的位置。

（5）以主导施工过程为依据进行划分。例如，在砌体结构房屋施工中，就是以砌砖、楼板安装为主导施工过程来划分施工段的。而对于整体的钢筋混凝土框架结构房屋，则是以钢筋混凝土工程作为主导施工过程来划分施工段的。

（6）当组织流水施工的工程对象有层间关系、分层分段施工时，应使各专业工作队能连续施工。即施工过程的专业工作队做完第一段能立即转入第二段，施工完第一层的最后一段能立即转入第二层的第一段。因此，每层的施工段数必须大于或等于其施工过程数，即

$$m \geqslant n$$

当 $m > n$ 时，各专业班组能够连续施工，但施工段有空闲。有时停歇的工作面是必要的。如利用停歇的时间做养护、备料、弹线等工作。

当 $m = n$ 时，各专业班组能够连续施工，工作面能充分利用，无停歇现象，也不会产生工人窝工现象，比较理想。

当 $m < n$ 时，各个专业班组不能连续施工，出现窝工现象，这是组织流水施工作业所不能允许的。

【例 5-2】 某 2 层现浇钢筋混凝土结构办公楼，结构主体施工中对进度起控制性的工序有支模板、绑扎钢筋和浇混凝土三个施工过程，即 $n = 3$，各施工过程在各施工段上的作

业时间 $t=2$ 天，施工阶段的划分有以下三种情况。

【解】（1）当 $m=4$，$n=3$，即 $m>n$ 时，其施工进度计划表如图 5-7 所示。

施工层	施工过程	施工进度/天									
		2	4	6	8	10	12	14	16	18	20
I	支模板	①	②	③	④						
	绑扎钢筋		①	②	③	④					
	浇混凝土			①	②	③	④				
II	支模板					①	②	③	④		
	绑扎钢筋						①	②	③	④	
	浇混凝土							①	②	③	④

图 5-7　$m>n$ 时施工进度计划
（图中①、②、③、④表示施工段）

由图 5-7 可知，当 $m>n$ 时，各专业班组能够连续施工，但施工段有空闲。各施工段在第一层浇完混凝土后，均空闲 2 天，即工作面空闲 2 天。但是，这种空闲有时候是必要的，如利用停歇的时间做养护、备料、弹线和检查验收等工作。

（2）当 $m=3$，$n=3$，即 $m=n$ 时，其施工进度计划表如图 5-8 所示。

施工层	施工过程	施工进度/天							
		2	4	6	8	10	12	14	16
I	支模板	①	②	③					
	绑扎钢筋		①	②	③				
	浇混凝土			①	②	③			
II	支模板				①	②	③		
	绑扎钢筋					①	②	③	
	浇混凝土						①	②	③

图 5-8　$m=n$ 时施工进度计划
（图中①、②、③表示施工段）

由图 5-8 可知，当 $m=n$ 时，各专业班组能够连续施工，施工段上始终有施工专业队，即能充分利用工作面，无停歇现象，也没有产生工人窝工现象，显然，这是理论上最为理想的流水施工组织方式。如果采用这种方式，必须提高施工管理水平，不允许有任何时间的拖延。

（3）当 $m=2$，$n=3$，即 $m<n$ 时，其施工进度计划表如图 5-9 所示。

由图 5-9 可知，当 $m<n$ 时，各专业班组不能够连续施工，施工段没有空闲时间（特殊情况施工段也会出现空闲，以致造成大多数专业班组停工），因为一个施工段只提供一个专业班组施工，超过施工段的专业班组因为没有工作面而停工。

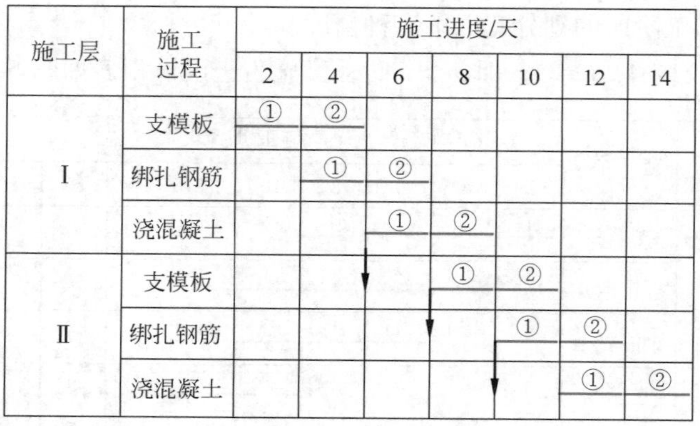

施工层	施工过程	施工进度/天						
		2	4	6	8	10	12	14
I	支模板	①	②					
	绑扎钢筋		①	②				
	浇混凝土			①	②			
II	支模板				①	②		
	绑扎钢筋					①	②	
	浇混凝土						①	②

图 5-9 $m<n$ 时施工进度计划

（图中①、②表示施工段）

3. 时间参数

在组织流水施工时，用于表达流水施工在时间排列上所处状态的参数，称为时间参数。它包括流水节拍（t_i）、流水步距（K）、平行搭接时间（C）、技术与组织间歇时间（Z）、工期（T）。

1）流水节拍

流水节拍是指从事某一施工过程的专业工作队在一个施工段上完成施工任务所需的时间，用符号 t_i 表示（$i=1, 2, 3, \cdots$）。

（1）流水节拍的确定。

流水节拍的大小直接关系到投入的劳动力、机械和材料量的多少，决定着施工速度和施工的节奏，因此，合理确定流水节拍具有重要的意义。流水节拍的确定方法主要有定额计算法、经验估算法和工期计算法三种。

① 定额计算法。定额计算法是根据各施工段的工程量和现有能够投入的资源量（劳动力、机械台数和材料量等），按式（5-3）或式（5-4）进行计算。

$$t_i = \frac{Q_i}{S_i R_i N_i} = \frac{P_i}{R_i N_i} \tag{5-3}$$

或

$$t_i = \frac{Q_i H_i}{R_i N_i} = \frac{P_i}{R_i N_i} \tag{5-4}$$

式中 t_i——某施工过程的流水节拍；

Q_i——某施工过程在某施工段上的工程量；

S_i——某专业工作队的计划产量定额；

H_i——某专业工作队的计划时间定额；

P_i——在一施工段上完成某施工过程所需的劳动量（工日数）或机械台班数（台班数），按式（5-5）计算；

R_i——某施工过程的专业工作队人数或机械台数；

N_i——每天工作班制。

$$P_i = \frac{Q_i}{S_i} = Q_i H_i \tag{5-5}$$

在式（5-3）和式（5-4）中，S_i 和 H_i 是施工企业的工人或机械所能达到的实际定额水平。

② 经验估算法。经验估算法是根据以往的施工经验进行估算，一般为了提高其准确程度，往往先估算出该流水节拍的最长、最短和最可能三种时间，然后据此求出期望时间作为某专业工作队在某施工段上的流水节拍。因此，该方法也称为三种时间估算法。一般按式（5-6）计算：

$$t_i = \frac{a + 4c + b}{6} \qquad (5\text{-}6)$$

式中　t_i——某施工过程在某施工段上的流水节拍；

a——某施工过程在某施工段上的最短估算时间；

b——某施工过程在某施工段上的最长估算时间；

c——某施工过程在某施工段上的最可能估算时间。

经验估算法多适用于采用新工艺、新方法和新材料等没有定额可循的工程。

③ 工期计算法。对某些施工任务在规定日期内必须完成的工程项目，往往采用倒排进度法，即根据工期要求先确定流水节拍 t_i，然后应用式（5-3）、式（5-4）求出所需要的专业工作队人数或机械台数。但在这种情况下，必须检查劳动力和机械供应的可能性，物资供应能否与之相适应。具体步骤如下。

第一，根据工期倒排进度，确定某施工过程的工作延续时间。

第二，确定某施工过程在某施工段上的流水节拍。若同一施工过程的流水节拍不等，则用估算法；若流水节拍相等，则按式（5-7）计算：

$$t_i = \frac{T_i}{m} \qquad (5\text{-}7)$$

式中　t_i——某施工过程的流水节拍；

T_i——某施工过程的工作时间；

m——施工段数。

（2）确定流水节拍应考虑的因素。

① 专业工作队人数应该符合该施工过程最小劳动组合人数的要求。所谓最小劳动组合，是指某一施工过程进行正常施工所必需的最低限度的队组人数及其合理组合。如模板安装就要按技工和普工的最少人数及合理比例组成专业工作队，人数过少或比例不当都会引起劳动生产率的下降，甚至无法施工。

② 要考虑工作面的大小或某种条件的限制。专业工作队人数也不能太多，每个工人的工作面要符合最小工作面的要求。否则，就不能发挥正常的施工效率，或不利于安全生产。

③ 要考虑各种机械台班的效率和机械台班产量的大小。

④ 要考虑各种材料，构配件等施工现场堆放量、供应能力及其他有关条件的制约。

⑤ 要考虑施工及技术条件的要求。例如，现浇混凝土时，为了连续施工，有时要按照三班制工作的条件决定流水节拍，以确保工程质量。

⑥ 确定一个分部工程各施工过程的流水节拍时，首先应考虑主要的、工程量大的施工过程的节拍，再确定其他施工过程的节拍。

⑦ 节拍值一般取整数，必要时可保留 0.5 天（台班）的小数值。

2）流水步距

流水步距是指两个相邻的施工过程的专业工作队相继进入同一施工段开始施工的最小时间间隔（不包括技术与组织间歇时间），用符号 $K_{i,i+1}$ 表示（i 表示前一个施工过程，$i+1$ 表示后一个施工过程）。

流水步距的大小对工期有较大的影响。一般来说，在施工段不变的条件下，流水步距越大，工期越长；流水步距越小，工期越短。流水步距还与前后两个相邻施工过程流水节拍的大小、施工工艺技术要求、施工段数目、流水施工的组织方式有关。

（1）确定流水步距的基本要求。

① 主要专业工作队连续施工的需要：流水步距的最小长度必须是主要施工专业队组进场以后，不发生停工、窝工现象。

② 施工工艺的要求：保证每个施工段的正常作业程序，不发生前一施工过程尚未全部完成而后一施工过程提前介入的现象。

③ 最大限度搭接的要求：流水步距要保证相邻两个专业队在开工时间上最大限度地、合理地搭接。

④ 要满足保证工程质量，满足安全生产、成品保护的需要。

（2）确定流水步距的方法。

确定流水步距的方法很多，简捷、实用的方法主要有图上分析计算法（又称公式法）和累加数列法（又称潘特考夫斯基法）。累加数列法适用于各种形式的流水施工，且较为简捷、准确。

累加数列法没有计算公式，文字表达式为"累加数列，错位相减，取大差"。其计算步骤如下。

① 将每个施工过程的流水节拍逐段累加，求出累加数列。

② 根据施工顺序，对所求相邻的两累加数列错位相减。

③ 根据错位相减的结果，确定相邻专业工作队之间的流水步距，即相减结果中数值最大者。

【例 5-3】 某项目由 A、B、C、D 四个施工过程组成，分别由四个专业施工队完成，在平面上划分四个施工段，每个施工过程在各个施工段上的流水节拍如表 5-2 所示。试确定相邻专业工作队之间的流水步距。

表 5-2 某工程流水节拍

施工过程	施 工 段			
	I	II	III	IV
A	4	2	3	2
B	3	4	3	4
C	3	2	2	3
D	2	2	1	2

【解】 ①求流水节拍的累加数列。

A：4，6，9，11

B：3，7，10，14

C：3，5，7，10

D：2，4，5，7

② 错位相减。

A 与 B

$$
\begin{array}{r}
4,\ 6,\ 9,\ 11 \\
-)\quad 3,\ 7,\ 10,\ 14 \\
\hline
4,\ 3,\ 2,\ 1,\ -14
\end{array}
$$

B 与 C

$$
\begin{array}{r}
3,\ 7,\ 10,\ 14 \\
-)\quad 3,\ 5,\ 7,\ 10 \\
\hline
3,\ 4,\ 5,\ 7,\ -10
\end{array}
$$

C 与 D

$$
\begin{array}{r}
3,\ 5,\ 7,\ 10 \\
-)\quad 2,\ 4,\ 5,\ 7 \\
\hline
3,\ 3,\ 3,\ 5,\ -7
\end{array}
$$

③ 确定流水步距。

因流水步距等于错位相减所得结果中数值最大者，故有

$$K_{A,B} = \max\{4，3，2，1，-14\} = 4（天）$$

$$K_{B,C} = \max\{3，4，5，7，-10\} = 7（天）$$

$$K_{C,D} = \max\{3，3，3，5，-7\} = 5（天）$$

3）平行搭接时间

在组织流水施工时，有时为了缩短工期，在工作面允许的条件下，如果前一个施工队完成部分施工任务后，能够提前为最后一个专业工作队提供工作面，使后者提前进入前一个施工段，两者在同一施工段上平行搭接施工，这个搭接时间称为平行搭接时间，通常以 $C_{i,i+1}$ 表示。

4）技术与组织间歇时间

在组织流水施工时，有些施工过程完成后，后续施工过程不能立即投入施工，必须有足够的间歇时间。由建筑材料或现浇构件工艺性质决定的间歇时间称为技术间歇。如现浇混凝土构件的养护时间、抹灰层的干燥时间和油漆层的干燥时间等。由施工组织原因造成的间歇时间称为组织间歇，如回填土前地下管道检查验收，施工机械转移和砌筑墙体前的墙身位置弹线，以及其他作业前的准备工作。技术与组织间歇时间用 $Z_{i,i+1}$ 表示。

5）流水施工工期

流水施工工期是指从第一个专业工作队投入流水施工开始，到最后一个专业工作队完成流水施工为止的整个持续时间，用 T 表示。一般可采用式（5-8）计算：

$$T = \sum K_{i,i+1} + T_n + \sum Z_{i,i+1} - \sum C_{i,i+1} \qquad (5-8)$$

式中　T——流水施工工期；

　　　$\sum K_{i,\,i+1}$——流水施工各流水步距之和；

　　　T_n——流水施工中最后一个施工过程在各个施工段上的持续时间之和；

　　　$Z_{i,\,i+1}$——第 i 个施工过程与第 $i+1$ 个施工过程之间的技术与组织间歇时间；

　　　$C_{i,\,i+1}$——第 i 个施工过程与第 $i+1$ 个施工过程之间的平行搭接时间。

5.4　流水施工的组织方式

1. 流水施工的分级

根据组织流水施工的工程对象的范围大小，流水施工通常可分为以下方式。

1）分项工程流水施工

分项工程流水施工也称为细部流水施工。它是在一个施工过程内部组织起来的流水施工，如砌砖墙施工过程的流水施工、现浇钢筋混凝土施工过程的流水施工等。细部流水施工是组织工程流水施工中范围最小的流水施工。

2）分部工程流水施工

分部工程流水施工也称为专业流水施工。它是在一个分部工程内部、各分项工程之间组织起来的流水施工，如基础工程的流水施工、主体工程的流水施工、装饰工程的流水施工。分部工程流水施工是组织单位工程流水施工的基础。

3）单位工程流水施工

单位工程流水施工也称为综合流水施工，它是在一个单位工程内部、各分部工程之间组织起来的流水施工，如一幢办公楼、一个厂房车间等组织的流水施工。单位工程流水施工是分部工程流水施工的扩大和组合，应建立在分部工程流水施工基础之上。

4）群体工程流水施工

群体工程流水施工也称为大流水施工，它是在一个个单位工程之间组织起来的流水施工。它是为完成工业或民用建筑群而组织起来的全部单位工程流水施工的总和。

2. 流水施工的基本组织方式

流水施工根据各施工过程时间参数的不同特点，可以分为有节奏流水施工和无节奏流水施工。其中，有节奏流水施工又可分为等节奏流水施工和异节奏流水施工，如图 5-10 所示。

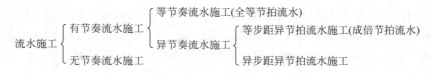

图 5-10　流水施工组织方式分类图

5.4.1　等节奏流水施工

等节奏流水施工是指在组织流水施工时，所有的施工过程在各个施工段上的流水节拍彼此相等的一种流水施工方式，也称为全等节拍流水施工或固定节拍流水施工。

1. 等节奏流水施工的特征

（1）流水节拍均相等，即

$$t_1 = t_2 = \cdots = t_{n-1} = t_n = t$$

（2）流水步距均相等，且等于流水节拍，即

$$K_{1,2} = K_{2,3} = \cdots = K_{n-1,n} = K = t$$

（3）各专业工作队在各施工段上能连续作业，施工路段之间没有空闲时间。

（4）施工班组数 n_1 等于施工过程数 n，即

$$n_1 = n$$

2. 等节奏流水施工的组织步骤

（1）确定项目施工的起点、流向，分解施工过程。

（2）确定施工顺序，划分施工段，施工路段的数目 m 确定如下。

① 无层间关系或无施工层时，施工段数 m 按划分施工段的基本要求确定即可。

② 有层间关系或有施工层时，为了保证各专业工作队连续施工，应取 $m \geq n$。具体分以下两种情况：当无间歇时间时，取 $m = n$；当有间歇时间时，取 $m > n$。此时，每层施工段空闲数为 $(m-n)$，一个空闲施工段的时间为 t，则每层的空闲时间为

$$(m-n)t = (m-n)K \tag{5-9}$$

若一个楼层内各施工过程间的间歇时间之和为 $\sum Z_1$，楼层间的间歇时间为 Z_2。如果每层的 $\sum Z_1$、Z_2 均相等，则保证各专业工作队能连续施工的最小施工段数（m）的确定公式如下：

$$(m-n)K = \sum Z_1 + Z_2 \tag{5-10}$$

$$m = n + \frac{\sum Z_1}{K} + \frac{Z_2}{K} \tag{5-11}$$

式中　m——施工段数；

n——施工过程数；

$\sum Z_1$——一个楼层内各施工过程间的技术、组织间歇时间之和；

Z_2——楼层间的技术、组织间歇时间；

K——流水步距。

（3）根据等节拍流水要求，计算流水节拍数值。

（4）确定流水步距，$K = t$。

（5）计算流水施工的工期。

① 无层间关系或无施工层时，可按式（5-12）计算：

$$T = (m+n-1)t + \sum Z_{i,i+1} - \sum C_{i,i+1} \tag{5-12}$$

式中　T——流水施工的总工期；

$\sum Z_{i,i+1}$——施工过程间的间歇时间之和；

$\sum C_{i,i+1}$——施工过程间的搭接时间之和；

t——流水节拍。

② 有层间关系或有施工层时，可按式（5-13）进行计算：

$$T = (mr + n - 1)t + \sum Z_1 - \sum C_1 \qquad (5\text{-}13)$$

式中　r——施工层数；

$\sum Z_1$——同一个施工层中各施工过程之间的技术、组织间歇时间之和；

$\sum C_1$——同一个施工层中各施工过程之间的平行搭接时间之和。

（6）绘制流水施工指示图表。

【例 5-4】　某分部工程划分为 A、B、C、D 四个施工过程，每个施工过程分三个施工段，各施工过程的流水节拍均为 4 天，试组织流水施工。

【解】　由已知条件 $t = 4$ 天可知，本分部工程宜组织等节奏流水施工。

① 确定流水步距：由等节奏流水施工的特征可知

$$K = t = 4 \text{ 天}$$

② 计算施工工期

$$T = (m + n - 1)t = (4 + 3 - 1) \times 4 = 24 \text{（天）}$$

③ 用横道图绘制流水进度计划，如图 5-11 所示。

施工过程	施工进度/天											
	2	4	6	8	10	12	14	16	18	20	22	24
A												
B												
C												
D												

图 5-11　某分部工程无间歇等节奏流水施工进度计划

【例 5-5】　某工程由 A、B、C、D 四个施工过程划分为两个施工层，各施工过程的流水节拍均为 2 天，其中，施工过程 B 与 C 之间有 2 天技术间歇时间，层间技术间歇为 2 天。试组织流水施工。

【解】　① 确定流水步距。

由等节奏流水施工的特征可知

$$K_{A,B} = K_{B,C} = K_{C,D} = K = 2 \text{ 天}$$

② 确定施工段数。

本工程分两个施工层，施工段数由式（5-10）确定：

$$m = n + \frac{\sum Z_1}{K} + \frac{Z_2}{K} = 4 + \frac{2}{2} + \frac{2}{2} = 6 \text{（段）}$$

③ 计算施工工期。

$$T = (mr + n - 1)t + \sum Z_1 - \sum C_1 = (6 \times 2 + 4 - 1) \times 2 + 2 - 0 = 32 \text{（天）}$$

④ 用横道图绘制流水进度计划，如图 5-12 所示。

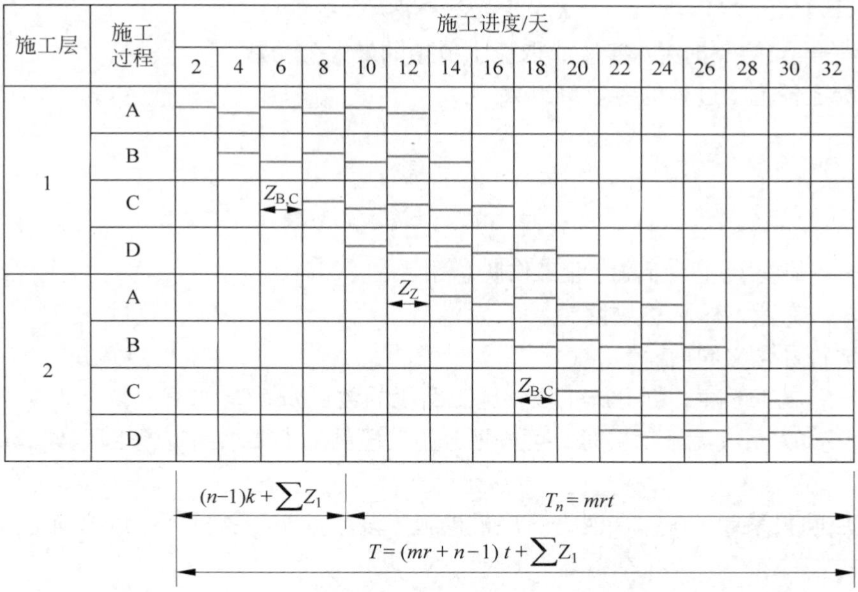

施工层	施工过程	施工进度/天															
		2	4	6	8	10	12	14	16	18	20	22	24	26	28	30	32
1	A																
	B																
	C																
	D																
2	A																
	B																
	C																
	D																

$(n-1)k + \sum Z_1$　　　$T_n = mrt$

$T = (mr + n - 1)t + \sum Z_1$

图 5-12　某工程分层并有间歇等节奏流水施工进度计划

3. 适用范围

全等节拍流水施工是一种理想化的流水施工方式，它能够保证专业班组的工作连续，工作面充分利用，能均衡地施工。但其要求所划分的分部、分项工程的流水节拍均相等，这对一个单位工程或建筑群来说，往往十分困难，且不易达到。因此，全等节拍流水的实际应用范围不是很广泛，只适用于部分工程流水（即专业流水），不适用于单位工程，特别是大型的建筑群。

5.4.2　异节奏流水施工

异节奏流水施工是指同一施工过程在各施工段上的流水节拍都相等，不同施工过程之间的流水节拍不一定相等的流水施工方式。异节奏流水又可分为等步距异节拍流水和异步距异节拍流水两种。

1. 等步距异节拍流水

等步距异节拍流水施工也称为成倍节拍流水，是指同一施工过程在各个施工段上的流水节拍相等，且不同施工过程的流水节拍互为整数倍关系时的流水施工组织方式。

1）基本特征

（1）同一施工过程在各个施工段上的流水节拍相等，不同施工过程的流水节拍互为整数倍关系。

（2）流水步距彼此相等，且等于流水节拍的最大公约数。

（3）各专业工作队都能够连续作业，施工段没有空闲。

（4）专业工作队数 n_1 大于施工过程数 n，即 $n_1 > n$。

2）组织步骤

（1）确定施工的起点、流向，分解施工过程。

（2）确定流水步距。

$$K_{i, i+1} = K_b = 最大公约数 \tag{5-14}$$

式中　K_b——成倍节拍流水步距，取流水节拍的最大公约数。

（3）确定各施工过程的专业班组数。

$$b_i = \frac{t_i}{K_b} \tag{5-15}$$

$$n_1 = \sum b_i \tag{5-16}$$

式中　b_i——某施工过程所需专业工作队总数目；

　　　n_1——专业工作队总数目；

　　　其他符号含义同前。

（4）确定施工顺序，划分施工段，施工路段的数目 m 确定如下。

① 无层间关系或无施工层时，可按划分施工段的基本要求确定施工段数目 m，一般取 $m = n_1$。

② 有层间关系或有施工层时，每层最少施工段数目 m 可按式（5-17）确定。

$$m = n_1 + \frac{\sum Z_1}{K_b} + \frac{Z_2}{K_b} \tag{5-17}$$

式中　$\sum Z_1$——一个楼层内各施工过程间的技术、组织间歇时间之和；

　　　Z_2——楼层间技术、组织间歇时间。

　　　其他符号含义同前。

（5）计算流水施工的工期。

当无层间关系或无施工层时，可按式（5-18）进行计算：

$$T = (m + n_1 - 1) K_b + \sum Z_{i, i+1} - \sum C_{i, i+1} \tag{5-18}$$

当有层间关系或有施工层时，可按式（5-19）进行计算：

$$T = (mr + n_1 - 1) K_b + \sum Z_1 - \sum C_1 \tag{5-19}$$

式中　r——施工层数；

　　　$\sum Z_1$——同一个施工层中各施工过程之间的技术、组织间歇时间之和；

　　　$\sum C_1$——同一个施工层中各施工过程之间的平行搭接时间之和。

　　　其他符号含义同前。

（6）绘制流水施工图表。

【例 5-6】　某住宅小区需建造四幢结构相同的房屋，每幢房屋的主要施工过程及其作业时间为基础工程 5 天、结构安装 10 天、室内装修 10 天、室外工程 5 天。试组织流水施工。

【解】　由已知条件，$t_{基础} = 5$ 天，$t_{结构} = 10$ 天，$t_{室内} = 10$ 天，$t_{室外} = 5$ 天可知，本项目宜组织成倍节拍流水施工。

① 计算流水步距。

$$K_b = 最大公约数 \{5, 10, 10, 5\} = 5（天）$$

② 各个施工过程的专业工作队数分别计算如下:

$$b_{基础} = \frac{t_{基础}}{K_b} = \frac{5}{5} = 1$$

$$b_{结构} = \frac{t_{结构}}{K_b} = \frac{10}{5} = 2$$

$$b_{室内} = \frac{t_{室内}}{K_b} = \frac{10}{5} = 2$$

$$b_{室外} = \frac{t_{室外}}{K_b} = \frac{5}{5} = 1$$

确定专业工作队总数:

$$n_1 = 1 + 2 + 2 + 1 = 6$$

③ 确定施工段数。

无分层情况,取 $m = n = 4$。

④ 计算施工工期。

$$T = (m + n_1 - 1)K_b + \sum Z_{i,i+1} - \sum C_{i,i+1} = (4 + 6 - 1) \times 5 + 0 - 0 = 45 \text{(天)}$$

⑤ 绘制流水进度计划,如图 5-13 所示。

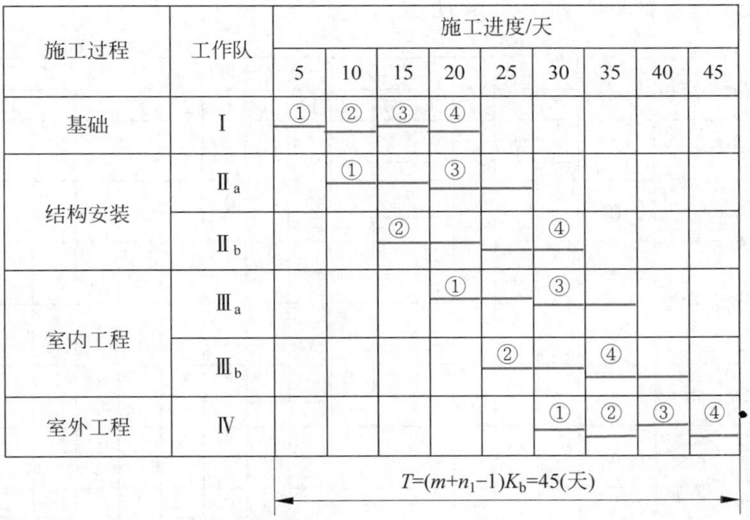

施工过程	工作队	施工进度/天								
		5	10	15	20	25	30	35	40	45
基础	I	①	②	③	④					
结构安装	II_a		①		③					
	II_b			②			④			
室内工程	III_a				①		③			
	III_b					②		④		
室外工程	IV						①	②	③	④

图 5-13 无间歇时间的成倍节拍流水施工进度计划

【例 5-7】 某两层现浇钢筋混凝土结构楼房,其主要施工过程有支模板、绑扎钢筋、浇混凝土。已知每层每段各个施工过程的流水节拍分别为 $t_{模} = 4$ 天,$t_{扎} = 4$ 天,$t_{浇} = 2$ 天,安装模板施工队在进行第二层第一段施工时,需待第一层第一段的混凝土养护 2 天后才能进行试组织流水施工作业。

【解】 由已知条件 $t_{模} = 4$ 天,$t_{扎} = 4$ 天,$t_{浇} = 2$ 天可知,本项目宜组织成倍节拍流水施工。

① 计算流水步距。

$$K_b = 最大公约数 \{4, 4, 2\} = 2（天）$$

② 各个施工过程的专业工作队数分别计算如下：

$$b_模 = \frac{t_模}{K_b} = \frac{4}{2} = 2$$

$$b_扎 = \frac{t_扎}{K_b} = \frac{4}{2} = 2$$

$$b_浇 = \frac{t_浇}{K_b} = \frac{2}{2} = 1$$

确定专业工作队总数：

$$n_1 = 2 + 2 + 1 = 5$$

③ 确定施工段数。

有层间关系，$m = n_1 + \dfrac{\sum Z_1}{K_b} + \dfrac{Z_2}{K_b} = 5 + \dfrac{0}{2} + \dfrac{2}{2} = 6$。

④ 计算施工工期。

$$T = (mr + n_1 - 1)K_b + \sum Z_1 - \sum C_1 = (6 \times 2 + 5 - 1) \times 2 + 0 - 0 = 32（天）$$

⑤ 绘制流水进度计划，如图 5-14 所示。

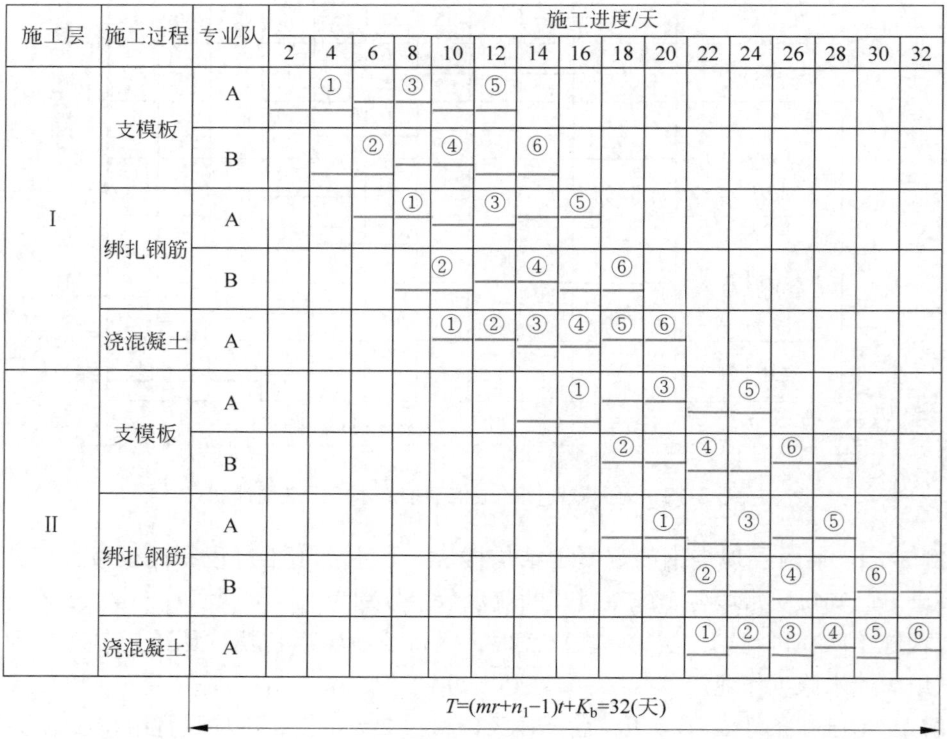

施工层	施工过程	专业队	施工进度/天															
			2	4	6	8	10	12	14	16	18	20	22	24	26	28	30	32
I	支模板	A		①		③		⑤										
		B			②		④		⑥									
	绑扎钢筋	A				①		③		⑤								
		B					②		④		⑥							
	浇混凝土	A					①	②	③	④	⑤	⑥						
II	支模板	A								①		③		⑤				
		B									②		④		⑥			
	绑扎钢筋	A										①		③		⑤		
		B											②		④		⑥	
	浇混凝土	A											①	②	③	④	⑤	⑥

$$T = (mr + n_1 - 1)t + K_b = 32（天）$$

图 5-14　有间歇时间的成倍节拍流水施工进度计划

3）适用范围

等步距异节拍流水施工方式比较适用于线型工程（如道路、管道等）的施工，也适用于房屋建筑施工。

2. 异步距异节拍流水施工

异步距异节拍流水施工也叫不等节拍流水施工，是指在组织流水施工时，同一施工过程的流水节拍均相等，不同施工过程之间的流水节拍不完全相等的施工组织方式。

1）基本特征

（1）同一施工过程的流水节拍相等，不同施工过程的流水节拍不一定相等。

（2）各施工过程的流水步距不一定相等。

（3）各施工专业队都能够连续施工，但有的施工段之间可能有空闲。

（4）专业工作队数 n_1 等于施工过程数 n。

2）组织步骤

（1）确定施工的起点、流向，分解施工过程。

（2）确定施工顺序，划分施工段。

（3）计算各施工过程在各个施工段上的流水节拍。

确定流水步距：用"累加数列法"求得。

（4）计算流水施工工期 T：

$$T = \sum K_{i, i+1} + mt_n + \sum Z_{i, i+1} - \sum C_{i, i+1} \tag{5-20}$$

【例 5-8】　某项目划分为 A、B、C、D 四个施工过程，分为三个施工段施工，各施工过程的流水节拍分别为 $t_A = 3$ 天，$t_B = 4$ 天，$t_C = 5$ 天，$t_D = 3$ 天，施工过程 B 完成后有 2 天的技术间歇时间，施工过程 C 和 D 之间搭接 1 天，试组织流水施工。

【解】　由已知条件 $t_A = 5$ 天，$t_B = 3$ 天，$t_C = 4$ 天，$t_D = 2$ 天可知，本项目宜组织不等节拍流水施工。

（1）确定施工的起点、流向，分解施工过程。

（2）计算流水步距，用累加数列法。

A: 3　6　9

B: 4　8　12　　$K_{A, B} = 3$ 天

C: 5　10　15　　$K_{B, C} = 4$ 天

D: 3　6　9　　$K_{C, D} = 9$ 天

（3）计算施工工期。

$$T = \sum K_{i, i+1} + mt_n + \sum Z_{i, i+1} - \sum C_{i, i+1}$$
$$= (3 + 4 + 9) + 3 \times 3 + 2 - 1 = 26（天）$$

（4）绘制流水进度计划，如图 5-15 所示。

3）适用范围

异步距异节拍流水施工适用于施工段大小相等的分部和单位工程的流水施工，它在进度安排上比等节奏流水灵活，实际应用范围较广泛。

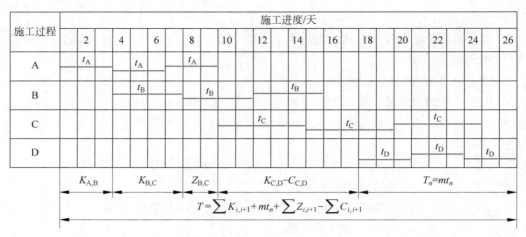

图 5-15 某工程异步距异节拍流水施工进度计划

5.4.3 无节奏流水施工

无节奏流水施工是指同一施工过程在各个施工段上流水节拍不完全相等的一种流水施工方式。

在实际工程中，通常每个施工过程在各个施工段上的工程量彼此不等，各专业工作队的生产效率相差较大，导致大多数流水节拍也彼此不相等，因此有节奏流水，尤其是全等节拍和成倍节拍流水往往是难以组织的。而无节奏流水则是利用流水施工的基本概念，在保证施工工艺、满足施工顺序要求的前提下，按照一定的计算方法，确定相邻专业工作队之间的流水步距，使其在开工时间上最大限度地、合理地搭接起来，形成每个专业工作队都能连续施工的流水施工方式。它是流水施工的普遍形式。

1. 基本特征

（1）各施工过程在各个施工段上的流水节拍不全相等。

（2）各施工过程之间的流水步距不完全相等且差异较大。

（3）每个专业工作队能在施工路段上连续作业，但有的施工段之间可能有间歇时间。

（4）各专业工作队 n_1 等于施工过程数 n。

2. 主要参数的确定

（1）流水步距的确定：无节奏流水步距通常采用"累加数列法"确定。

（2）组织步骤。

① 确定施工的起点、流向，分解施工过程；

② 流水施工工期

$$T = \sum K_{i,i+1} + \sum t_n + \sum Z_{i,i+1} - \sum C_{i,i+1} \qquad (5\text{-}21)$$

式中　$\sum K_{i,i+1}$——流水步距之和；

$\sum t_n$——最后一个施工过程的流水节拍之和。

【例 5-9】　某工程分为 A、B、C、D、E 五个施工过程，平面上划分成四个施工段，每个施工过程在各个施工段上的流水节拍如表 5-3 所示。规定 B 施工过程完成后有 2 天的技术间歇时间，D 施工过程完成后有 1 天的组织间歇时间，A 施工过程与 B 施工过程之间有 1 天的平行搭接时间，试编制流水施工方案。

表 5-3　某工程流水节拍

施工过程	施 工 段			
	I	II	III	IV
A	3	2	2	4
B	1	3	5	3
C	2	1	3	5
D	4	2	3	3
E	3	4	2	1

【解】　根据题设条件，该工程只能组织无节奏流水施工。

（1）求流水节拍的累加数列。

A：3，5，7，11

B：1，4，9，12

C：2，3，6，11

D：4，6，9，12

E：3，7，9，10

（2）确定流水步距。

① $K_{A, B}$

$$
\begin{array}{r}
3,\ 5,\ 7,\ 11 \\
-)\quad 1,\ 4,\ 9,\ 12 \\
\hline
3,\ 4,\ 3,\ 2,\ -12
\end{array}
$$

∴ $K_{A, B} = 4$ 天。

② $K_{B, C}$

$$
\begin{array}{r}
1,\ 4,\ 9,\ 12 \\
-)\quad 2,\ 3,\ 6,\ 11 \\
\hline
1,\ 2,\ 6,\ 6,\ -11
\end{array}
$$

∴ $K_{B, C} = 6$ 天。

③ $K_{C, D}$

$$
\begin{array}{r}
2,\ 3,\ 6,\ 11 \\
-)\quad 4,\ 6,\ 9,\ 12 \\
\hline
2,\ -1,\ 0,\ 2,\ -12
\end{array}
$$

∴ $K_{C, D} = 2$ 天。

④ $K_{D, E}$

$$
\begin{array}{r}
4,\ 6,\ 9,\ 12 \\
-)\quad 3,\ 7,\ 9,\ 10 \\
\hline
4,\ 3,\ 2,\ 3,\ -10
\end{array}
$$

∴ $K_{D, E} = 4$ 天。

（3）确定流水工期。

$$T = \sum K_{i,i+1} + \sum t_n + \sum Z_{i,i+1} - \sum C_{i,i+1}$$

$$= (4+6+2+4) + (3+4+2+4) + 2 + 1 - 1 = 31（天）$$

（4）绘制流水进度计划，如图 5-16 所示。

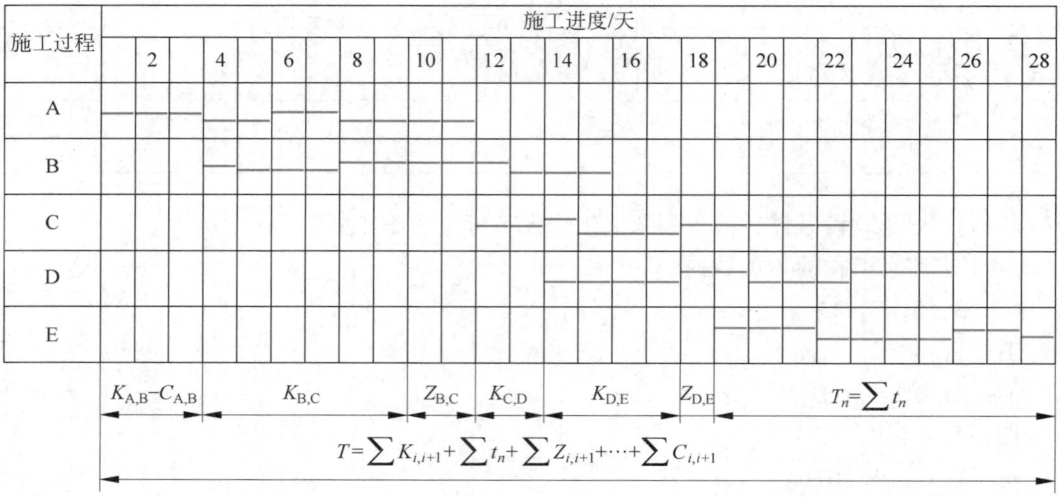

施工过程	施工进度/天													
	2	4	6	8	10	12	14	16	18	20	22	24	26	28
A														
B														
C														
D														
E														

$K_{A,B}-C_{A,B}$ $K_{B,C}$ $Z_{B,C}$ $K_{C,D}$ $K_{D,E}$ $Z_{D,E}$ $T_n = \sum t_n$

$$T = \sum K_{i,i+1} + \sum t_n + \sum Z_{i,i+1} + \cdots + \sum C_{i,i+1}$$

图 5-16　某工程无节奏流水进度计划

3. 适用范围

无节奏流水施工不像有节奏流水施工那样有一定的时间规律约束，在进度安排上比较灵活、自由，适用于分部工程和单位工程及大型建筑群的流水施工，实际应用比较广泛。

复习思考题

1. 组织施工有哪几种方式？它们各有哪些特点？适用什么范围？

2. 组织流水施工的要点是什么？

3. 流水施工的主要参数有哪些？写出它们的表达字母并描述他们含义。

4. 施工段划分的基本要求是什么？如何正确划分施工段？

5. 流水施工的步距如何确定？

6. 流水施工有哪几种方式，它们各有什么特点？

7. 如何组织成倍节拍流水施工？

8. 什么是无节奏流水施工？如何确定其工期？

习题

1. 某工程有 A、B、C、D 四个施工过程，每个施工过程均划分为 3 个施工段，设 $t_A = 2$ 天，$t_B = 4$ 天，$t_C = 3$ 天，$t_D = 4$ 天。试分别计算依次施工、平行施工及流水施工的工期，并绘出各自的施工进度计划。

2. 已知某工程任务划分为五个施工过程，分四段组织流水施工，流水节拍均为 3 天，在第二个施工过程结束后有 2 天的技术与组织间歇时间，试计算其工期并绘制进度计划。

3. 某工程项目由Ⅰ、Ⅱ、Ⅲ三个分项工程组成，它划分为 6 个施工段。各分项工程在各个施工段上的持续时间依次为：6 天、2 天和 4 天，试编制成倍节拍流水施工方案。

4. 某工程划分为 4 个施工过程，5 个施工段进行施工，各施工过程的流水节拍分别为 6 天、4 天、4 天、2 天。如果组织成倍节拍流水施工，试计算流水施工工期并绘制进度计划。

5. 某分部工程由 A、B、C、D 四个施工过程组成，划分为 4 个施工段，其流水节拍分别为 $t_A = 1$ 天，$t_B = 3$ 天，$t_C = 2$ 天，$t_D = 1$ 天，组织流水施工，试计算其流水工期并绘制进度计划。

6. 某现浇混凝土基础工程由绑扎钢筋、支模板、浇筑混凝土、拆模板四个施工过程组成，在平面上划分为四个施工段，每个专业工作队在各施工段上的流水节拍如表 5-4 所示，混凝土浇筑后至拆模版至少要养护 2 天，试组织流水施工。

表 5-4　习题 6 表

施 工 过 程	施　工　段			
	Ⅰ	Ⅱ	Ⅲ	Ⅳ
绑扎钢筋	3	3	3	3
支模板	3	3	4	4
浇筑混凝土	2	1	2	2
拆模板	1	2	1	1

7. 某现浇钢筋混凝土工程由支模、绑钢筋、浇筑混凝土、拆模和回填土五个分项工程组成，它在平面上划分为 6 个施工段（见表 5-5）。各分项工程在各个施工段上的施工持续时间如表 5-5 所示，在混凝土浇筑后至拆模板必须有 2 天养护时间。试编制该工程流水施工方案。

表 5-5　习题 7 表

分项工程名称	持续时间 / 天					
	Ⅰ	Ⅱ	Ⅲ	Ⅳ	Ⅴ	Ⅵ
支模板	2	3	2	3	2	3
绑扎钢筋	3	3	4	4	3	3
浇筑混凝土	2	1	2	2	1	2
拆模板	1	2	1	1	2	1
回填土	2	3	2	2	3	2

[总结与思考]

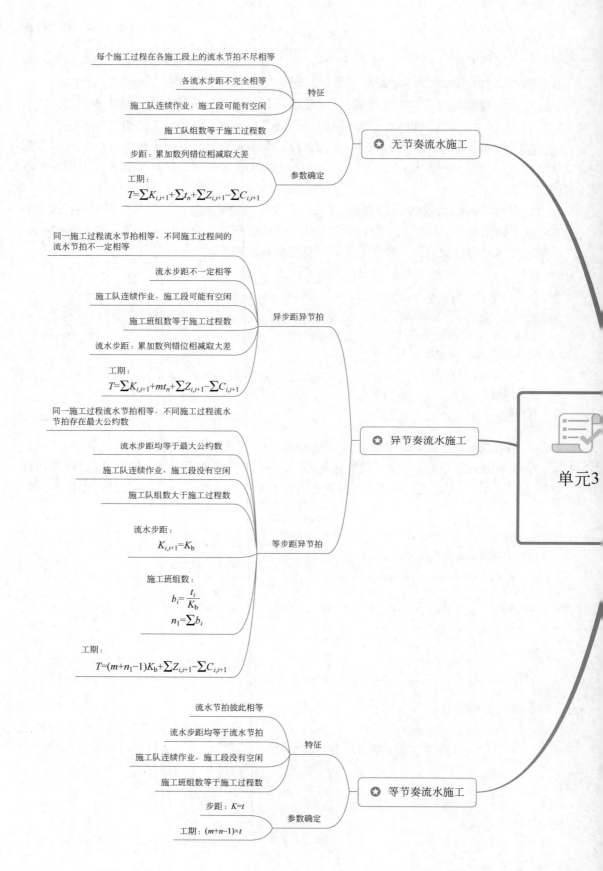

每个施工过程在各施工段上的流水节拍不尽相等

各流水步距不完全相等

施工队连续作业，施工段可能有空闲 — 特征

施工队组数等于施工过程数

步距：累加数列错位相减取大差

工期： — 参数确定

$$T=\sum K_{i,i+1}+\sum t_n+\sum Z_{i,i+1}-\sum C_{i,i+1}$$

★ 无节奏流水施工

同一施工过程流水节拍相等，不同施工过程间的流水节拍不一定相等

流水步距不一定相等

施工队连续作业，施工段可能有空闲

施工班组数等于施工过程数 — 异步距异节拍

流水步距：累加数列错位相减取大差

工期：

$$T=\sum K_{i,i+1}+mt_n+\sum Z_{i,i+1}-\sum C_{i,i+1}$$

同一施工过程流水节拍相等，不同施工过程流水节拍存在最大公约数

流水步距均等于最大公约数

施工队连续作业，施工段没有空闲

施工队组数大于施工过程数

流水步距：

$$K_{i,i+1}=K_b$$ — 等步距异节拍

施工班组数：

$$b_i=\frac{t_i}{K_b}$$

$$n_1=\sum b_i$$

工期：

$$T=(m+n_1-1)K_b+\sum Z_{i,i+1}-\sum C_{i,i+1}$$

★ 异节奏流水施工

单元3

流水节拍彼此相等

流水步距均等于流水节拍

施工队连续作业，施工段没有空闲 — 特征

施工班组数等于施工过程数

步距：$K=t$ — 参数确定

工期：$(m+n-1)\times t$

★ 等节奏流水施工

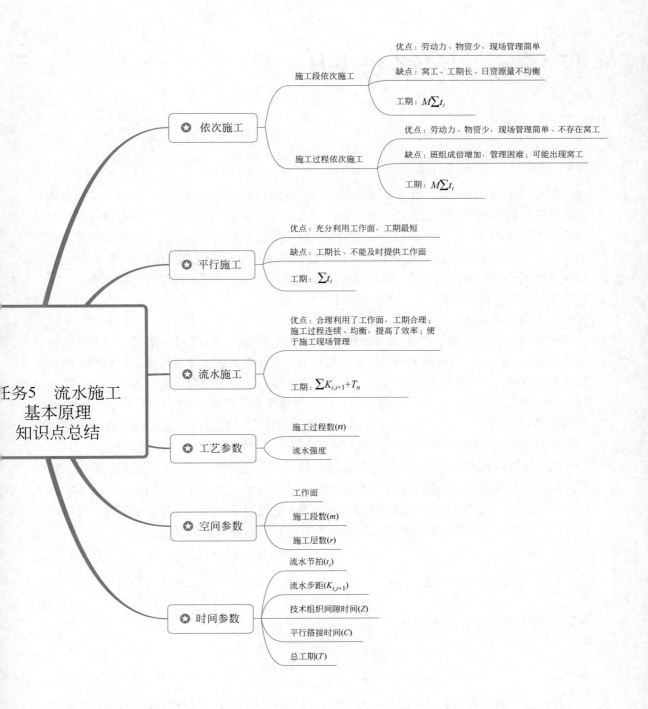

任务5　流水施工
基本原理
知识点总结

依次施工
　施工段依次施工
　　优点：劳动力、物资少，现场管理简单
　　缺点：窝工、工期长、日资源量不均衡
　　工期：$M\sum t_i$
　施工过程依次施工
　　优点：劳动力、物资少，现场管理简单、不存在窝工
　　缺点：班组成倍增加，管理困难；可能出现窝工
　　工期：$M\sum t_i$

平行施工
　优点：充分利用工作面，工期最短
　缺点：工期长、不能及时提供工作面
　工期：$\sum t_i$

流水施工
　优点：合理利用了工作面，工期合理；施工过程连续、均衡，提高了效率；便于施工现场管理
　工期：$\sum K_{i,i+1}+T_n$

工艺参数
　施工过程数(n)
　流水强度

空间参数
　工作面
　施工段数(m)
　施工层数(r)

时间参数
　流水节拍(t_i)
　流水步距($K_{i,i+1}$)
　技术组织间隙时间(Z)
　平行搭接时间(C)
　总工期(T)

任务 6 网络计划技术

6.1 网络图基本概念

在建设工程进度控制工作中，常采用确定型网络计划。确定型网络计划的基本原理如下：首先，利用网络图形式表达一项工程计划方案中各项工作之间的相互关系和先后顺序关系；其次，通过计算找出影响工期的关键线路和关键工作；再次，通过不断调整网络计划，寻求最优方案并付诸实施；最后，在计划实施过程中，采取有效措施对其进行控制，以合理使用资源，高效、优质、低耗地完成预定任务。由此可见，网络计划技术不仅是一种科学的计划方法，也是一种科学的动态控制方法。

1. 网络图的组成

网络图由箭线和节点组成，用来表示工作流程的有向、有序网状图形。一个网络图表示一项计划任务。网络图中的工作是计划任务按需要粗细程度划分而成的、消耗时间或同时消耗资源的一个子项目或子任务。工作可以是单位工程，也可以是分部工程、分项工程；一个施工过程也可以作为一项工作。在一般情况下，完成一项工作既需要消耗时间，也需要消耗劳动力、原材料、施工机具等资源。但也有一些工作只消耗时间而不消耗资源，如混凝土浇筑后的养护过程和墙面抹灰后的干燥过程等。

网络图有双代号网络图和单代号网络图两种。双代号网络图又称为箭线式网络图，它是以箭线及其两端节点的编号表示工作，同时，节点表示工作的开始或结束以及工作之间的连接状态。单代号网络图又称为节点式网络图，它是以节点及其编号表示工作，箭线表示工作之间的逻辑关系。网络图中工作的表示方法如图 6-1 和图 6-2 所示。

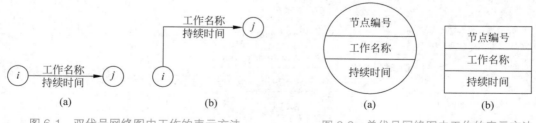

图 6-1 双代号网络图中工作的表示方法   图 6-2 单代号网络图中工作的表示方法

网络图中的节点都必须有编号，其编号严禁重复，并应使每一条箭线上箭尾节点编号小于箭头节点编号。

在双代号网络图中，一项工作必须有唯一的一条箭线和相应的一对不重复出现的箭尾、箭头节点编号。因此，一项工作的名称可以用其箭尾和箭头节点编号来表示。而在单代号网络图中，一项工作必须有唯一的一个节点及相应的一个代号，该工作的名称可以用其节点编号来表示。

在双代号网络图中，有时存在虚箭线，虚箭线不代表实际工作，称为虚工作。虚工作既不消耗时间，也不消耗资源。虚工作主要用来表示相邻两项工作之间的逻辑关系。但有时为了避免两项同时开始、同时进行的工作具有相同的开始节点和完成节点，也需要用虚工作加以区分。

在单代号网络图中，虚工作只能出现在网络图的起点节点或终点节点处。

2. 工艺关系和组织关系

工艺关系和组织关系是工作之间的先后顺序关系——逻辑关系的组成部分。

1）工艺关系

生产性工作之间由工艺过程决定的、非生产性工作之间由工作程序决定的先后顺序关系称为工艺关系。如图 6-3 所示，支模 1→绑扎钢筋 1→混凝土 1 为工艺关系。

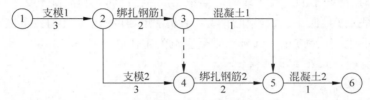

图 6-3　某混凝土工程双代号网络计划

2）组织关系

工作之间由于组织安排需要或资源（劳动力、原材料、施工机具等）调配需要而规定的先后顺序关系称为组织关系。如图 6-3 所示，支模 1→支模 2；绑扎钢筋 1→绑扎钢筋 2 等为组织关系。

3. 紧前工作、紧后工作和平行工作

1）紧前工作

在网络图中，相对于某工作而言，紧排在本工作之前的工作称为本工作的紧前工作。在双代号网络图中，工作与其紧前工作之间可能有虚工作存在。如图 6-3 所示，支模 1 是支模 2 在组织关系上的紧前工作；绑扎钢筋 1 和绑扎钢筋 2 之间虽然存在虚工作，但绑扎钢筋 1 仍然是绑扎钢筋 2 在组织关系上的紧前工作。支模 1 则是绑扎钢筋 1 在工艺关系上的紧前工作。

2）紧后工作

在网络图中，相对于某工作而言，紧排在本工作之后的工作称为本工作的紧后工作。在双代号网络图中，工作与其紧后工作之间也可能存在虚工作。如图 6-3 所示，绑扎钢筋 2 是绑扎钢筋 1 在组织关系上的紧后工作；混凝土 1 是绑扎钢筋 1 在工艺关系上的紧后工作。

3）平行工作

在网络图中，相对于某工作而言，可以与本工作同时进行的工作即为本工作的平行工作。如图 6-3 所示，绑扎钢筋 1 和支模 2 互为平行工作。

紧前工作、紧后工作及平行工作是工作之间逻辑关系的具体表现，只要能根据工作之间的工艺关系和组织关系明确其紧前或紧后关系，即可据此绘出网络图。工作之间逻辑关系是正确绘制网络图的前提条件。

4. 先行工作和后续工作

1）先行工作

相对于某工作而言，从网络图的第一个节点（起点节点）开始，顺箭头方向经过一系列箭线与节点到达该工作为止的各条通路上的所有工作，都称为该工作的先行工作。如图 6-3 所示，支模 1、绑扎钢筋 1、混凝土 1、支模 2、绑扎钢筋 2 均为混凝土 2 的先行工作。

2）后续工作

相对于某工作而言，从该工作之后开始，顺箭头方向经过一系列箭线与节点到网络图最后一个节点（终点节点）的各条通路上的所有工作，都称为该工作的后续工作。如图 6-3 所示，绑扎钢筋 1 的后续工作有混凝土 1、绑扎钢筋 2 和混凝土 2。

在建设工程进度控制中，后续工作是一个非常重要的概念。在工程网络计划实施过程中，如果发现某项工作进度出现拖延，则受影响的工作必然是该工作的后续工作。

5. 线路、关键线路和关键工作

1）线路

网络图中从起点节点开始，沿箭头方向顺序通过一系列箭线与节点，最后到达终点节点的通路称为线路。线路既可依次用该线路上的节点编号来表示，也可依次用该线路上的工作名称来表示。如图 6-3 所示，该网络图中有三条线路，这三条线路既可表示为 ①→②→③→⑤→⑥、①→②→③→④→⑤→⑥和①→②→④→⑤→⑥，也可表示为支模 1→绑扎钢筋 1→混凝土 1→混凝土 2、支模 1→绑扎钢筋 1→绑扎钢筋 2→混凝土 2 和支模 1→支模 2→绑扎钢筋 2→混凝土 2。

2）关键线路和关键工作

在关键线路中，线路上所有工作的持续时间总和称为该线路的总持续时间。总持续时间最长的线路称为关键线路，关键线路的长度就是网络计划的总工期。如图 6-3 所示，线路①→②→④→⑤→⑥或支模 1→支模 2→绑扎钢筋 2→混凝土 2 为关键线路。

在工程网络计划中，可能有不止一条关键线路。而且在工程网络计划实施过程中，关键线路还会发生转移。

关键线路上的工作称为关键工作。在工程网络计划实施过程中，关键工作的实际进度提前或拖后，均会对总工期产生影响。因此，关键工作的实际进度是建设工程进度控制的工作重点。

6.2 网络计划时间参数的计算

网络计划是指在网络图上加注时间参数而编制的进度计划。网络计划时间参数的计算应在各项工作的持续时间确定之后进行。

6.2.1　网络计划时间参数的概念

时间参数是指网络计划、工作及节点所具有的各种时间值。

1. 工作持续时间和工期

1）工作持续时间

工作持续时间是指一项工作从开始到完成的时间。在双代号网络计划中，工作 $i-j$ 的持续时间用 D_{i-j} 表示；在单代号网络计划中，工作 i 的持续时间用 D_i 表示。

2）工期

工期泛指完成一项任务所需要的时间。在网络计划中，工期一般有以下三种。

（1）计算工期：根据网络计划时间参数计算而得到的工期，用 T_C 表示。

（2）要求工期：任务委托人所提出的指令性工期，用 T_r 表示。

（3）计划工期：根据要求工期和计算工期所确定的作为实施目标的工期，用 T_P 表示。

① 当已规定了要求工期时，计划工期不应超过要求工期，即

$$T_P \leqslant T_r \tag{6-1}$$

② 当未规定要求工期时，可令计划工期等于计算工期，即

$$T_P = T_C \tag{6-2}$$

2. 工作的六个时间参数

除工作持续时间外，网络计划中工作的六个时间参数是最早开始时间（ES）、最早完成时间（EF）、最迟完成时间（LF）、最迟开始时间（LS）、总时差（TF）和自由时差（FF）。

1）最早开始时间和最早完成时间

工作的最早开始时间是指在其所有紧前工作全部完成后，本工作有可能开始的最早时刻。工作的最早完成时间是指在其所有紧前工作全部完成后，本工作有可能完成的最早时刻。工作的最早完成时间等于本工作的最早开始时间与其持续时间之和。

在双代号网络计划中，工作 $i-j$ 的最早开始时间和最早完成时间分别用 ES_{i-j} 和 EF_{i-j} 表示；在单代号网络计划中，工作 i 的最早开始时间和最早完成时间分别用 ES_i 和 EF_i 表示。

2）最迟完成时间和最迟开始时间

工作的最迟完成时间是指在不影响整个任务按期完成的前提下，本工作必须完成的最迟时刻。工作的最迟开始时间是指在不影响整个任务按期完成的前提下，本工作必须开始的最迟时刻。工作的最迟开始时间等于本工作的最迟完成时间与其持续时间之差。

在双代号网络计划中，工作 $i-j$ 的最迟完成时间和最迟开始时间分别用 LF_{i-j} 和 LS_{i-j} 表示；在单代号网络计划中，工作 i 的最迟完成时间和最迟开始时间分别用 LS_i 和 LF_i 表示。

3）总时差和自由时差

工作的总时差是指在不影响总工期的前提下，本工作可以利用的机动时间。在双代号网络计划中，工作 $i-j$ 的总时差用 TF_{i-j} 表示；在单代号网络计划中，工作 i 的总时差用 TF_i 表示。

工作的自由时差是指在不影响其紧后工作最早开始时间的前提下，本工作可以利用的机动时间。在双代号网络计划中，工作 $i-j$ 的自由时差用 FF_{i-j} 表示；在单代号网络计划中，工作 i 的自由时差用 FF_i 表示。

从总时差和自由时差的定义可知，对于同一项工作而言，自由时差不会超过总时差。当工作的总时差为 0 时，其自由时差必然为 0。

在网络计划的执行过程中，工作的自由时差是该工作可以自由使用的时间。但是，如果利用某项工作的总时差，则有可能使该工作后续工作的总时差减小。

3. 节点最早时间（EF）和最迟时间（LT）

1）节点最早时间

节点最早时间是指在双代号网络计划中，以该节点为开始节点的各项工作的最早开始时间。节点 i 的最早时间用 ET_i 表示。

2）节点最迟时间

节点最迟时间是指在双代号网络计划中，以该节点为完成节点的各项工作的最迟完成时间。节点 j 的最迟时间用 LT_j 表示。

4. 相邻两项工作之间的时间间隔

相邻两项工作之间的时间间隔是指本工作的最早完成时间与其紧后工作最早开始时间之间可能存在的差值。工作 i 与工作 j 之间的时间间隔用 $LAG_{i,j}$ 表示。

6.2.2 双代号网络计划时间参数的计算

双代号网络计划的时间参数既可以按工作计算，也可以按节点计算，下面分别以例子说明。

1. 按工作计算法

按工作计算法，是指以网络计划中的工作为对象，直接计算各项工作的时间参数。这些时间参数包括工作的最早开始时间和最早完成时间、工作的最迟开始时间和最迟完成时间、工作的总时差和自由时差。此外，还应计算网络计划的计算工期。

为了简化计算，网络计划时间参数中的开始时间和完成时间都应以时间单位的终了时刻为标准。如第 3 天开始是指第 3 天终了（下班）时刻开始，实际上是第 4 天上班时刻才开始；第 5 天完成即是指第 5 天终了（下班）时刻完成。

下面以图 6-4 所示双代号网络计划为例，说明按工作计算法计算时间参数的过程。其计算结果如图 6-5 所示。

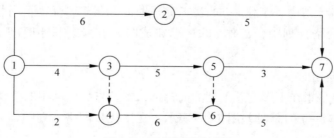

图 6-4　双代号网络计划

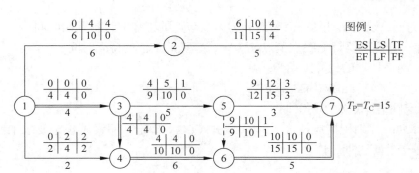

图 6-5 双代号网络计划（六时标注法）

1）计算工作的最早开始时间和最早完成时间

（1）工作最早开始时间和最早完成时间的计算应从网络计划的起点节点开始，顺着箭线方向依次进行。其计算步骤如下。

以网络计划起点节点为开始节点的工作，当未规定其最早开始时间时，其最早开始时间为 0。例如，工作①－②、工作①－③和工作①－④的最早开始时间都为 0，即

$$ES_{1-2} = ES_{1-3} = ES_{1-4} = 0$$

（2）工作的最早完成时间可利用式（6-3）进行计算

$$EF_{i-j} = ES_{i-j} + D_{i-j} \tag{6-3}$$

式中　EF_{i-j}——工作 $i-j$ 的最早完成时间；

　　　ES_{i-j}——工作 $i-j$ 的最早开始时间；

　　　D_{i-j}——工作 $i-j$ 的持续时间。

例如，工作①－②、工作①－③和工作①－④的最早完成时间分别如下。

工作①－②：$EF_{1-2} = ES_{1-2} + D_{1-2} = 0 + 6 = 6$；

工作①－③：$EF_{1-3} = ES_{1-3} + D_{1-3} = 0 + 4 = 4$；

工作①－④：$EF_{1-4} = ES_{1-4} + D_{1-4} = 0 + 2 = 2$。

（3）其他工作的最早开始时间应等于其紧前工作最早完成时间的最大值，即

$$ES_{i-j} = \max\{EF_{h-i}\} = \max\{ES_{h-i} + D_{h-i}\} \tag{6-4}$$

式中　ES_{i-j}——工作 $i-j$ 的最早开始时间；

　　　EF_{h-i}——工作 $i-j$ 的紧前工作 $h-i$（非虚工作）的最早完成时间；

　　　ES_{h-i}——工作 $i-j$ 的紧前工作 $h-i$（非虚工作）的最早开始时间；

　　　D_{h-i}——工作 $i-j$ 的紧前工作 $h-i$（非虚工作）的持续时间。

例如，工作③－⑤和工作④－⑥的最早开始时间分别为

$$ES_{3-5} = EF_{1-3} = 4$$

$$ES_{4-6} = \max\{EF_{1-3}, EF_{1-4}\} = \max\{4, 2\} = 4$$

（4）网络计划的计算工期应等于以网络计划重点节点为完成节点的工作的最早完成时间的最大值，即

$$T_C = \max\{EF_{i-n}\} = \max\{ES_{i-n} + D_{i-n}\} \tag{6-5}$$

式中　T_C——网络计划的计算工期；

　　　EF_{i-n}——以网络计划终点节点 n 为完成节点的工作的最早完成时间；

ES_{i-n}——以网络计划终点节点 n 为完成节点的工作的最早开始时间；

D_{i-n}——以网络计划终点节点 n 为完成节点的工作的持续时间。

例如，网络计划的计算工期为

$$T_C = \max\{EF_{2-7}, EF_{5-7}, EF_{6-7}\} = \max\{11, 12, 13\} = 15$$

2）确定网络计划的计划工期

网络计划的计划工期应按式（6-1）或式（6-2）确定。假设未规定要求工期，则其计划工期就等于计算工期，即

$$T_P = T_C = 15$$

计划工期应标注在网络计划终点节点的右上方，如图 6-5 所示。

3）计算工作的最迟完成时间和最迟开始时间

工作最迟完成时间和最迟开始时间的计算应从网络计划的终点节点开始，逆着箭线方向依次进行。其计算步骤如下。

（1）以网络计划重点节点为完成节点的工作，其最迟完成时间等于网络计划的计划工期，即

$$LF_{i-n} = T_P \tag{6-6}$$

式中　LF_{i-n}——以网络计划终点节点 n 为完成节点的工作的最迟完成时间；

T_P——网络计划的计划工期。

例如，工作②－⑦、工作⑤－⑦和工作⑥－⑦的最迟完成时间为

$$LF_{2-7} = LF_{5-7} = LF_{6-7} = T_P = 15$$

（2）工作的最迟开始时间可利用式（6-7）进行计算：

$$LS_{i-j} = LF_{i-j} - D_{i-j} \tag{6-7}$$

式中　LS_{i-j}——工作 $i-j$ 的最迟开始时间；

LF_{i-j}——工作 $i-j$ 的最迟完成时间；

D_{i-j}——工作 $i-j$ 的持续时间。

例如，工作②－⑦、工作⑤－⑦和工作⑥－⑦的最迟开始时间分别为

$$LS_{2-7} = LF_{2-7} - D_{2-7} = 15 - 5 = 10$$
$$LS_{5-7} = LF_{5-7} - D_{5-7} = 15 - 3 = 12$$
$$LS_{6-7} = LF_{6-7} - D_{6-7} = 15 - 5 = 10$$

（3）其他工作的最迟完成时间应等于其紧后工作最迟开始时间的最小值，即

$$LF_{i-j} = \min\{LS_{j-k}\} = \min\{LF_{j-k} - D_{j-k}\} \tag{6-8}$$

式中　LF_{i-j}——工作 $i-j$ 的最迟完成时间；

LS_{j-k}——工作 $i-j$ 的紧后工作 $j-k$（非虚工作）的最迟开始时间；

LF_{j-k}——工作 $i-j$ 的紧后工作 $j-k$（非虚工作）的最迟完成时间；

D_{j-k}——工作 $i-j$ 的紧后工作 $j-k$（非虚工作）的持续时间。

例如，工作③－⑤和工作④－⑥的最迟完成时间分别为

$$LF_{3-5} = \min\{LS_{5-7}, LS_{6-7}\} = \min\{12, 10\} = 10$$
$$LF_{4-6} = LS_{6-7} = 10$$

4）计算工作的总时差

计算工作的总时差等于该工作最迟完成时间与最早完成时间之差，或该工作最迟开始

时间与最早开始时间之差，即

$$TF_{i-j} = LF_{i-j} - EF_{i-j} = LS_{i-j} - ES_{i-j} \qquad (6\text{-}9)$$

式中　TF_{i-j}——工作 i-j 的总时差；其余符号同前。

例如，工作③-⑤的总时差为

$$TF_{3-5} - EF_{3-5} = 10 - 9 = 1$$

或

$$TF_{3-5} = LS_{3-5} - ES_{3-5} = 5 - 4 = 1$$

5）计算工作的自由时差

工作自由时差的计算应按以下两种情况分别考虑。

（1）对于有紧后工作的工作，其自由时差等于本工作的紧后工作最早开始时间减本工作最早完成时间所得之差的最小值，即

$$FF_{i-j} = \min\{ES_{j-k} - EF_{i-j}\} = \min\{ES_{j-k} - ES_{i-j} - D_{i-j}\} \qquad (6\text{-}10)$$

式中　FF_{i-j}——工作 i-j 的自由时差；

　　　ES_{j-k}——工作 i-j 的紧后工作 j-k（非虚工作）的最早开始时间；

　　　EF_{i-j}——工作 i-j 的最早完成时间；

　　　ES_{i-j}——工作 i-j 的最早开始时间；

　　　D_{i-j}——工作 i-j 的持续时间。

例如，工作①-④和工作③-⑤的自由时差分别为

$$FF_{1-4} = ES_{4-6} - EF_{1-4} = 4 - 2 = 2$$

$$FF_{3-5} = \min\{ES_{5-7} - EF_{3-5}, \ ES_{6-7} - EF_{3-5}\} = \min\{9-9, \ 10-9\} = 0$$

（2）对于无紧后工作的工作，也就是以网络计划终点节点为完成节点的工作，其自由时差等于计划工期与本工作最早完成时间之差，即

$$FF_{i-n} = T_P - EF_{i-n} = T_P - ES_{i-n} - D_{i-n} \qquad (6\text{-}11)$$

式中　FF_{i-n}——以网络计划终点节点 n 为完成节点的工作 i-n 的自由时差；

　　　T_P——网络计划的计划工期；

　　　EF_{i-n}——以网络计划终点节点 n 为完成节点的工作 i-n 的最早完成时间；

　　　ES_{i-n}——以网络计划终点节点 n 为完成节点的工作 i-n 的最早开始时间；

　　　D_{i-n}——以网络计划终点节点 n 为完成节点的工作 i-n 的持续时间。

例如，工作②-⑦、工作⑤-⑦和工作⑥-⑦的自由时差分别为

$$FF_{2-7} = T_P - EF_{2-7} = 15 - 11 = 4$$

$$FF_{5-7} = T_P - EF_{5-7} = 15 - 12 = 3$$

$$FF_{6-7} = T_P - EF_{6-7} = 15 - 15 = 0$$

需要指出的是，对于网络计划中以终点节点为完成节点的工作，其自由时差与总时差相等。此外，由于工作的自由时差是其总时差的构成部分，所以，当工作的总时差为0时，其自由时差必然为0，可不必进行专门计算。例如，在本例中，工作①-③、工作④-⑥和工作⑥-⑦的总时差全部为0，故其自由时差也全部为0。

6）确定关键工作和关键线路

在网络计划中，总时差最小的工作为关键工作。特别地，当网络计划的计划工期等

于计算工期时，总时差为 0 的工作就是关键工作。例如，在本例中，工作①-③、工作④-⑥和工作⑥-⑦的总时差均为 0，故它们为关键工作。

找出关键工作之后，将这些关键工作首尾相连，便构成从起点节点到终点节点的通路，位于该通路上各项工作的持续时间总和最大，这条通路就是关键线路。在关键线路上可能存在虚工作。

关键线路一般用粗箭线或双线箭线标出，也可以用彩色箭线标出。例如，在本例中，线路①→③→④→⑥→⑦即为关键线路。关键线路上各项工作的持续时间总和应等于网络计划的计算工期，这一特点也是判别关键线路是否正确的准则。

上述计算过程是将每项工作的六个时间参数均标注在图中，故称为六时标注法，如图 6-5 所示。为使网络计划的图面更加简洁，在双代号网络计划中，除各项工作的持续时间以外，通常只需标注两个最基本的时间参数（各项工作的最早开始时间和最迟开始时间）即可，而工作的其他四个时间参数（最早完成时间、最迟完成时间、总时差和自由时差）均可根据工作的最早开始时间、最迟开始时间及持续时间导出。这种方法称为二时标注法，如图 6-6 所示。

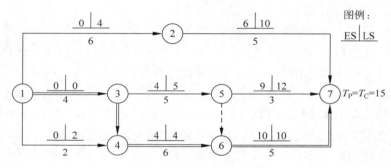

图 6-6　双代号网络计划（二时标注法）

2. 按节点计算法

按节点计算法就是计算网络计划中各个节点的最早时间和最迟时间，然后据此计算各项工作的时间参数和网络计划的计算工期。

下面仍以图 6-4 所示双代号网络计划为例，说明按节点计算法计算时间参数的过程。其计算结果如图 6-7 所示。

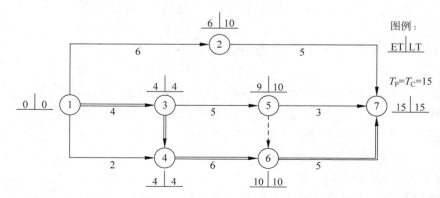

图 6-7　双代号网络计划（按节点计算法）

1）计算节点的最早时间和最迟时间

（1）计算节点的最早时间：节点最早时间的计算应从网络计划的起点节点开始，顺着箭线方向依次进行。其计算步骤如下。

① 网络计划起点节点，如未规定最早时间，其值等于0。例如，起点节点①的最早时间为0，即

$$ET_1 = 0$$

② 其他节点的最早时间应按式（6-12）进行计算：

$$ET_j = \max\{ET_i + D_{i-j}\} \tag{6-12}$$

式中　ET_j——工作 $i-j$ 的完成节点 j 的最早时间；

ET_i——工作 $i-j$ 的开始节点 i 的最早时间；

D_{i-j}——工作 $i-j$ 的持续时间。

例如，节点③和节点④的最早时间分别为

$$ET_3 = ET_1 + D_{1-3} = 0 + 4 - 4$$
$$ET_4 = \max\{ET_1 + D_{1-4},\ ET_3 + D_{3-4}\} = \max\{0-2,\ 4-0\} = 4$$

③ 网络计划的计算工期等于网络计划终点节点的最早时间，即

$$T_C = ET_n \tag{6-13}$$

式中　T_C——网络计划的计算工期；

ET_n——网络计划终点节点的最早时间。

例如，其计算工期为

$$T_C = ET_n = 15 \tag{6-14}$$

（2）确定网络计划的计划工期：网络计划的计划工期应按式（6-1）或式（6-2）确定。假设未规定要求工期，则其计划工期就等于计算工期，即

$$T_P = T_C = 15$$

计划工期应标注在终点节点的右上方，如图 6-7 所示。

（3）计算节点的最迟时间：节点最迟时间的计算应从网络计划的终点节点开始，逆着箭线方向依次进行。其计算步骤如下。

网络计划终点节点的最迟时间等于网络计划的计划工期，即

$$LT_n = T_P \tag{6-15}$$

式中　LT_n——网络计划终点节点 n 的最迟时间；

T_P——网络计划的计划工期。

例如，终点节点⑦的最迟时间为

$$LT_7 = T_P = 15$$

其他节点的最迟时间应按式（6-16）进行计算：

$$LT_i = \min\{LT_j - D_{i-j}\} \tag{6-16}$$

式中　LT_i——工作 $i-j$ 的开始节点 i 的最迟时间；

LT_j——工作 $i-j$ 的完成节点 j 的最迟时间；

D_{i-j}——工作 $i-j$ 的持续时间。

例如，在本例中，节点⑥和节点⑤的最迟时间分别为

$$LT_6 = LT_7 - D_{6-7} = 15 - 5 = 10$$

$$LT_5 = \min\{LT_6 - D_{5-6},\ LT_7 - D_{5-7}\} = \min\{10 - 0,\ 15 - 3\} = 10$$

2）根据节点的最早时间和最迟时间判定工作的六个时间参数

（1）工作的开始时间等于该工作开始节点的最早时间，即

$$ES_{i-j} = ET_i \tag{6-17}$$

例如，在本例中，工作①－②和工作②－⑦的最早开始时间分别为

$$ES_{1-2} = ET_1 = 0$$

$$ES_{2-7} = ET_2 = 6$$

（2）工作的最早完成时间等于该工作开始节点的最早时间与其持续时间之和，即

$$EF_{i-j} = ET_i + D_{i-j} \tag{6-18}$$

例如，在本例中，工作①－②和工作②－⑦的最早完成时间分别为

$$EF_{1-2} = ET_1 + D_{1-2} = 0 + 6 = 6$$

$$EF_{2-7} = ET_2 + D_{2-7} = 6 + 5 = 11$$

（3）工作的最迟完成时间等于该工作完成节点的最迟时间，即

$$LF_{i-j} = LT_j \tag{6-19}$$

例如，工作①－②和工作②－⑦的最迟完成时间分别为

$$LF_{1-2} = LT_2 = 10$$

$$LF_{2-7} = LT_7 = 15$$

（4）工作的最迟开始时间等于该工作完成节点的最迟时间与其持续时间之差，即

$$LS_{i-j} = LT_j - D_{i-j} \tag{6-20}$$

例如，在本例中，工作①－②和工作②－⑦的最迟开始时间分别为

$$LS_{1-2} = LT_2 - D_{1-2} = 10 - 6 = 4$$

$$LS_{2-7} = LT_7 - D_{2-7} = 15 - 5 = 10$$

（5）工作的总时差可根据式（6-9）、式（6-18）、式（6-19）得

$$TF_{i-j} = LF_{i-j} - EF_{i-j} = LT_j - (ET_i + D_{i-j}) = LT_j - ET_i - D_{i-j} \tag{6-21}$$

由式（6-21）可知，工作的总时差等于该工作完成节点的最迟时间减去该工作开始节点的最早时间所得差值再减去持续时间。例如，在本例中，工作①－②和工作③－⑤的总时差分别为

$$TF_{1-2} = LT_2 - ET_1 - D_{1-2} = 10 - 0 - 6 = 4$$

$$TF_{3-5} = LT_5 - ET_3 - D_{3-5} = 10 - 4 - 5 = 1$$

（6）工作的自由时差可根据式（6-10）和式（6-17）得

$$FF_{i-j} = \min\{ES_{j-k} - ES_{i-j} - D_{i-j}\} = \min\{ET_j\} - ET_i - D_{i-j} \tag{6-22}$$

由式（6-22）可知，工作的自由时差等于该工作完成节点的最早时间减去该工作开始节点的最早时间所得差值再减去持续时间。例如，在本例中，工作①－②和③－⑤的自由时差分别为

$$FF_{1-2} = ET_2 - ET_1 - D_{1-2} = 6 - 0 - 6 = 0$$

$$FF_{3-5} = ET_5 - ET_3 - D_{3-5} = 9 - 4 - 5 = 0$$

特别需要注意的是，如果本工作与其各紧后工作之间存在虚工作时，其中的 ET_j，应为本工作紧后工作开始节点的最早时间，而不是本工作完成节点的最早时间。

3）确定关键线路和关键工作

在双代号网络计划中，关键线路上的节点称为关键节点。关键工作两端的节点必为关键节点，但两端为关键节点的工作不一定是关键工作。关键节点的最迟时间与最早时间的差值最小。特别是，当网络计划的计划工期等于计算工期时，关键节点的最早时间与最迟时间必然相等。例如，在本例中，节点①、③、④、⑥、⑦就是关键节点。关键节点必然处在关键线路上，但关键节点组成的线路不一定是关键线路。例如，在本例中，由关键节点①、④、⑥、⑦组成的线路就不是关键线路。

当利用关键节点判别关键线路和关键工作时，还要满足下列判别式：

$$ET_i + D_{i-j} = ET_j \tag{6-23}$$

或

$$LT_i + D_{i-j} = LT_j \tag{6-24}$$

式中　ET_i——工作 $i-j$ 的开始节点（关键节点）i 的最早时间；

　　　D_{i-j}——工作 $i-j$ 的持续时间；

　　　ET_j——工作 $i-j$ 的完成节点（关键节点）j 的最早时间；

　　　LT_i——工作 $i-j$ 的开始节点（关键节点）i 的最迟时间；

　　　LT_j——工作 $i-j$ 的完成节点（关键节点）j 的最迟时间。

如果两个关键节点之间的工作符合上述判别式，则本工作必然为关键工作，它应该在关键线路上；否则，本工作就不是关键工作，关键线路也就不会从此处通过。例如，在本例中，工作① – ③、虚工作③ – ④、工作④ – ⑥和工作⑥ – ⑦均符合上述判别式，故线路①→③→④→⑥→⑦为关键线路。

4）关键节点的特性

在双代号网络计划中，当计划工期等于计算工期时，关键节点具有以下特性，掌握这些特性，有助于确定工作时间参数。

（1）开始节点和完成节点均为关键节点的工作，不一定是关键工作。例如，在图 6-7 所示网络计划中，节点①和节点④为关键节点，但工作① – ④为非关键工作。由于其两端为关键节点，机动时间不可能为其他工作所利用，故其总时差和自由时差均为 2。

（2）以关键节点为完成节点的工作，其总时差和自由时差必然相等。例如，在图 6-7 所示网络计划中，工作① – ④的总时差和自由时差均为 2；工作② – ⑦的总时差和自由时差均为 4；工作⑤ – ⑦的总时差和自由时差均为 3。

（3）当两个关键节点间有多项工作，且工作间的非关键节点无其他内向箭线和外向箭线时，则两个关键节点间各项工作的总时差均相等。在这些工作中，除以关键节点为完成节点的工作自由时差等于总时差外，其余工作的自由时差均为 0。例如，在图 6-7 所示网络计划中，工作① – ②和工作② – ⑦的总时差均为 4。工作② – ⑦的自由时差等于总时差，而工作① – ②的自由时差为 0。

（4）当两个关键节点间有多项工作，且工作间的非关键节点有外向箭线而无其他内向箭线时，则两个关键节点间各项工作的总时差不一定相等。在这些工作中，除以关键节点为完成节点的工作自由时差等于总时差外，其余工作的自由时差均为 0。例如，在图 6-7 所示网络计划中，工作③－⑤和工作⑤－⑦的总时差分别为 1 和 3。工作⑤－⑦的自由时差等于总时差，而工作③－⑤的自由时差为 0。

3. 标号法

标号法是一种快速寻求网络计划计算工期和关键线路的方法。标号法利用按节点计算法的基本原理，对网络计划中的每一个节点进行标号，然后利用标号值确定网络计划的计算工期和关键线路。

下面仍以图 6-4 所示网络计划为例，说明标号法的计算过程。其计算结果如图 6-8 所示。

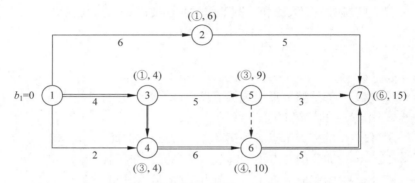

图 6-8 双代号网络计划（标号法）

（1）网络计划起点节点的标号值为 0。例如，在本例中，节点①的标号值为 0，即

$$b_1 = 0$$

（2）其他节点的标号值应根据式（6-25）按节点编号从小到大的顺序逐个进行计算：

$$b_j = b_i + D_{i-j} \tag{6-25}$$

式中　b_j——工作 $i-j$ 的完成节点 j 的标号值；

　　　b_i——工作 $i-j$ 的开始节点 i 的标号值；

　　　D_{i-j}——工作 $i-j$ 的持续时间。

例如，在本例中，节点③和节点④的标号值分别为

$$b_3 = b_1 + D_{1-3} = 0 + 4 = 4$$

$$b_4 = \max\{b_1 + D_{1-4}, \ b_3 + D_{3-4}\} = \max\{0 + 2, \ 4 + 0\} = 4$$

当计算出节点的标号值后，应用其标号值及其源节点对该节点进行双标号。所谓源节点，就是用来确定本节点标号值的节点。例如，在本例中，节点④的标号值 4 是由节点③所确定，故节点④的源节点就是节点③。如果源节点有多个，应将所有源节点标出。

（3）网络计划的计算工期就是网络计划终点节点的标号值。例如，在本例中，其计算工期就等于终点节点⑦的标号值 15。

（4）关键线路应从网络计划的终点节点开始，逆着箭线方向按源节点确定。例如，在本例中，从终点节点⑦开始，逆着箭线方向按源节点可以找出关键线路为①→③→④→⑥→⑦。

6.2.3　单代号网络计划时间参数的计算

单代号网络计划与双代号网络计划只是表现形式不同，它们所表达的内容是完全一样的。下面以图 6-9 所示单代号网络计划为例，说明其时间参数的计算过程。计算结果如图 6-10 所示。

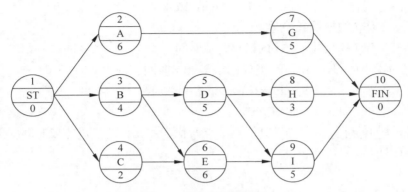

图 6-9　单代号网络计划 1

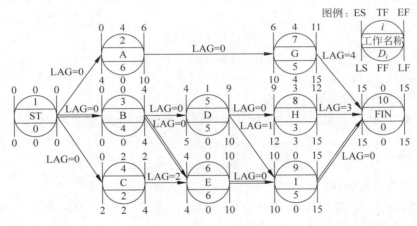

图 6-10　单代号网络计划 2

1. 计算工作的最早开始时间和最早完成时间

工作最早开始时间和最早完成时间的计算应从网络计划的起点节点开始，顺着箭线方向按节点编号从小到大的顺序依次进行。其计算步骤如下。

（1）网络计划起点节点所代表的工作，其最早开始时间未规定时取值为 0。例如，在本例中，起点节点 ST 所代表的工作（虚工作）的最早开始时间为 0，即

$$ES_1 = 0 \tag{6-26}$$

（2）工作的最早完成时间等于本工作的最早开始时间与其持续时间之和，即

$$EF_i = ES_i + D_i \tag{6-27}$$

式中　EF_i——工作 i 的最早完成时间；

ES_i——工作 i 的最早开始时间；

D_i——工作 i 的持续时间。

例如，在本例中，虚工作 ST 和工作 A 的最早完成时间分别为

$$EF_1 = ES_1 + D_1 = 0 + 0 = 0$$
$$EF_2 = ES_2 + D_2 = 0 + 6 = 6$$

（3）其他工作的最早开始时间应等于其紧前工作最早完成时间的最大值，即

$$ES_j = \max\{EF_i\} \qquad (6\text{-}28)$$

式中 ES_j——工作 j 的最早开始时间；

EF_i——工作 j 的紧前工作 i 的最早完成时间。

例如，在本例中，工作 E 和工作 G 的最早开始时间分别为

$$ES_6 = \max\{EF_3, EF_4\} = \max\{4, 2\} = 4$$
$$ES_7 = EF_2 = 6$$

（4）网络计划的计算工期等于其终点节点所代表的工作的最早完成时间。例如，在本例中，其计算工期为

$$T_C = EF_{10} = 15$$

2. 计算相邻两项工作之间的时间间隔

相邻两项工作之间的时间间隔是其紧后工作的最早开始时间与本工作最早完成时间的差值，即

$$LAG_{i,j} = ES_j - EF_i \qquad (6\text{-}29)$$

式中 $LAG_{i,j}$——工作 i 与其紧后工作 j 之间的时间间隔；

ES_j——工作 i 的紧后工作 j 的最早开始时间；

EF_i——工作 i 的最早完成时间。

例如，在本例中，工作 A 与工作 G、工作 C 与工作 E 的时间间隔分别为

$$LAG_{2,7} = ES_7 - EF_2 = 6 - 6 = 0$$
$$LAG_{4,6} = ES_6 - EF_4 = 4 - 2 = 2$$

3. 确定网络计划的计划工期

网络计划的计划工期仍按式（6-1）或式（6-2）确定。在本例中，假设未规定要求工期，则其计划工期就等于计算工期，即

$$T_P = T_C = 15$$

4. 计算工作的总时差

工作总时差的计算应从网络计划的终点节点开始，逆着箭线方向按节点编号从大到小的顺序依次进行。

（1）网络计划终点节点 n 所代表的工作的总时差应等于计划工期与计算工期之差，即

$$TF_n = T_P - T_C \qquad (6\text{-}30)$$

当计划工期等于计算工期时，该工作的总时差为 0。例如，在本例中，终点节点⑩所代表的工作 FIN（虚工作）的总时差为

$$TF_{10} = T_P - T_C = 15 - 15 = 0$$

（2）其他工作的总时差应等于本工作与其紧后工作之间的时间间隔加该紧后工作的总时差所得之和的最小值，即

$$TF_i = \min\{LAG_{i,j} + TF_j\} \qquad (6\text{-}31)$$

式中 TF_i——工作 i 的总时差；

$LAG_{i,j}$——工作 i 与其紧后工作 j 之间的时间间隔；

TF_j——工作 i 的紧后工作 j 的总时差。

例如，在本例中，工作 D 和工作 G 的自由时差分别为

$$TF_8 = LAG_{8,10} + TF_{10} = 3 + 0 = 3$$

$$TF_5 = \min\{LAG_{5,8} + TF_8,\ LAG_{5,9} + TF_9\} = \min\{0 + 3,\ 1 + 0\} = 1$$

5. 计算工作的自由时差

（1）网络计划终点节点 n 所代表的工作的自由时差等于计划工期与本工作的最早完成时间之差，即

$$FF_n = T_P - EF_n \tag{6-32}$$

式中 FF_n——终点节点 n 所代表的工作的自由时差；

T_P——网络计划的计划工期；

EF_n——终点节点 n 所代表的工作的最早完成时间（即计算工期）。

例如，在本例中，终点节点⑩所代表的工作 FIN（虚工作）的自由时差为

$$FF_{10} = T_P - EF_{10} = 15 - 15 = 0$$

（2）其他工作的自由时差等于本工作与其紧后工作之间时间间隔的最小值，即

$$FF_i = \min\{LAG_{i,j}\} \tag{6-33}$$

例如，在本例中，工作 D 和工作 G 的自由时差分别为

$$FF_5 = \min\{LAG_{5,8},\ LAG_{5,9}\} = \min\{0,\ 1\} = 0$$

$$FF_7 = LAG_{7,10} = 4$$

6. 计算工作的最迟完成时间和最迟开始时间

工作的最迟完成时间和最迟开始时间的计算可按以下两种方法进行。

1）根据总时差计算

工作的最迟完成时间等于本工作的最早完成时间与其总时差之和，即

$$LF_i = EF_i + TF_i \tag{6-34}$$

例如，在本例中，工作 D 和工作 G 的最迟完成时间分别为

$$LF_5 = EF_5 + TF_5 = 9 + 1 = 10$$

$$LF_7 = EF_7 + TF_7 = 11 + 4 = 15$$

工作的最迟开始时间等于本工作的最早开始时间与其总时差之和，即

$$LS_i = ES_i + TF_i \tag{6-35}$$

例如，在本例中，工作 D 和工作 G 的最迟开始时间分别为

$$LS_5 = ES_5 + TF_5 = 4 + 1 = 5$$

$$LS_7 = ES_7 + TF_7 = 6 + 4 = 10$$

2）根据计划工期计算

工作最迟完成时间和最迟开始时间的计算应从网络计划的终点节点开始，逆着箭线方向按节点编号从大到小的顺序依次进行。

（1）网络计划终点节点 n 所代表的工作的最迟完成时间等于该网络计划的计划工期，即

$$LF_n = T_P \tag{6-36}$$

例如，在本例中，终点节点 D 所代表的工作 FIN（虚工作）的最迟完成时间为

$$LF_{10} = T_P = 15$$

工作的最迟开始时间等于本工作的最迟完成时间与其持续时间之差，即

$$LS_i = LF_i - D_i \tag{6-37}$$

例如，在本例中，虚工作 FIN 和工作 G 的最迟开始时间分别为

$$LS_{10} = LF_{10} - D_{10} = 15 - 0 = 15$$

$$LS_7 = LF_7 - D_7 = 15 - 5 = 10$$

（2）其他工作的最迟完成时间等于该工作各紧后工作最迟开始时间的最小值，即

$$LF_i = Min\{LS_j\} \tag{6-38}$$

式中　LF_i——工作 i 的最迟完成时间；

　　　　LS_j——工作 i 的紧后工作 j 的最迟开始时间。

例如，在本例中，工作 H 和工作 D 的最迟完成时间分别为

$$LF_8 = LF_{10} = 15$$

$$LF_5 = min\{LS_8, LS_9\} = min\{12, 10\} = 10$$

7. 确定网络计划的关键线路

1）利用关键工作确定关键线路

如前所述，总时差最小的工作为关键工作。将这些关键工作相连，并保证相邻两项关键工作之间的时间间隔为 0 而构成的线路就是关键线路。

例如，在本例中，由于工作 B、工作 E 和工作 I 的总时差均为 0，故这些工作均为关键工作。由网络计划的起点节点①和终点节点⑩与上述三项关键工作组成的线路上，相邻两项工作之间的时间间隔全部为 0，故线路①→③→⑥→⑨→⑩为关键线路。

2）利用相邻两项工作之间的时间间隔确定关键线路

从网络计划的终点节点开始，逆着箭线方向依次找出相邻两项工作之间时间间隔为 0 的线路就是关键线路。例如，在本例中，逆着箭线方向可以直接找出关键线路①→③→⑥→⑨→⑩，因为在这条线路上，相邻两项工作之间的时间间隔均为 0。

在网络计划中，关键线路可以用粗箭线或双箭线标出，也可以用彩色箭线标出。

6.3　双代号时标网络计划

双代号时标网络计划（简称时标网络计划）必须以水平时间坐标为尺度表示工作时间。时标的时间单位应根据需要在编制网络计划之前确定，可以是小时、天、周、月或季度等。

在时标网络计划中，以实箭线表示工作，实箭线的水平投影长度表示该工作的持续时间；以虚箭线表示虚工作，由于虚工作的持续时间为 0，故虚箭线只能垂直画；以波形线表示工作与其紧后工作之间的时间间隔（以终点节点为完成节点的工作除外，当计划工期等于计算工期时，这些工作箭线中波形线的水平投影长度表示其自由时差）。

时标网络计划既具有网络计划的优点，又具有横道计划直观易懂的优点，它能将网络计划的时间参数直观地表达出来。

6.3.1 时标网络计划的编制方法

时标网络计划宜按各项工作的最早开始时间编制。为此，在编制时标网络计划时应使每一个节点和每一项工作（包括虚工作）尽量向左靠，直至不出现从右向左的逆向箭线为止。

在编制时标网络计划之前，应先按已经确定的时间单位绘制时标网络计划表。时间坐标可以标注在时标网络计划表的顶部或底部。当网络计划的规模比较大且比较复杂时，可以在时标网络计划表的顶部和底部同时标注时间坐标。必要时，还可以在顶部时间坐标之上或底部时间坐标之下同时加注日历时间。时标网络计划表如表 6-1 所示。表中部的刻度线宜为细线。为使图面清晰简洁，此线也可不画或少画。

表 6-1　时标网络计划表

日　历																
（时间单位）	1	2	3	4	5	6	7	8	9	10	11	12	13	14	15	16
（网络计划）																
（时间单位）	1	2	3	4	5	6	7	8	9	10	11	12	13	14	15	16

编制时标网络计划表时，应先绘制无时标的网络计划草图，然后按间接绘制法或直接绘制法进行。

1. 间接绘制法

所谓间接绘制法，是指先根据无时标的网络计划草图计算其时间参数，并确定关键线路，然后在时标网络计划表中进行绘制。绘制时，应先将所有节点按其最早时间定位在时标网络计划表中的相应位置，然后用规定线型（实箭线和虚箭线）按比例绘出工作和虚工作。当某些工作箭线的长度不足以到达该工作的完成节点时，须用波形线补足，箭头应画在与该工作完成节点的连接处。

2. 直接绘制法

所谓直接绘制法，是指不计算时间参数而直接按无时标的网络计划草图绘制时标网络计划。现以图 6-11 所示网络计划为例，说明时标网络计划的绘制过程。

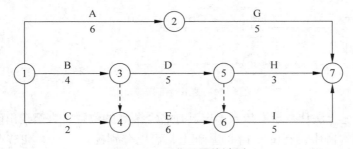

图 6-11　双代号网络计划

（1）将网络计划的起点节点定位在时标网络计划表的起始刻度上。如图 6-12 所示，节点①就是定位在时标网络计划表的起始刻度线"0"的位置上。

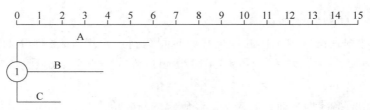

图 6-12　直接绘制法第一步

（2）按工作的持续时间绘制以网络计划起点节点为开始节点的工作箭线。如图 6-12 所示，分别绘出工作箭线 A、B 和 C。

（3）除网络计划的起点节点外，其他节点必须在所有以该节点为完成节点的工作箭线均绘出后，定位在这些工作箭线中最迟的箭线末端。当某些工作箭线的长度不足以到达该节点时，须用波形线补足，箭头画在与该节点的连接处。例如，在本例中，节点②直接定位在工作箭线 A 的末端；节点③直接定位在工作箭线 B 的末端；节点④的位置需要在绘出虚箭线③→④之后，定位在工作箭线 C 和虚箭线③→④中最迟的箭线末端，即坐标"4"的位置上。此时，工作箭线 C 的长度不足以到达节点④，因而用波形线补足，如图 6-13 所示。

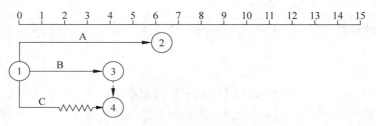

图 6-13　直接绘制法第二步

（4）当某个节点的位置确定之后，即可绘制以该节点为开始节点的工作箭线。例如，在本例中，在图 6-13 的基础上，可以分别以节点②、节点③和节点④为开始节点绘制工作箭线 G、工作箭线 D 和工作箭线 E，如图 6-14 所示。

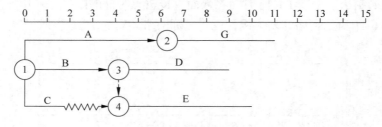

图 6-14　直接绘制法第三步

（5）利用上述方法从左至右依次确定其他各个节点的位置，直至绘出网络计划的终点节点。例如，在本例中，在图 6-14 的基础上，可以分别确定节点⑤和节点⑥的位置，并在它们之后分别绘制工作箭线 H 和工作箭线 I，如图 6-15 所示。

最后，根据工作箭线 G、工作箭线 H 和工作箭线 I 确定出终点节点的位置。本例对应的时标网络计划如图 6-16 所示，图中双箭线表示的线路为关键线路。

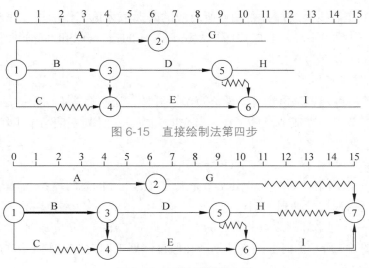

图 6-15　直接绘制法第四步

图 6-16　双代号网络计划

在绘制时标网络计划时，特别需要注意的问题是要处理好虚箭线。首先，应将虚箭线与实箭线等同看待，只是其对应工作的持续时间为 0；其次，尽管其本身没有持续时间，但可能存在波形线，因此，要按规定画出波形线。在画波形线时，其垂直部分仍应画为虚线，如图 6-16 所示时标网络计划中的虚箭线⑤→⑥。

6.3.2　时标网络计划中时间参数的判定

1. 关键线路和计算工期的判定

1）关键线路的判定

时标网络计划中的关键线路可从网络计划的终点节点开始，逆着箭线方向进行判定。自始至终不出现波形线的线路即为关键线路。因为不出现波形线，就说明在这条线路上相邻两项工作之间的时间间隔全部为 0，也就是在计算工期等于计划工期的前提下，这些工作的总时差和自由时差全部为 0。例如，在图 6-16 所示时标网络计划中，线路①→③→④→⑥→⑦即为关键线路。

2）计算工期的判定

网络计划的计算工期应等于终点节点所对应的时标值与起点节点所对应的时标值之差。例如，图 6-16 所示时标网络计划的计算工期为

$$T_{\mathrm{C}} = 15 - 0 = 15$$

2. 相邻两项工作之间时间间隔的判定

除以终点节点为完成节点的工作外，工作箭线中波形线的水平投影长度表示工作与其紧后工作之间的时间间隔。例如，在图 6-16 所示的时标网络计划中，工作 C 和工作 E 之间的时间间隔为 2；工作 D 和工作 I 之间的时间间隔为 1；其他工作之间的时间间隔均为 0。

3. 工作六个时间参数的判定

1）工作最早开始时间和最早完成时间的判定

工作箭线左端节点中心所对应的时标值为该工作的最早开始时间。当工作箭线中不存在波形线时，其右端节点中心所对应的时标值为该工作的最早完成时间；当工作箭线中存

在波形线时，工作箭线实线部分右端点所对应的时标值为该工作的最早完成时间。例如，在图 6-16 所示的时标网络计划中，工作 A 和工作 H 的最早开始时间分别为 0 和 9，而它们的最早完成时间分别为 6 和 12。

2）工作总时差的判定

工作总时差的判定应从网络计划的终点节点开始，逆着箭线方向依次进行。

（1）以终点节点为完成节点的工作，其总时差应等于计划工期与本工作最早完成时间之差，即

$$TF_{i-n} = T_P - EF_{i-n} \qquad (6-39)$$

式中　TF_{i-n}——以网络计划终点节点 n 为完成节点的工作的总时差；

　　　T_P——网络计划的计划工期；

　　　EF_{i-n}——以网络计划终点节点 n 为完成节点的工作的最早完成时间。

例如，在图 6-6 所示的时标网络计划中，假设计划工期为 15，则工作 G、工作 H 和工作 I 的总时差分别为

$$TF_{2-7} = T_P - EF_{2-7} = 15 - 11 = 4$$
$$TF_{5-7} = T_P - EF_{5-7} = 15 - 12 = 3$$
$$TF_{6-7} = T_P - EF_{6-7} = 15 - 15 = 0$$

（2）其他工作的总时差等于其紧后工作的总时差加本工作与该紧后工作之间的时间间隔所得之和的最小值，即

$$TF_{i-j} = \min\{TF_{j-k} + LAGH_{i-j, j-k}\} \qquad (6-40)$$

式中　TF_{i-j}——工作 $i-j$ 的总时差；

　　　TF_{j-k}——工作 $i-j$ 的紧后工作 $j-k$（非虚工作）的总时差；

　　　$LAGH_{i-j, j-k}$——工作 $i-j$ 与其紧后工作 $j-k$（非虚工作）之间的时间间隔。

例如，在图 6-16 所示的时标网络计划中，工作 A、工作 C 和工作 D 的总时差分别为

$$TF_{1-2} = TF_{2-7} + LAG_{1-2, 2-7} = 4 + 0 = 4$$
$$TF_{1-4} = TF_{4-6} + LAG_{1-4, 4-6} = 0 + 2 = 2$$
$$TF_{3-5} = \min\{TF_{5-7} + LAG_{3-5, 5-7}, TF_{6-7} + LAG_{3-5, 6-7}\} = \min\{3 + 0, 0 + 1\} = 1$$

3）工作自由时差的判定

（1）以终点节点为完成节点的工作，其自由时差应等于计划工期与本工作最早完成时间之差，即

$$FF_{i-n} = T_P - EF_{i-n} \qquad (6-41)$$

式中　FF_{i-n}——以网络计划终点节点 n 为完成节点的工作的总时差；

　　　T_P——网络计划的计划工期；

　　　EF_{i-n}——以网络计划终点节点 n 为完成节点的工作的最早完成时间。

例如，在图 6-16 所示的时标网络计划中，工作 G、工作 H 和工作 I 的自由时差分别为

$$FF_{2-7} = T_P - EF_{2-7} = 15 - 11 = 4$$
$$FF_{5-7} = T_P - EF_{5-7} = 15 - 12 = 3$$
$$FF_{6-7} = T_P - EF_{6-7} = 15 - 15 = 0$$

事实上，以终点节点为完成节点的工作，其自由时差与总时差必然相等。

（2）其他工作的自由时差就是该工作箭线中波形线的水平投影长度。但当工作之后只紧接虚工作时，则该工作箭线上一定不存在波形线，而其紧接的虚箭线中波形线水平投影长度的最短者为该工作的自由时差。

例如，在图 6-16 所示的时标网络计划中，工作 A、工作 B、工作 D 和工作 E 的自由时差均为 0，而工作 C 的自由时差为 2。

4）工作最迟开始时间和最迟完成时间的判定

（1）工作的最迟开始时间等于本工作的最早开始时间与其总时差之和，即

$$LS_{i-j} = ES_{i-j} + TF_{i-j} \tag{6-42}$$

式中　LS_{i-j}——工作 $i-j$ 的最迟开始时间；

　　　ES_{i-j}——工作 $i-j$ 的最早开始时间；

　　　TF_{i-j}——工作 $i-j$ 的总时差。

例如，在图 6-16 所示的时标网络计划中，工作 A、工作 C、工作 D、工作 G 和工作 H 的最迟开始时间分别为

$$LF_{1-2} = EF_{1-2} + TF_{1-2} = 6 + 4 = 10$$
$$LF_{1-4} = EF_{1-4} + TF_{1-4} = 2 + 2 = 4$$
$$LF_{3-5} = EF_{3-5} + TF_{3-5} = 9 + 1 = 10$$
$$LF_{2-7} = EF_{2-7} + TF_{2-7} = 11 + 4 = 15$$
$$LF_{5-7} = EF_{5-7} + TF_{5-7} = 12 + 3 = 15$$

（2）工作的最迟完成时间等于本工作的最早完成时间与其总时差之和，即

$$LF_{i-j} = EF_{i-j} + TF_{i-j} \tag{6-43}$$

式中　LF_{i-j}——工作 $i-j$ 的最迟完成时间；

　　　EF_{i-j}——工作 $i-j$ 的最早完成时间；

　　　TF_{i-j}——工作 $i-j$ 的总时差。

例如，在图 6-16 所示的时标网络计划中，工作 A、工作 C、工作 D、工作 G 和工作 H 的最迟完成时间分别为

$$LS_{1-2} = ES_{1-2} + TF_{1-2} = 0 + 4 = 4$$
$$LS_{1-4} = ES_{1-4} + TF_{1-4} = 0 + 2 = 2$$
$$LS_{3-5} = ES_{3-5} + TF_{3-5} = 4 + 1 = 5$$
$$LS_{2-7} = ES_{2-7} + TF_{2-7} = 6 + 4 = 10$$
$$LS_{5-7} = ES_{5-7} + TF_{5-7} = 9 + 3 = 12$$

在图 6-16 所示时标网络计划中，时间参数的判定结果应与图 6-5 所示网络计划时间参数的计算结果完全一致。

6.3.3　时标网络计划的坐标体系

时标网络计划的坐标体系有计算坐标体系、工作日坐标体系和日历坐标体系三种。

1. 计算坐标体系

计算坐标体系主要用作网络计划时间参数的计算。采用该坐标体系便于时间参数的计算，但不够明确。如按照计算坐标体系，网络计划所表示的计划任务从第 0 天开始，就不

容易理解。实际上应为第 1 天开始或明示开始日期。

2. 工作日坐标体系

工作日坐标体系可明示各项工作在整个工程开工后第几天（上班时刻）开始和第几天（下班时刻）完成。但不能显示出整个工程的开工日期和完工日期以及各项工作的开始日期和完成日期。

在工作日坐标体系中，整个工程的开工日期和各项工作的开始日期分别等于计算坐标体系中整个工程的开工日期和各项工作的开始日期加 1；而整个工程的完工日期和各项工作的完成日期等于计算坐标体系中整个工程的完工日期和各项工作的完成日期。

3. 日历坐标体系

日历坐标体系可以明示整个工程的开工日期和完工日期以及各项工作的开始日期和完成日期，还可以考虑扣除节假日休息时间。

图 6-17 所示的时标网络计划中同时标出了三种坐标体系。其中，上面为计算坐标体系，中间为工作日坐标体系，下面为日历坐标体系。这里假定 4 月 24 日（星期三）开工，星期六、星期日和五一国际劳动节休息。

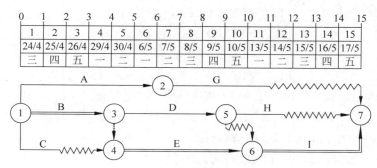

图 6-17　双代号时标网络计划

6.3.4　进度计划表

进度计划表也是建设工程进度计划的一种表达方式，包括工作日进度计划表和日历进度计划表。

1. 工作日进度计划表

工作日进度计划表是一种根据带有工作日坐标体系的时标网络计划编制的工程进度计划表。根据图 6-17 所示时标网络计划编制的工作日进度计划如表 6-2 所示。

表 6-2　工作日进度计划

序号	工作代号	工作名称	持续时间	最早开始时间	最早完成时间	最迟开始时间	最迟完成时间	自由时差	总时差	关键工作
1	1-2	A	6	1	6	5	10	0	4	否
2	1-3	B	4	1	4	1	4	0	0	是
3	1-4	C	2	1	2	3	4	2	2	否
4	3-5	D	5	5	9	6	10	0	1	否
5	4-6	E	6	10	10	5	10	0	0	是

续表

序号	工作代号	工作名称	持续时间	最早开始时间	最早完成时间	最迟开始时间	最迟完成时间	自由时差	总时差	关键工作
6	2-7	G	5	7	11	11	15	4	4	否
7	5-7	H	3	10	12	13	15	3	3	否
8	6-7	I	5	11	15	11	15	0	0	是

2. 日历进度计划表

日历进度计划表是一种根据带有日历坐标体系的时标网络计划编制的工程进度计划表，根据图 6-17 所示时标网络计划编制的日历进度计划如表 6-3 所示。

表 6-3　日历进度计划

序号	工作代号	工作名称	持续时间	最早开始时间	最早完成时间	最迟开始时间	最迟完成时间	自由时差	总时差	关键工作
1	1-2	A	6	24/4	6/5	30/4	10/5	0	4	否
2	1-3	B	4	24/4	29/4	24/4	29/4	0	0	是
3	1-4	C	2	24/4	25/4	26/4	29/4	2	2	否
4	3-5	D	5	30/4	9/5	6/5	10/5	0	1	否
5	4-6	E	6	30/4	10/5	30/4	10/5	0	0	是
6	2-7	G	5	7/5	13/5	13/5	17/5	4	4	否
7	5-7	H	3	14/5	15/5	13/5	17/5	3	3	否
8	6-7	I	5	13/5	17/5	13/5	17/5	0	0	是

6.4　网络计划的优化

网络计划的优化是指在一定约束条件下，按既定目标对网络计划进行不断改进，以寻求满意方案的过程。

网络计划的优化目标应按计划任务的需要和条件选定，包括工期目标、费用目标和资源目标。根据优化目标的不同，网络计划的优化可分为工期优化、费用优化和资源优化三种。

6.4.1　工期优化

工期优化是指网络计划的计算工期不满足要求工期时，通过压缩关键工作的持续时间以满足要求工期目标的过程。

1. 工期优化方法

网络计划工期优化的基本方法是在不改变网络计划中各项工作之间逻辑关系的前提下，通过压缩关键工作的持续时间来达到优化目标。在工期优化过程中，按照经济合理的原则，不能将关键工作压缩成非关键工作。此外，当工期优化过程中出现多条关键线路时，必须将各条关键线路的总持续时间压缩相同数值；否则，不能有效地缩短工期。

网络计划的工期优化可按下列步骤进行。

（1）确定初始网络计划的计算工期和关键线路。

（2）按要求工期计算应缩短的时间 ΔT。

$$\Delta T = T_C - T_r \tag{6-44}$$

式中　T_C——网络计划的计算工期；

T_r——要求工期。

（3）选择应缩短持续时间的关键工作。选择压缩对象时，应在关键工作中考虑下列因素。

① 缩短持续时间对质量和安全影响不大的工作。

② 有充足备用资源的工作。

③ 缩短持续时间所需增加的费用最少的工作。

（4）将所选定的关键工作的持续时间压缩至最短，并重新确定计算工期和关键线路若被压缩的工作变成非关键工作，则应延长其持续时间，使之成为关键工作。

（5）当计算工期仍超过要求工期时，则重复上述步骤（2）~步骤（4），直至计算工期满足要求工期，或计算工期已不能再缩短为止。

（6）当所有关键工作的持续时间都已达到其能缩短的极限而寻求不到继续缩短工期的方案，但网络计划的计算工期仍不能满足要求工期时，应对网络计划的原技术方案、组织方案进行调整，或对要求工期重新审定。

2. 工期优化示例

【例 6-1】 已知某工程双代号网络计划如图 6-18 所示，图中箭线下方括号外数字为工作的正常持续时间，括号内数字为最短持续时间；箭线上方括号内数字为优选系数，该系数综合考虑质量、安全和费用增加情况而确定选择关键工作压缩其持续时间时，应选择优选系数最小的关键工作。若需要同时压缩多个关键工作的持续时间时，则它们的优选系数之和（组合优选系数）最小者应优先作为压缩对象。现假设要求工期为 15，试对其进行工期优化。

【解】 该网络计划的工期优化可按以下步骤进行。

（1）根据各项工作的正常持续时间，用标号法确定网络计划的计算工期和关键线路，如图 6-18 所示。此时关键线路为①→②→④→⑥。

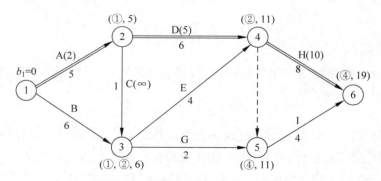

图 6-18　初始网络计划中的关键线路

（2）计算应缩短时间。

$$\Delta T = T_C - T_r = 19 - 15 = 4$$

（3）由于此时关键工作为工作 A、工作 D 和工作 H，而其中工作 A 的优选系数最小，故应将工作 A 作为优先压缩对象。

（4）将关键工作 A 的持续时间压缩至最短持续时间 3，利用标号法确定新的计算工期和关键线路，如图 6-19 所示。此时，关键工作 A 被压缩成非关键工作，故将其持续时间 3 延长为 4，使之成为关键工作。工作 A 恢复为关键工作之后，网络计划中出现两条关键线路，即①→②→④→⑥和①→③→④→⑥，如图 6-20 所示。

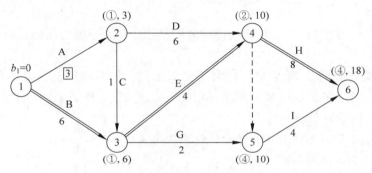

图 6-19 工作 A 压缩至最短时的关键线路

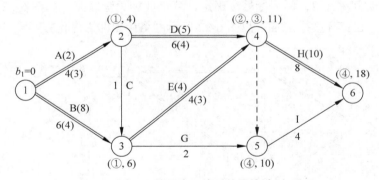

图 6-20 第一次压缩后的网络计划

（5）由于此时计算工期为 18，仍大于要求工期，故需继续压缩。需要缩短的时间 $\Delta T_1 = 18 - 15 = 3$。在图 6-20 所示网络计划中，有以下五个压缩方案。

① 同时压缩工作 A 和工作 B，组合优选系数为 2 + 8 = 10。

② 同时压缩工作 A 和工作 E，组合优选系数为 2 + 4 = 6。

③ 同时压缩工作 B 和工作 D，组合优选系数为 8 + 5 = 13。

④ 同时压缩工作 D 和工作 E，组合优选系数为 5 + 4 = 9。

⑤ 压缩工作 H，优选系数为 10。

在上述压缩方案中，由于工作 A 和工作 E 的组合优选系数最小，故应选择同时压缩工作 A 和工作 E 的方案。将这两项工作的持续时间各压缩 z（压缩至最短），再用标号法确定计算工期和关键线路，如图 6-21 所示。此时，关键线路仍为两条，即①→②→④→⑥和①→③→④→⑥。

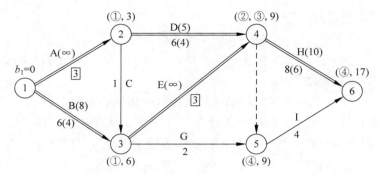

图 6-21　第二次压缩后的网络计划

在图 6-21 中，关键工作 A 和 E 的持续时间已达最短，不能再压缩，它们的优选系数变为无穷大。

（6）由于此时计算工期为 17，仍大于要求工期，故需继续压缩。需要缩短的时间 $\Delta T_2 = 17 - 15 = 2$。在图 6-21 所示网络计划中，由于关键工作 A 和工作 E 已不能再压缩，故此时只有两个压缩方案。

① 同时压缩工作 B 和工作 D，组合优选系数为 8 + 5 = 13。

② 压缩工作 H，优选系数为 10。

在上述压缩方案中，由于工作 H 的优选系数最小，故应选择压缩工作 H 的方案。将工作 H 的持续时间缩短 2，再用标号法确定计算工期和关键线路，如图 6-22 所示。此时，计算工期为 15，已等于要求工期，故图 6-22 所示网络计划即为优化方案。

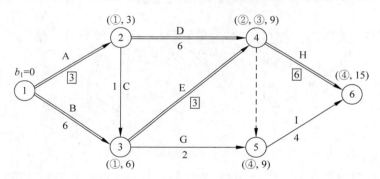

图 6-22　工期优化后的网络计划

【例 6-2】　某企业工业厂房施工过程安排包括施工准备、进口施工、地下工程、垫层、构件安装、屋面工程、门窗工程、地面工程装修工程，施工单位组织安排如图 6-23 所示，原计划工期为 210 天，当第 95 天进行检查时发现，工作④－⑤（垫层）前已全部完成，工作④－⑤（构件安装）刚开工，试进行施工进度控制分析。

图 6-23 中，箭线上的数字为缩短工期需增加的费用（单位：元／天）；箭线下的括弧外的数字为工作正常施工时间；括弧内数字为工作最快施工时间。

分析：因为工作⑤－⑥是关键工作，它拖后 15 天可能导致总工期延长 15 天，应当进行计划进度控制，使其按原计划完成，办法就是缩短工作⑤－⑥及其以后计划工作时间，调整步骤如下。

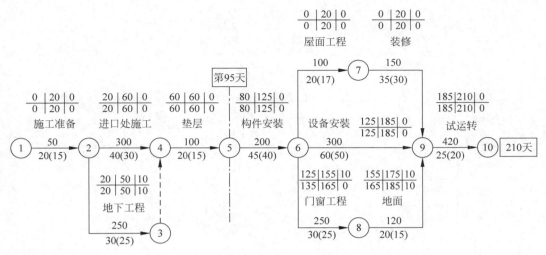

图 6-23　网络进度计划图

第一步：先压缩关键工作中费用增加率最小的工作，其压缩量不能超过实际可能压缩值。从图 6-23 中可见，三个关键工作⑤-⑥、⑥-⑨、⑨-⑩中，赶工费最低是 $a_{⑤-⑥}=$ 200 元，可压缩量为 45 - 40 = 5（天），因此先压缩工作⑤-⑥ 5 天，而需要支出压缩费为 5×200 = 1000（元），至此工期缩短 5 天，但⑤-⑥不能再压缩了。

第二步：删除已压缩的工作，按上述方法压缩未经调整的各关键工作中费用增加率最省者。比较⑥-⑨和⑨-⑩两个关键工作，$a_{⑤-⑥}=$ 300 元最少，所以压缩⑥-⑨，但压缩⑥-⑨工作时，必须考虑与其平行作业的工作，它们最小时差为 5 天，所以只能先压缩 5 天，增加费用为 5×300 = 1500（元）。至此工期已压缩了 10 天，而此时⑥-⑦与⑦-⑨也变成关键工作，如再压缩⑥-⑨还需考虑⑥-⑦或⑦-⑨也要同时压缩，不然则不能缩短工期。

第三步：此时可以按以下方法压缩工作，一是同时压缩⑥-⑦和⑥-⑨，每天费用增加为 100 + 300 = 400（元），压缩量为 3 天；二是同时压缩⑦-⑨和⑥-⑨，每天费用增加为 150 + 300 = 450（元），压缩量为 5 天；三是压缩⑨-⑩，每天费用增加为 420 元，压缩量为 5 天。三者相比较，同时压缩⑥-⑦和⑥-⑨费用增加最少。故工作⑥-⑦和⑥-⑨各压缩 3 天，费用增加为（100 + 300）×3 = 1200（元），至此，工期已压缩了 13 天。

第四步：分析仍能压缩的关键工作。此时，以下工作可以压缩：一是同时压缩⑦-⑨和⑥-⑨，每天费用增加为 150 + 300 = 450（元），压缩量为 5 天；二是压缩⑨-⑩，每天费用增加为 420 元，压缩量为 5 天。两者相比较，压缩工作⑨-⑩每天费用增加最少，工作⑨-⑩只需压缩 2 天，费用增加为 420×2 = 840（元）。至此，工期压缩 15 天已完成，总费用共增加为 1000 + 1500 + 1200 + 840 = 4540（元）。

调整后的工期仍为 210 天，但各项工作的开工时间和部分工作作业时间有所变动，劳动力、物资、机械计划及平面布置均按调整后的进度计划做相应调整。调整后的网络计划如图 6-24 所示。

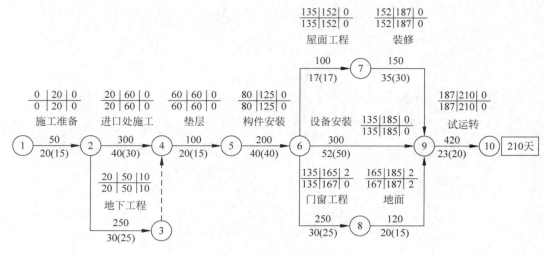

图 6-24　调整后网络计划图

6.4.2　费用优化

费用优化又称为工期成本优化，是指寻求工程总成本最低时的工期安排，或按要求工期寻求最低成本的计划安排的过程。

1. 费用和时间的关系

在建设工程施工过程中，完成一项工作时，可以采用多种施工方法和组织方法，而不同的施工和组织方法又会有不同的持续时间与费用。由于一项建设工程往往包含许多工作，所以在安排建设工程进度计划时，就会出现许多方案。进度方案不同，所对应的总工期和总费用也就不同。为了能从多种方案中找出总成本最低的方案，首先必须分析费用和时间之间的关系。

1）工程费用与工期的关系

工程总费用由直接费和间接费组成。直接费由人工费、材料费、施工机具使用费、措施费及现场经费等组成。施工方案不同，直接费也就不同；如果施工方案相同，工期不同，直接费也不同。直接费会随着工期的缩短而增加。间接费包括企业经营管理的全部费用，一般会随着工期的缩短而减少。在考虑工程总费用时，还应考虑工期变化带来的其他损益，包括效益增量和资金的时间价值等。工程费用与工期的关系如图 6-25 所示。

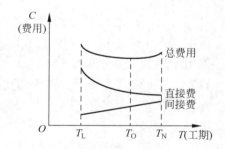

图 6-25　工期费用—工期曲线
T_L—最短工期；T_O—最优工期；
T_N—正常工期

2）工作直接费与持续时间的关系

由于网络计划的工期取决于关键工作的持续时间，为了进行工期成本优化，必须分析网络计划中各项工作的直接费与持续时间之间的关系，这是网络计划工期成本优化的基础。

工作的直接费与持续时间之间的关系类似工程直接费与工期之间的关系，工作的直接费随着持续时间的缩短而增加，如图 6-26 所示。为简化计算，工作的直接费与持续时间可以近似地认为是一条直线关系。当工作划分得比较详细时，其计算结果还是比较精确的。

工作持续时间每缩短单位时间而增加的直接费称为直接费用率。直接费用率可按式（6-45）计算：

$$\Delta C_{i-j} = \frac{CC_{i-j} - CN_{i-j}}{DN_{i-j} - DC_{i-j}} \qquad (6\text{-}45)$$

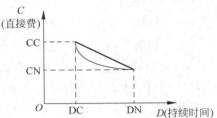

图 6-26　工作直接费—持续时间曲线

DN—工作的正常持续时间；
CN—按正常持续时间完成工作时所需的直接费；
DC—工作的最短持续时间；
CC—按最短持续时间完成工作时所需的直接费

式中　ΔC_{i-j}——工作 i-j 的直接费用率；

CC_{i-j}——按最短持续时间完成工作 i-j 时所需的直接费；

CN_{i-j}——按正常持续时间完成工作 i-j 是多需的直接费；

DN_{i-j}——工作 i-j 的正常持续时间；

DC_{i-j}——工作 i-j 的最短持续时间。

从式（6-45）可以看出，工作的直接费用率越大，说明将该工作的持续时间缩短一个时间单位时，所需增加的直接费就越多；反之，将该工作的持续时间缩短一个时间单位时，所需增加的直接费就越少。因此，在压缩关键工作的持续时间已达到缩短工期的目的时，应将直接费用率最小的关键工作作为压缩对象。当有多条关键线路出现而需要同时压缩多个关键工作的持续时间时，应将它们的直接费用率之和（组合直接费用率）最小者作为压缩对象。

2. 费用优化方法

费用优化的基本思路如下：不断在网络计划中找出直接费用率（或组合直接费用率）最小的关键工作，缩短其持续时间，同时考虑间接费随工期缩短而减少的数值，最后求得工程总成本最低时的最优工期安排，或按要求工期求得最低成本的计划安排。按照上述基本思路，费用优化可按以下步骤进行。

（1）按工作的正常持续时间确定计算工期和关键线路。

（2）计算各项工作的直接费用率。直接费用率的计算按式（6-45）进行。

（3）当只有一条关键线路时，应找出直接费用率最小的一项关键工作，作为缩短持续时间的对象；当有多条关键线路时，应找出组合直接费用率最小的一组关键工作，作为缩短持续时间的对象。

（4）对于选定的压缩对象（一项关键工作或一组关键工作），首先比较其直接费用率或组合直接费用率与工程间接费用率的大小。

① 如果被压缩对象的直接费用率或组合直接费用率大于工程间接费用率，说明压缩关键工作的持续时间会使工程总费用增加。此时应停止缩短关键工作的持续时间，在此之前的方案即为优化方案。

② 如果被压缩对象的直接费用率或组合直接费用率等于工程间接费用率，说明压缩关键工作的持续时间不会使工程总费用增加，故应缩短关键工作的持续时间。

③ 如果被压缩对象的直接费用率或组合直接费用率小于工程间接费用率，说明压缩

关键工作的持续时间会使工程总费用减少，应缩短关键工作的持续时间。

（5）当需要缩短关键工作的持续时间时，其缩短值的确定必须符合下列两条原则。

① 缩短后工作的持续时间不能小于其最短持续时间。

② 缩短持续时间的工作不能变成非关键工作。

（6）计算关键工作持续时间缩短后相应增加的总费用。

（7）重复上述步骤（3）～步骤（6），直至计算工期满足要求工期，或被压缩对象的直接费用率或组合直接费用率大于工程间接费用率为止。

（8）计算优化后的工程总费用。

3. 费用优化示例

【例 6-3】 已知某工程双代号网络计划如图 6-27 所示，图中箭线下方括号外数字为工作的正常时间，括号内数字为最短持续时间，箭线上方括号外数字为工作按正常持续时间完成时所需的直接费，括号内数字为工作按最短持续时间完成时所需的直接费。该工程的间接费用率为 0.8 万元 / 天，试对其进行费用优化。

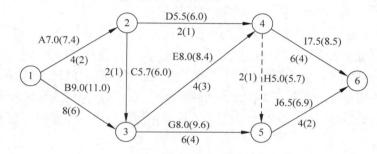

图 6-27　初始网络计划

费用单位：万元；时间单位：天

【解】 该网络计划的费用优化可按以下步骤进行。

（1）根据各项工作的正常持续时间，用标号法确定网络计划的计算工期和关键线路，如图 6-28 所示。计算工期为 19 天，关键线路有两条，即①→③→④→⑥和①→③→④→⑤→⑥。

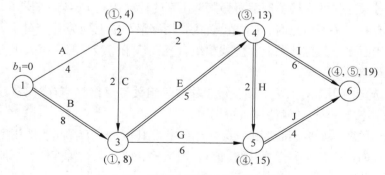

图 6-28　初始网络计划中的关键线路

（2）计算各项工作的直接费用率：

$$\Delta C_{1-2} = \frac{CC_{1-2} - CN_{1-2}}{DN_{1-2} - DC_{1-2}} = \frac{7.4 - 7.0}{4 - 2} = 0.2（万元 / 天）$$

$$\Delta C_{1-3} = \frac{\text{CC}_{1-3} - \text{CN}_{1-3}}{\text{DN}_{1-3} - \text{DC}_{1-3}} = \frac{11.0 - 9.0}{8 - 6} = 1.0 （万元 / 天）$$

$$\Delta C_{2-3} = \frac{\text{CC}_{2-3} - \text{CN}_{2-3}}{\text{DN}_{2-3} - \text{DC}_{2-3}} = \frac{6.0 - 5.7}{2 - 1} = 0.3 （万元 / 天）$$

$$\Delta C_{2-4} = \frac{\text{CC}_{2-4} - \text{CN}_{2-4}}{\text{DN}_{2-4} - \text{DC}_{2-4}} = \frac{6.0 - 5.5}{2 - 1} = 0.5 （万元 / 天）$$

$$\Delta C_{3-4} = \frac{\text{CC}_{3-4} - \text{CN}_{3-4}}{\text{DN}_{3-4} - \text{DC}_{3-4}} = \frac{8.4 - 8.0}{5 - 3} = 0.2 （万元 / 天）$$

$$\Delta C_{3-5} = \frac{\text{CC}_{3-5} - \text{CN}_{3-5}}{\text{DN}_{3-5} - \text{DC}_{3-5}} = \frac{9.6 - 8.0}{6 - 4} = 0.8 （万元 / 天）$$

$$\Delta C_{4-5} = \frac{\text{CC}_{4-5} - \text{CN}_{4-5}}{\text{DN}_{4-5} - \text{DC}_{4-5}} = \frac{5.7 - 5.0}{2 - 1} = 0.7 （万元 / 天）$$

$$\Delta C_{4-6} = \frac{\text{CC}_{4-6} - \text{CN}_{4-6}}{\text{DN}_{4-6} - \text{DC}_{4-6}} = \frac{8.5 - 7.5}{6 - 4} = 0.5 （万元 / 天）$$

$$\Delta C_{5-6} = \frac{\text{CC}_{5-6} - \text{CN}_{5-6}}{\text{DN}_{5-6} - \text{DC}_{5-6}} = \frac{6.9 - 6.5}{4 - 2} = 0.2 （万元 / 天）$$

（3）计算工程总费用。

① 直接费总和：$C_d = 7.0 + 9.0 + 5.7 + 5.5 + 8.0 + 8.0 + 5.0 + 7.5 + 6.5 = 62.2 （万元）$。

② 间接费总和：$C_i = 0.8 \times 19 = 15.2 （万元）$。

③ 工程总费用：$C_t = C_d + C_i = 62.2 + 15.2 = 77.4 （万元）$。

（4）通过压缩关键工作的持续时间进行费用优化（优化过程略）。

① 第一次压缩：由图 6-28 可知，该网络计划中有两条关键线路，为了同时缩短两条关键线路的总持续时间，有以下四个压缩方案。

a. 压缩工作 B，直接费用率为 1.0 万元 / 天。

b. 压缩工作 E，直接费用率为 0.2 万元 / 天。

c. 同时压缩工作 H 和工作 J，组合直接费用率为 0.7 + 0.5 = 1.2（万元 / 天）。

d. 同时压缩工作 I 和工作 J，组合直接费用率为 0.5 + 0.2 = 0.7（万元 / 天）。

在上述压缩方案中，由于工作 E 的直接费用率最小，故应选择工作 E 作为压缩对象。

工作 E 的直接费用率 0.2 万元 / 天小于间接费用率 0.8 万元 / 天，说明压缩工作 E 可使工程总费用降低。将工作 E 的持续时间压缩至最短持续时间为 3 天，利用标号法重新确定计算工期和关键线路，如图 6-29 所示。此时，关键工作 E 被压缩成非关键工作，故将其持续时间延长为 4 天，使其成为关键工作。第一次压缩后的网络计划如图 6-30 所示。图中箭线上方括号内数字为工作的直接费用率。

② 第二次压缩：从图 6-30 可知，该网络计划中有三条关键线路，即①→③→④→⑥、①→③→④→⑤→⑥和①→③→⑤→⑥。为了同时缩短三条关键线路的总持续时间，有以下五个压缩方案。

a. 压缩工作 B，直接费用率为 1.0 万元 / 天。

b. 同时压缩工作 E 和工作 G，组合直接费用率为 0.2 + 0.8 = 1.0（万元 / 天）。

c. 同时压缩工作 E 和工作 J，组合直接费用率为 0.2 + 0.2 = 0.4（万元 / 天）。

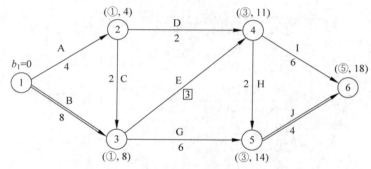

图 6-29　工作 E 压缩至最短时的关键线路

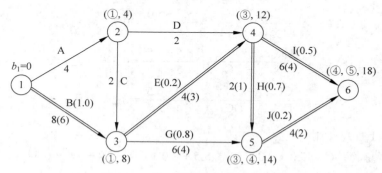

图 6-30　第一次压缩后的网络计划

　　d. 同时压缩工作 G、工作 H 和工作 I，组合直接费用率为 0.8 + 0.7 + 0.5 = 2.0（万元 / 天）。

　　e. 同时压缩工作 I 和工作 J，组合直接费用率为 0.5 + 0.2 = 0.7（万元 / 天）。

　　在上述压缩方案中，由于工作 E 和工作 J 的组合直接费用率最小，故应选择工作 E 和工作 J 作为压缩对象。工作 E 和工作 J 的组合直接费用率 0.4 万元 / 天小于间接费用率 0.8 万元 / 天，说明同时压缩工作 E 和工作 J，可使工程总费用降低。由于工作 E 的持续时间只能压缩 1 天，工作 J 的持续时间也只能随之压缩 1 天。工作 E 和工作 J 的持续时间同时压缩 1 天后，利用标号法重新确定计算工期和关键线路。此时，关键线路由压缩前的三条变为两条，即①→③→④→⑥和①→③→⑤→⑥。原来的关键工作 H 未经压缩而被动地变成了非关键工作。第二次压缩后的网络计划如图 6-31 所示。此时，关键工作 E 的持续时间已达最短，不能再压缩，故其直接费用率变为无穷大。

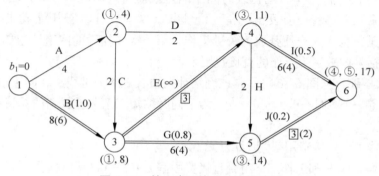

图 6-31　第二次压缩后的网络计划

③ 第三次压缩：从图 6-31 可知，由于工作 E 不能再压缩，为了同时缩短两条关键线路①→③→④→⑥和①→③→⑤→⑥的总持续时间，只有以下三个压缩方案。

a. 压缩工作 B，直接费用率为 1.0 万元 / 天。

b. 同时压缩工作 G 和工作 I，组合直接费用率为 0.8 + 0.5 = 1.3（万元 / 天）。

c. 同时压缩工作 I 和工作 J，组合直接费用率为 0.5 + 0.2 = 0.7（万元 / 天）。

在上述压缩方案中，由于工作 I 和工作 J 的组合直接费用率最小，故应选择工作 I 和工作 J 作为压缩对象。工作 I 和工作 J 的组合直接费用率 0.7 万元 / 天小于间接费用率 0.8 万元 / 天，说明同时压缩工作 I 和工作 J，可使工程总费用降低。由于工作 I 的持续时间只能压缩 1 天，工作 J 的持续时间也只能随之压缩 1 天。工作 I 和工作 J 的持续时间同时压缩 1 天后，利用标号法重新确定计算工期和关键线路。此时，关键线路仍然为两条，即①→③→④→⑥和①→③→⑤→⑥。第三次压缩后的网络计划如图 6-32 所示。此时，关键工作 J 的持续时间也已达最短，不能再压缩，故其直接费用率变为无穷大。

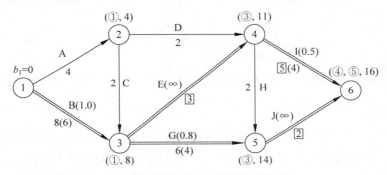

图 6-32 第三次压缩后的网格计划

④ 第四次压缩：从图 6-32 可知，由于工作 E 和工作 J 不能再压缩，为了同时缩短两条关键线路①→③→④→⑥和①→③→⑤→⑥的总持续时间，只有以下两个压缩方案。

a. 压缩工作 B，直接费用率为 1.0 万元 / 天。

b. 同时压缩工作 G 和工作 I，组合直接费用率为 0.8 + 0.5 = 1.3（万元 / 天）。

在上述压缩方案中，由于工作 B 的直接费用率最小，故应选择工作 B 作为压缩对象。但是，由于工作 B 的直接费用率 1.0 万元 / 天大于间接费用率 0.8 万元 / 天，说明压缩工作 B 会使工程总费用增加。因此，不需要压缩工作 B，已得到优化方案，优化后的网络计划如图 6-33 所示。图中箭线上方括号内数字为工作的直接费。

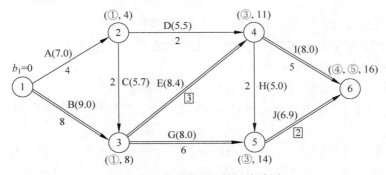

图 6-33 费用优化后的网络计划

（5）计算优化后的工程总费用如下。

① 直接费总和 $C_{d0} = 7.0 + 9.0 + 5.7 + 5.5 + 8.4 + 8.0 + 5.0 + 8.0 + 6.9 = 63.5$（万元）；

② 间接费总和 $C_{i0} = 0.8 \times 16 = 12.8$（万元）；

③ 工程总费用 $C_{t0} = C_{d0} + C_{i0} = 63.5 + 12.8 = 76.3$（万元）。

表 6-4 为该工程最终的费用优化表。

表 6-4　优化表

压缩次数	被压缩工序	被压缩的工作名称	直接费用率和组合直接费用率 /（万元 / 天）	费用差 /（万元 / 天）	缩短时间	费用增加值 / 万元	总工期 / 天	总费用 / 万元
0	—	—	—	—	—	—	19	77.4
1	③ - ④	E	0.2	− 0.6	1	− 0.6	18	76.8
2	③ - ④ ⑤ - ⑥	E，J	0.4	− 0.4	1	− 0.4	17	76.4
3	④ - ⑥ ⑤ - ⑥	I，J	0.7	− 0.1	1	− 0.1	6	76.3
4	① - ③	B	1.0	+ 0.2	—	—	—	—

注：费用差是指工作的直接费用率与工程简介费用率之差，它表示工期缩短单位时间时工程总费用增加的数值。

6.4.3　资源优化

资源是指为完成一项计划任务所需投入的人力、材料、机械设备和资金等。完成一项工程任务所需要的资源量基本上是不变的，不可能通过资源优化将其减少。资源优化的目的是通过改变工作的开始时间和完成时间，使资源按照时间的分布符合优化目标。

通常情况下，网络计划的资源优化分为两种，即"资源有限，工期最短"的优化和"工期固定，资源均衡"的优化。前者是通过调整计划安排，在满足资源限制的条件下，施工期延长最少的过程；而后者是通过调整计划安排，在工期保持不变的条件下，使资源需用量尽可能均衡的过程。

这里所讲的资源优化，其前提条件如下。

（1）在优化过程中，不改变网络计划中各项工作之间的逻辑关系。

（2）在优化过程中，不改变网络计划中各项工作的持续时间。

（3）网络计划中各项工作的资源强度（单位时间所需资源数量）为常数，而且是合理的。

（4）除规定可中断的工作外，一般不允许中断工作，应保持其连续性。

为简化问题，这里假定网络计划中的所有工作需要同一种资源。

1. "资源有限，工期最短"的优化

"资源有限，工期最短"的优化一般可按以下步骤进行。

（1）按照各项工作的最早开始时间安排进度计划，并计算网络计划每个时间单位的资源需用量。

（2）从计划开始日期起，逐个检查每个时段（每个时间单位资源需用量相同的时间段）的资源需用量是否超过所能供应的资源限量。如果在整个工期范围内每个时段的资源需用量均能满足资源限量的要求，则可行优化方案完成编制；否则，必须转入下一步进行计划的调整。

（3）分析超过资源限量的时段。如果在该时段内有几项工作平行作业，则采取将一项工作安排在与之平行的另一项工作之后进行的方法，以降低该时段的资源需用量。

对于两项平行作业的工作 m 和工作 n 来说，为了降低相应时段的资源需用量，现将工作 n 安排在工作 m 之后进行，如图 6-34 所示。

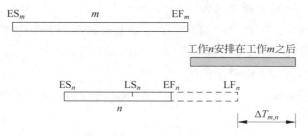

图 6-34　m、n 两项工作的排序

如果将工作 n 安排在工作 m 之后进行，网络计划的工期延长值为

$$\Delta T_{m,\,n} = EF_n = D_n - LF_n = EF_m - (LF_n - D_n) = EF_m - LS_n \qquad (4\text{-}46)$$

式中　$\Delta T_{m,\,n}$——将工作 n 安排在工作 m 之后进行时网络计划的工期延长值；

　　　EF_m——工作 m 的最早完成时间；

　　　D_n——工作 n 的持续时间；

　　　LF_n——工作 n 的最迟完成时间；

　　　LS_n——工作 n 的最迟开始时间。

这样，在有资源冲突的时段中，对平行作业的工作进行两两排序，即可得出若干个 $\Delta T_{m,\,n}$，选择其中最小的 $\Delta T_{m,\,n}$，将相应的工作 n 安排在工作 m 之后进行，既可降低该时段的资源需用量，又能使网络计划的工期延长时间最短。

（4）对调整后的网络计划安排，重新计算每个时间单位的资源需用量。

（5）重复上述步骤（2）～步骤（4），直至网络计划整个工期范围内每个时间单位的资源需用量均满足资源限量为止。

2．"工期固定，资源均衡"的优化

安排建设工程进度计划时，需要使资源需用量尽可能地均衡，使整个工程每单位时间的资源需用量不出现过多的高峰和低谷，这样不仅有利于工程建设的组织与管理，而且可以降低工程费用。

"工期固定，资源均衡"的优化方法有多种，如方差值最小法、极差值最小法、削高峰法等。

6.5　单代号搭接网络计划

在前述双代号和单代号网络计划中，所表达的工作之间的逻辑关系是一种衔接关系，即只有当其紧前工作全部完成之后，本工作才能开始。紧前工作的完成可为本工作的开始创造条件。但是在工程建设实践中，有许多工作的开始并不是以其紧前工作的完成为条件的。只要其紧前工作开始一段时间后，即可进行本工作，而不需要等其紧前工作全部完成之后再开始。工作之间的这种关系称为搭接关系。

如果用前述简单的网络图来表达工作之间的搭接关系，将使网络计划变得更加复杂。为了简单、直接地表达工作之间的搭接关系，使网络计划的编制得到简化，便出现了搭接网络计划。搭接网络计划一般都采用单代号网络图的表示方法，即以节点表示工作，以节点之间的箭线表示工作之间的逻辑顺序和搭接关系。

1. 搭接关系的种类及表达方式

在搭接网络计划中，工作之间的搭接关系是由相邻两项工作之间的不同时距决定的。所谓时距，就是在搭接网络计划中相邻两项工作之间的时间差值。

1）结束到开始（FTS）的搭接关系

从结束到开始的搭接关系如图6-35（a）所示，这种搭接关系在网络计划中的表达方式如图6-35（b）所示。

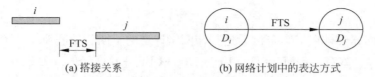

(a) 搭接关系　　　　　　(b) 网络计划中的表达方式

图 6-35　FTS 搭接关系及其在网络计划中的表达方式

例如，在修堤坝时，一定要等土地自然沉降后才能修护坡，筑土地与修护坡之间的等待时间就是 FTS 时距。

当 FTS 时距为 0 时，说明本工作与其紧后工作之间已经紧密衔接。当网络计划中所有相邻工作只有 FTS 一种搭接关系且其时距均为 0 时，整个搭接网络计划就成为前述的单代号网络计划。

2）开始到开始（STS）的搭接关系

从开始到开始的搭接关系如图6-36（a）所示，这种搭接关系在网络计划中的表达方式如图6-36（b）所示。

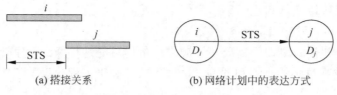

(a) 搭接关系　　　　　　(b) 网络计划中的表达方式

图 6-36　STS 搭接关系及其在网络计划中的表达方式

例如，在道路工程中，当路基铺设工作开始一段时间，为路面浇筑工作创造一定条件之后，即可开始路面浇筑工作，路基铺设工作的开始时间与路面浇筑工作的开始时间之间的差值就是 STS 时距。

3）结束到结束（FTF）的搭接关系

从结束到结束的搭接关系如图6-37（a）所示，这种搭接关系在网络计划中的表达方式如图6-37（b）所示。

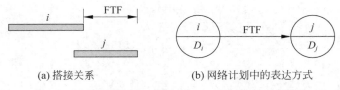

(a) 搭接关系　　　　　　　(b) 网络计划中的表达方式

图 6-37　FTF 搭接关系及其在网络计划中的表达方式

　　例如，在前述道路工程中，如果路基铺设工作的进展速度小于路面浇筑工作的进展速度时，须考虑为路面浇筑工作留有充分的工作面；否则，路面浇筑工作就将因没有工作面而无法进行。路基铺设工作的完成时间与路面浇筑工作的完成时间之间的差值就是 FTF 时距。

　　4）开始到结束（STF）的搭接关系

　　从开始到结束的搭接关系如图 6-38（a）所示，这种搭接关系在网络计划中的表达方式如图 6-38（b）所示。

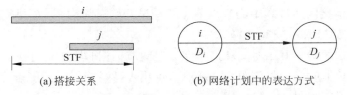

(a) 搭接关系　　　　　　　(b) 网络计划中的表达方式

图 6-38　STF 搭接关系及其在网络计划中的表达方式

　　5）混合搭接关系

　　在搭接网络计划中，除上述四种基本搭接关系外，相邻两项工作之间有时还会同时出现两种以上的基本搭接关系。例如，工作 i 和工作 j 之间可能同时存在 STS 时距和 FTF 时距，或同时存在 STF 时距和 FTS 时距等，表达方式如图 6-39 和图 6-40 所示。

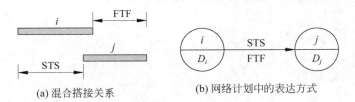

(a) 混合搭接关系　　　　　　　(b) 网络计划中的表达方式

图 6-39　STS 和 FTF 混合搭接关系及其在网络计划中的表达方式

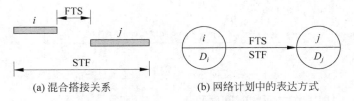

(a) 混合搭接关系　　　　　　　(b) 网络计划中的表达方式

图 6-40　STF 和 FTS 混合搭接关系及其在网络计划中的表达方式

　　2. 搭接网络计划示例

　　单代号搭接网络计划时间参数的计算与前述单代号网络计划和双代号网络计划时间参数的计算原理基本相同。现以图 6-41 所示单代号搭接网络计划为例，说明其计算方法。

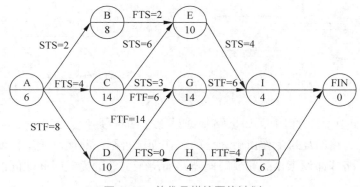

图 6-41 单代号搭接网络计划

1）计算工作的最早开始时间和最早完成时间

工作最早开始时间和最早完成时间的计算应从网络计划的起点节点开始，顺着箭线方向依次进行。

（1）单代号搭接网络计划中的起点节点的最早开始时间为 0，最早完成时间应等于其最早开始时间与持续时间之和。

（2）其他工作的最早开始时间和最早完成时间应根据时距进行计算。当某项工作的最早开始时间出现负值时，应将该工作与起点节点用虚箭线相连后，重新计算该工作的最早开始时间和最早完成时间。

由于在搭接网络计划中，决定工期的工作不一定是最后进行的工作，因此，在用上述方法完成重点节点的最早完成时间计算之后，还应检查网络计划中其他工作的最早完成时间是否超过已算出的计算工期。如果某项工作的最早完成时间超过终点节点的最早完成时间，应将该工作与终点节点用虚箭线相连，之后重新计算该网络计划的计算工期。

本例中，各项工作最早开始时间和最早完成时间的计算结果如图 6-42 所示。

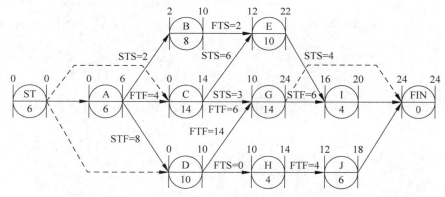

图 6-42 单代号搭接网络计划中工作 ES 和 EF 的计算结果

2）计算相邻两项工作之间的时间间隔

由于相邻两项工作之间的搭接关系不同，其时间间隔的计算方法也有所不同。

（1）搭接关系为结束到开始（FTS）时的时间间隔。如果在搭接网络计划中出现 $ES_j >$（$EF_i + FTS_{i,j}$）的情况时，就说明在工作 i 和工作 j 之间存在时间间隔 $LAG_{i,j}$，如图 6-43 所示。

由图 6-43 可得

$$LAG_{i,j} = ES_j - (EF_i + FTS_{i,j}) = ES_j - EF_i - FTS_{i,j} \qquad (6-47)$$

（2）搭接关系为开始到开始（STS）时的时间间隔。如果在搭接网络计划中出现 $ES_j >$ $(ES_i + STS_{i,j})$ 的情况，说明在工作 i 和工作 j 之间存在时间间隔 $LAG_{i,j}$，如图 6-44 所示。

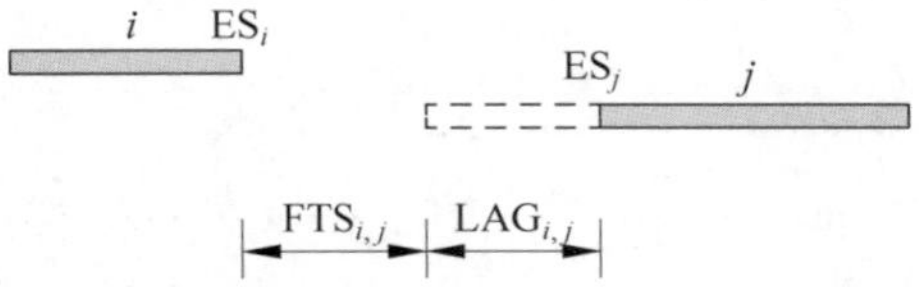

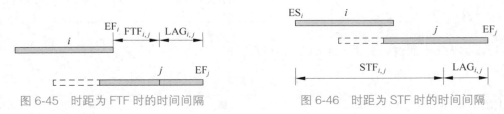

图 6-43 时距为 FTS 时的时间间隔 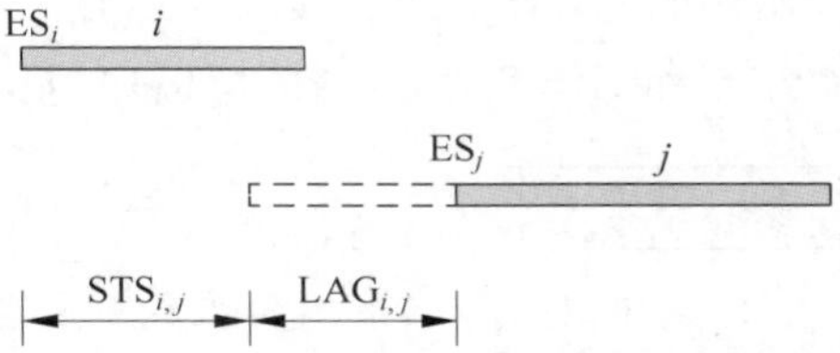 　　图 6-44 时距为 STS 时的时间间隔

由图 6-44 可得

$$LAG_{i,j} = ES_j - (ES_i + STS_{i,j}) = ES_j - ES_i - STS_{i,j} \qquad (6-48)$$

（3）搭接关系为结束到结束（FTF）时的时间间隔。如果在搭接网络计划中出现 $EF_j >$ $(EF_i + FTF_{i,j})$ 的情况时，就说明在工作 i 和工作 j 之间存在时间间隔 $LAG_{i,j}$，如图 6-45 所示。

由图 6-45 可得

$$LAG_{i,j} = ES_j - (EF_i + FTF_{i,j}) = ES_j - EF_i - FTF_{i,j} \qquad (6-49)$$

（4）搭接关系为开始到结束（STF）时的时间间隔。如果在搭接网络计划中出现 $EF_j >$ $(ES_i + STS_{i,j})$ 的情况时，就说明在工作 i 和工作 j 之间存在时间间隔 LAG_i，如图 6-46 所示。

图 6-45 时距为 FTF 时的时间间隔 　　图 6-46 时距为 STF 时的时间间隔

由图 6-46 可得

$$LAG_{i,j} = ES_j - (EF_i + STF_{i,j}) = ES_j - EF_i - STF_{i,j} \qquad (6-50)$$

（5）混合搭接关系时的时间间隔。当相邻两项工作之间存在两种时距及以上的搭接关系时，应分别计算出时间间隔，然后取其中的最小值。

3）计算工作的时差

搭接网络计划同前述简单的网络计划一样，其工作的时差也有总时差和自由时差两种。

（1）工作的总时差：搭接网络计划中工作的总时差可以用式（6-30）和式（6-31）计算。但在计算出总时差后，需要根据式（6-34）判别该工作的最迟完成时间是否超出计划工期。如果某工作的最迟完成时间超出计划工期，应将该工作与终点节点用虚箭线相连后，再计算其总时差。

（2）工作的自由时差：搭接网络计划中工作的自由时差可以用式（6-32）和式（6-33）计算。

4）计算工作的最迟完成时间和最迟开始时间

工作的最迟完成时间和最迟开始时间可以用式（6-34）和式（6-35）计算。

5）确定关键线路

同前述简单的单代号网络计划一样，可以利用相邻两项工作之间的时间间隔来判定关键线路，即从搭接网络计划的终点节点开始，逆着箭线方向依次找出相邻两项工作之间时间间隔为 0 的线路就是关键线路。关键线路上的工作即为关键工作，关键工作的总时差最小。

本例的计算结果中，线路 S → D → G → F 为关键线路。关键工作是工作 D 和工作 G，而工作 S 和工作 F 为虚工作，其总时差均为 0。

复习思考题

1. 试述双代号网络图的组成三要素。
2. 工作和虚工作的区别有哪些？虚工作的作用是什么？
3. 简述网络计划的逻辑关系。
4. 简述网络图的绘制规则。
5. 试述双代号网络图的线路。关键线路是什么？关键工作是什么？
6. 试述工期的三种表达形式。
7. 总时差与自由时差的区别和联系有哪些？
8. 试述双代号时标网络图的特点。
9. 网络计划优化的形式有哪些？
10. 试述工期优化、费用优化、资源优化的基本步骤。

习题

1. 根据表 6-5 的逻辑关系，绘制双代号网络图。

表 6-5 习题 1 表

工作	A	B	C	D	E	G	H
紧前工作	—	—	—	—	A、B	B、C、D	C、D

2. 根据表 6-6 的逻辑关系，绘制双代号网络图。

表 6-6 习题 2 表

工作	A	B	C	D	E	H	G	J
紧前工作	—	—	A	A、B	B	D、E	C、D	H、G

3. 根据表 6-7 的逻辑关系，绘制双代号网络图。

表 6-7 习题 3 表

工作	A	B	C	D	E	F
紧前工作	—	—	—	A、B	B	C、D、E

4. 根据表 6-8 的逻辑关系，绘制双代号网络图，并采用工作计算法计算各工作的时间参数。

表 6-8　习题 4 表

工作	A	B	C	D	E	F	G	H	I
紧前工作	—	A	A	B	B、C	C	D、E	E、F	H、G
时间	3	3	3	8	5	4	4	2	2

5. 根据已知条件画出网络图，并计算工作参数和节点参数，标出关键线路，写出关键线路、关键工作、工期。

表 6-9　习题 5 表

工作	A	B	C	D	E	F
紧前工作	—	A	A	B	B、C	D、E
时间	2	5	3	4	8	5

6. 已知网络计划如图 6-47 所示，要求工期为 11 天，试对其进行工期优化。

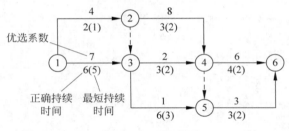

图 6-47　习题 6 图

7. 某工程网络计划如图 6-48 所示，已知间接费率为 150 元 / 天，间接费为 1200 元。求出费用最少的工期。

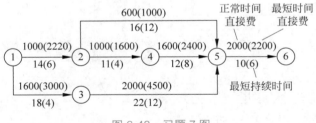

图 6-48　习题 7 图

[总结与思考]

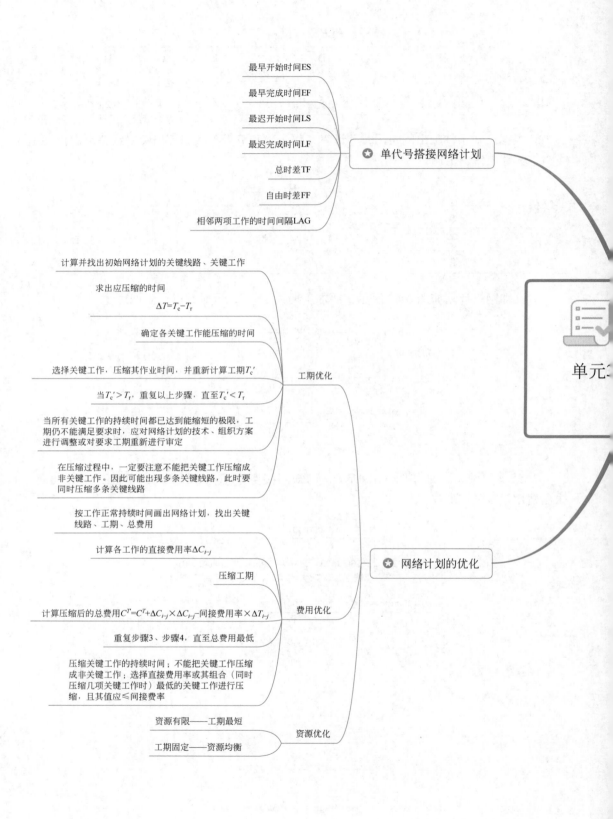

最早开始时间ES

最早完成时间EF

最迟开始时间LS

最迟完成时间LF

总时差TF

自由时差FF

相邻两项工作的时间间隔LAG

⭐ 单代号搭接网络计划

计算并找出初始网络计划的关键线路、关键工作

求出应压缩的时间

$$\Delta T = T_c - T_r$$

确定各关键工作能压缩的时间

选择关键工作，压缩其作业时间，并重新计算工期T_c'

当$T_c' > T_r$，重复以上步骤，直至$T_c' < T_r$

当所有关键工作的持续时间都已达到能缩短的极限，工期仍不能满足要求时，应对网络计划的技术、组织方案进行调整或对要求工期重新进行审定

在压缩过程中，一定要注意不能把关键工作压缩成非关键工作。因此可能出现多条关键线路，此时要同时压缩多条关键线路

工期优化

按工作正常持续时间画出网络计划，找出关键线路、工期、总费用

计算各工作的直接费用率ΔC_{i-j}

压缩工期

计算压缩后的总费用$C^T = C^T + \Delta C_{i-j} \times \Delta C_{i-j} -$间接费用率$\times \Delta T_{i-j}$

重复步骤3、步骤4，直至总费用最低

压缩关键工作的持续时间；不能把关键工作压缩成非关键工作；选择直接费用率或其组合（同时压缩几项关键工作时）最低的关键工作进行压缩，且其值应≤间接费率

费用优化

资源有限——工期最短

工期固定——资源均衡

资源优化

⭐ 网络计划的优化

单元3

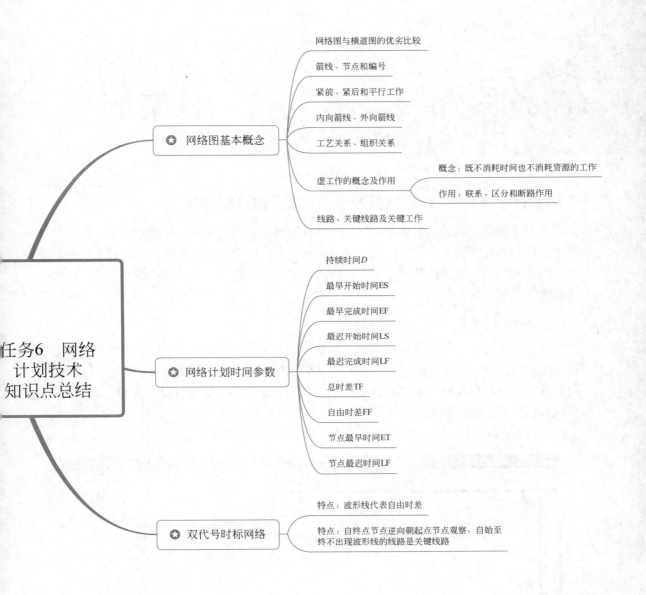

任务6 网络计划技术知识点总结

★ 网络图基本概念
- 网络图与横道图的优劣比较
- 箭线、节点和编号
- 紧前、紧后和平行工作
- 内向箭线、外向箭线
- 工艺关系、组织关系
- 虚工作的概念及作用
  - 概念：既不消耗时间也不消耗资源的工作
  - 作用：联系、区分和断路作用
- 线路、关键线路及关键工作

★ 网络计划时间参数
- 持续时间 D
- 最早开始时间 ES
- 最早完成时间 EF
- 最迟开始时间 LS
- 最迟完成时间 LF
- 总时差 TF
- 自由时差 FF
- 节点最早时间 ET
- 节点最迟时间 LF

★ 双代号时标网络
- 特点：波形线代表自由时差
- 特点：自终点节点逆向朝起点节点观察，自始至终不出现波形线的线路是关键线路

任务 7　品茗智绘进度软件案例

7.1　品茗智绘进度计划软件简介及网络图编制案例

本节主要介绍通过品茗智慧进度计划软件完成网络图的绘制。品茗智慧进度计划软件完全采用拟人化操作，用户可以直接用鼠标在屏幕上绘制网络图和横道图，并支持各种图形之间互相转化。软件将智能建立工作间的紧前、紧后逻辑关系、节点编号，并实时自动生成管线线路。

7.1.1　新建工程

打开软件后，进入软件欢迎界面，然后单击新建工程按钮，界面弹出项目概况填写窗口，在该窗口填写项目名称、横道图标题、项目开始结束时间、项目施工单位、项目设计单位等基本信息，填写完成后，可以通过设置密码完成工程加密。完成新建工程后，进入软件的基本界面，界面分顶部菜单栏、左侧工具条、底部状态栏及中间绘制区域，整体效果如图 7-1 所示。

微课：新建
工程与编辑
界面介绍

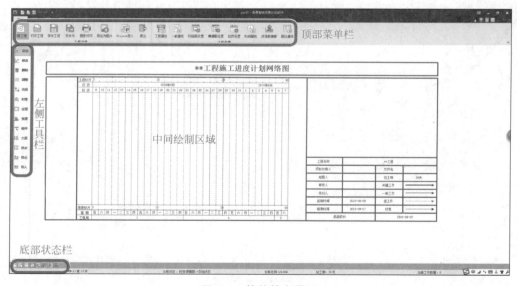

图 7-1　软件基本界面

7.1.2　网络图编辑界面介绍

网络图绘制界面的左侧工具栏共有 12 个按钮，其功能如下。

添加状态：在添加状态，可在光标向导的指示下完成各种添加任务。除此之外，在添加一个状态下，也可以完成增、删、改、调整逻辑关系、断开关系、组件、复制、粘贴、插入等一系列操作。

修改状态：在修改状态下，选中工作双击，可以对工作进行修改。其他状态也可修改。

删除状态：在删除状态下，可以删除一个或多个工作。其他状态也可用 Delete 键删除工作。

调整状态：可以在图形状态下调整工作时间和节点间的逻辑关系。其他状态也可按 Ctrl 键实现。

交换状态：在交换状态下，两个工作可以相互交换。

时差状态：设置调整工作时差。

空层状态：调整工作箭线上、下的高度，光标处双击加空层，按 Shift 键同时双击删除空层。也可分别用 F7、F8 键实现空层的添加和删除。

组件状态：使用组件表示两个任务的 SS + N（即工作 B 在工作 A 开始之后若干天开始）或者 FS - N（即工作 A 结束之前若干天开始）的工作搭接关系。其他状态可通过按住 Ctrl + Alt 组合键来实现。

大纲状态：按大纲将工作进行归类。

流水状态：在流水状态，用鼠标框选"流水基准段"，选择"流水"属性，即可生成流水施工。

导出状态：导出为组件库或者磁盘文件，以备参考使用。

导入状态：导入组件库或者磁盘文件，参考使用。

7.1.3   网络图绘制

1. 添加工作

在添加状态，鼠标指针移动至中间绘制区，按住鼠标左键往右拖选出一条工作箭线，在此状态会显示简易的工作开始时间、结束时间与持续时间。拖选完成后松开左键，弹出工作属性框如图 7-2 所示，在此界面完成工作名称、持续时间、开始时间、结束时间等属性的定义，同时在信息、风格栏等对工作信息、表现形式等进行自定义。添加完成后，软件自动生成工作前后代号与工作箭线。

微课：添加
工作

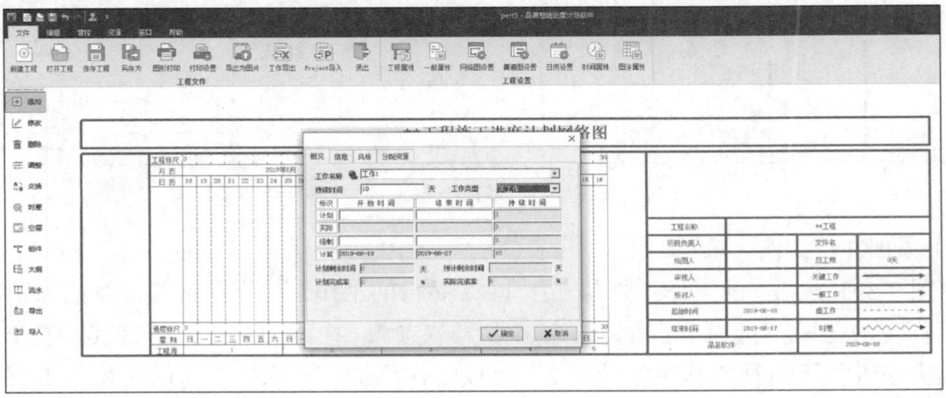

图 7-2   添加工作

在添加工作界面,可以看到工作的开始时间共有四项定义,分别是计划、实际、强制与计算。其中,计算时间为拖拉绘制网络箭线时的时间,由软件自动识别;强制时间为用户自行定义改工作的强制开始与结束,可以改变改工作的实际开始与结束时间以及在途中的线标位置;计划与实际时间为进度计划管控版功能,作为进度管控的比对分析。需要注意的是,添加的第一道工作的开始时间默认为工程的开始时间,后续的工作可以自由定义它的强制开始时间。

另外,软件设置了多个工作类型。其中,"虚工作"表示前后相邻工作之间的逻辑关系,既不占用时间,也不耗用资源;"挂起工作"表示消耗时间、不消耗资源的工作,可表示工作间歇或需要等候的工作,比如技术间歇、混凝土养护,还可以表示 FS + N 的关系。

2. 添加关系工作

1)添加紧后工作

在添加工作状态,完成第一道工作后,将鼠标光标移动至该工作的右侧节点,当光标变为十字时,按住鼠标左键往右拖曳出今后的工作箭线,然后完成工程名称等信息的填写,即可完成今后工作的添加。

微课:网络图
绘制与调整

2)添加紧前工作

在绘制网络图过程中,一般是从前往后完成绘制的。如果绘制过程中遗漏了紧前工作的绘制,如图 7-3 所示,需要在工作 3 前添加一道为期 8 天的紧前工作 4,在添加状态将鼠标光标移动至工作 3 的左侧节点 3,当光标变为十字时,按住鼠标左键往下或上拖曳,再往左拖曳出紧前的工作箭线,然后完成工程名称信息的填写即可完成。

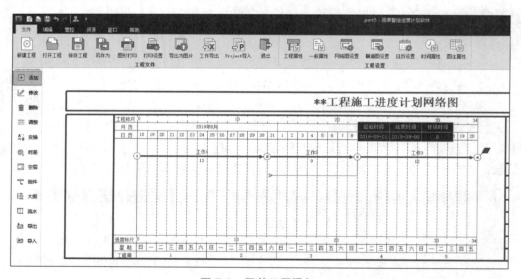

图 7-3 紧前工程添加

3)添加并行工作

在图 7-3 中,添加的工作 4 是与工作 1、2 并行的工作,根据网络图绘制的原则要求,定义工作 4 的开始节点为节点 1,结束节点为节点 3。在添加状态,鼠标移动至节点 1,按住鼠标左键往下再往右拖曳至节点 3,完成工作添加,工作持续时间定位为 10 天,如图 7-4 所示。

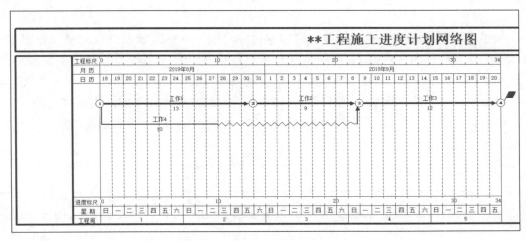

图 7-4 并行工作

3. 网络图调整

1）工作属性修改

每一个工作箭线代表一道工作，在"修改"状态双击工作箭线可以修改该工作的工作名称、开始结束时间。切换至风格界面，可以对该工作的箭线线宽颜色等进行修改，也可以修改工作名称字体、大小等。

可以在顶部菜单栏的"一般属性"栏中批量调整工作名称字体大小、箭线线宽颜色等属性。

2）时差

在图 7-4 中，可以看到工作 4 的持续时间为 10 天，可利用时间共有 22 天，在图形中，前半段 10 天为直线表示占用资源的实际工作时间，后半段 12 天为波浪线表示不占用资源的可利用时间。

单击"时差"按钮切换至时差状态，双击"工作 4"弹出工作时差调整界面，对可利用时差进行调整。通过光标移动至最后，将可利用时间 12 天调整至前 12 天，最终完成如图 7-5 所示时差调整图。

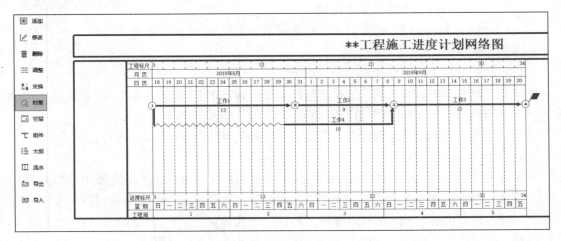

图 7-5 时差调整图

3）调整

如果需要对工作关系进行调整，可以通过软件的"调整"状态进行调整。如图 7-15 所示，工作 4 的开始节点为 1，结束节点为 3，同时工作 4 与工作 2 为工作 3 的紧前工作。现已知工作 4 并非工作 3 的紧前工作，要求通过调整将工作 4 的结束节点 3 调整为节点 4。

单击"调整"按钮切换至调整状态，将鼠标光标移动至工作 4 的箭线末端，光标变成向右箭头标志，按住鼠标左键拖曳至节点 4 变为十字光标，松开鼠标完成调整，如图 7-6 所示。

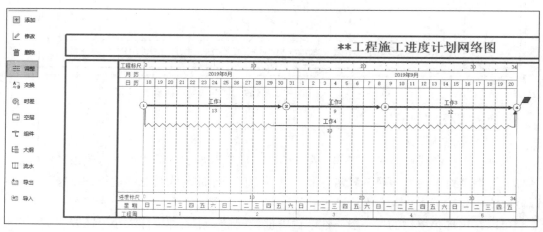

图 7-6　工作调整

4）空层

空层状态用于调整整体网络图的上下位置。如图 7-6 所示，整个网络图是偏上的，切换至"空层"状态，在网络图上方空白处，双击可以增加上方空白间距。通过此方法，可以将图形移动至图中央，如果空白过大，也可以通过按住 Shift 键，再双击来缩小空白。

7.1.4　网络图编辑

在顶部菜单栏的左上角，单击"编辑"按钮切换至编辑状态。

注释：用于网络图中插入文字注释。

网图分区：插入横向分割条，对网络图进行分区显示，常见于多栋楼、多楼层流水施工。

微课：网络图
编辑与优化

楼层复制：用于绘制多楼层形象进度图。

垂直分割线：对重要日期（如检查时间、里程碑日期），可插入垂直分割线进行说明。

网络图调整：用于网络图的比例调整、外部图片插入等功能。

网络图检查：对网络图进行逻辑性检查，检查是否符合绘制规范要求。

1. 注释

单击"注释"按钮，切换至注释状态，在网络图中需要添加注释的部位（如工程开始）按住左键拖选出一个框，弹出如图 7-7 所示工作注释界面，在此界面可以定义注释边框、字体与注释内容，输入完成后单击"确定"按钮即可完成注释的添加。针对已经添加的注释，如果需要进行修改，在"注释"状态栏双击该注释，即可对其进行再编辑。

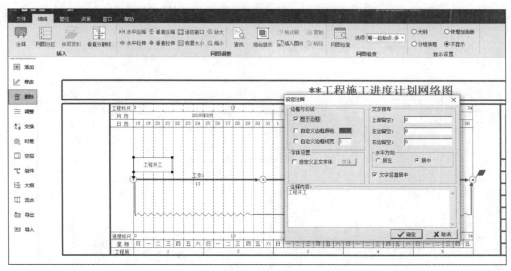

图 7-7　工作注释

2. 垂直分割线

单击"垂直分割线"按钮，界面弹出如图 7-8 所示的垂直分割线设置窗口，单击"增行"按钮即可添加垂直分割线。

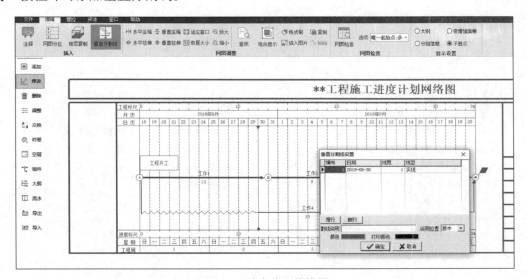

图 7-8　垂直分割线设置

3. 网络图尺寸调整

在顶部菜单栏的一般属性设置中，可以设置工作的字体大小等，对于网络图整体的尺寸比例，可以通过"网图调整"里面压缩、拉伸、自动适应窗口等按钮来完成。

4. 一般属性设置

在顶部菜单栏中单击一般属性设置，如图 7-9 所示，可在一般属性设置栏中设置整个图形的字体、颜色、线宽等各种参数和属性。在显示颜色设置栏，可将一般工作的线框"2"修改为"4"，颜色修改为同关键工作的红色。

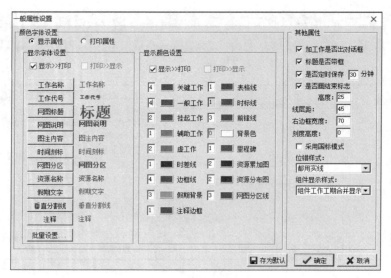

图 7-9　一般属性设置

　　然后在顶部菜单栏中单击横道图设置,可以设置横道图的相关属性和参数,如图 7-10 所示。在横道分页显示中,可以设置是否分页、每页显示行数等。在横道设置中,可以将一般工作图案修改成与关键工作图案一致,将所有工作修改为一样的表现外观。

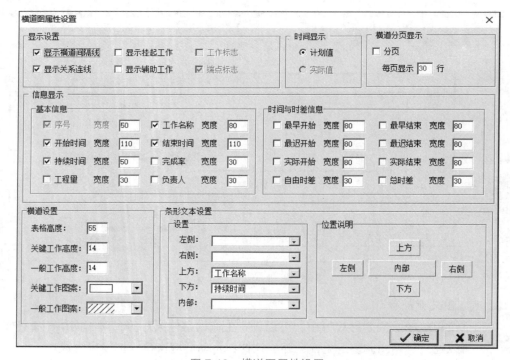

图 7-10　横道图属性设置

5. 时间属性设置

　　单击顶部菜单栏中的"时间属性"按钮,界面弹出如图 7-11 所示的时间属性设置框。默认的历线按"日历线"步长为 1 日设置,在图形中表现为每天一条竖线。在工程工期较久的时候，历线步长可以修改为 5 日或者更长的时间。

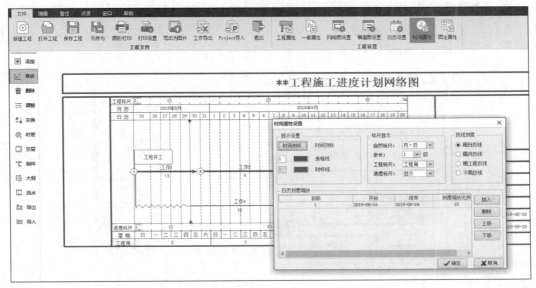

图 7-11　时间属性设置

在图 7-11 的下方，可以对日历刻度缩放进行设置。在网络图绘制过程中，假如某一段时间仅存在少量时间跨度比较大的工作，可以对该时间段进行缩放，缩放比例按百分制考虑。

6. 日历设置

单击顶部菜单栏中的"日历设置"按钮，界面弹出如图 7-12 所示的日历设置框。可以在该界面设置假期、冬期施工等。在左侧日历内双击某日期，右侧会弹出假期，可以设置假期的开始时间、结束时间与假期的名称等。

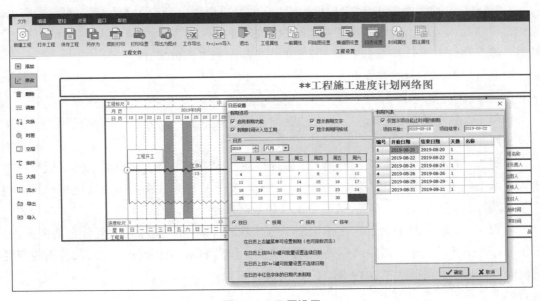

图 7-12　日历设置

7. 图注属性编辑

单击顶部菜单栏中的图注属性按钮，如图 7-13 所示图注属性框对横道图进行图注说明。在该界面可以调整图注的内容、位置、大小等属性，表格内相关信息软件内置宏文件自动生成；图注内文字的大小可以通过一般属性设置栏内进行设置。

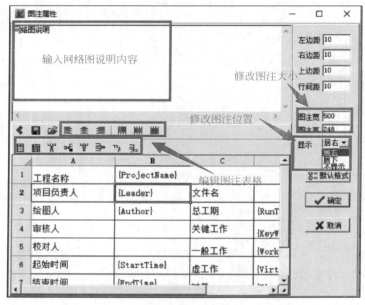

图 7-13　图注属性

7.1.5　资源绘制

项目资源，狭义上说就是指传统意义上的人力、材料、机具，即工程上所说的工料机资源；广义上说则泛指工作中的任何需求。它们是可以被分布、累加与统计的各种信息。为此，可将除人、机、材等基本资源曲线以外的各种曲线统称为资源曲线，如管理费、总费用、总人数、人工日、工作交接、开始工作数与结束工作数统计等。

绘制资源有以下两种方式。

1）按时间分配资源

步骤 1：在"资源"菜单栏下单击"资源显示设置"按钮，弹出图 7-14 所示的资源图表设置栏。

步骤 2：单击"添加资源"按钮，以添加资源"木工"为例，在资源名称对应空格中输入"木工"；分布图类型对应空格选中"画线（按天）"；累加图类型对应空格选择"画线"；单位对应空格选择"人"；最后单击"确定"按钮完成。

步骤 3：完成资源添加后，在横道图下方出现木工资源，鼠标移动至分布曲线图内，按住鼠标左键往右拖选一段距离后松开鼠标左键，弹出如图 7-15 所示指定时间范围内资源用量窗，设定起始时间为"2019-08-16"，结束时间为"2019-08-23"，每天需求量为"5"，最后单击"确定"按钮完成。

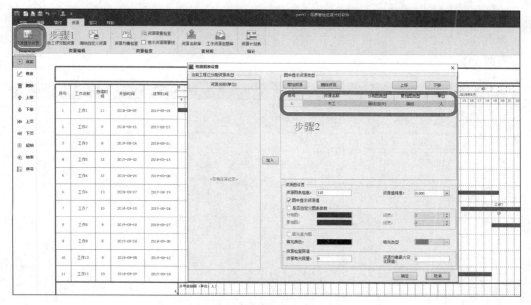

图 7-14　资源图表设置

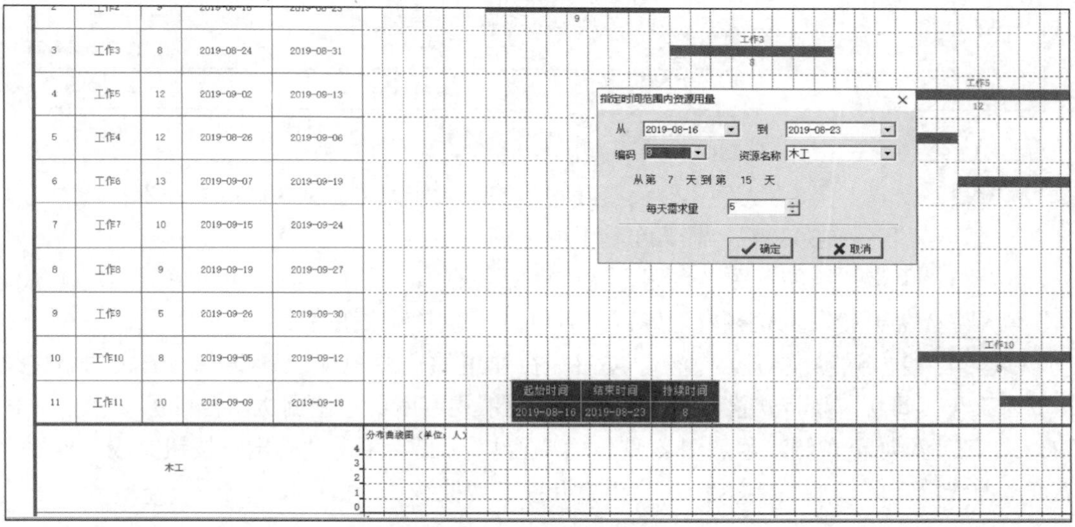

图 7-15　指定时间范围内资源用量

　　最终完成如图 7-16 所示木工资源曲线分布图,每天木工需求资源为 5 人,共 8 天,最终合计需 40 个木工资源。

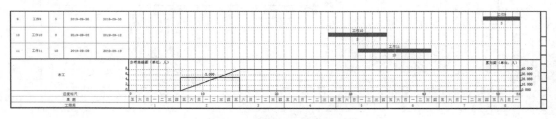

图 7-16　木工资源曲线分布图

2）按工作分配资源

步骤 1：在"资源"菜单下单击"按工作分配资源"按钮，界面弹出如图 7-17 所示的工作资源编辑栏。

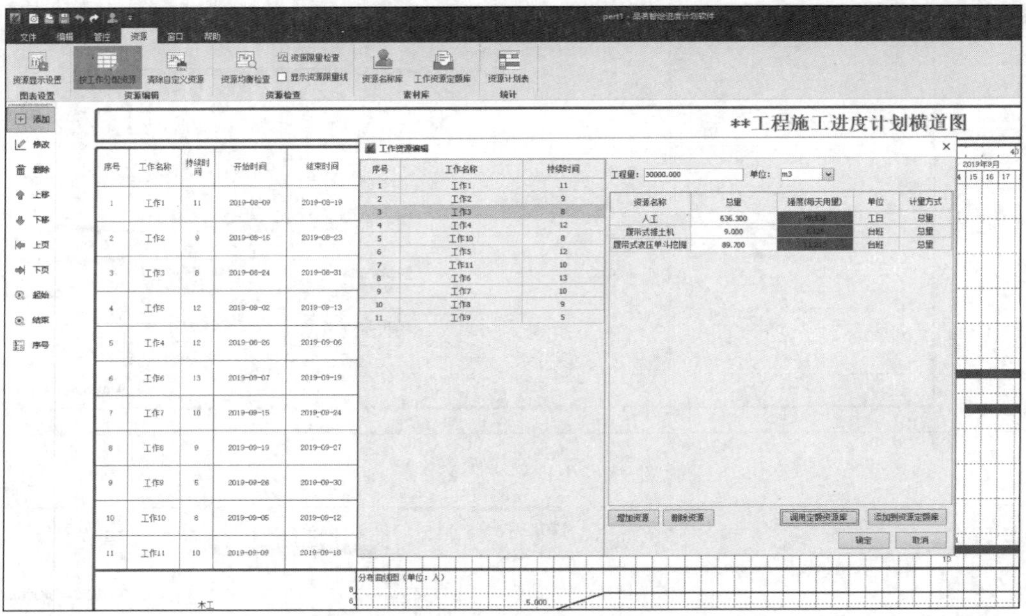

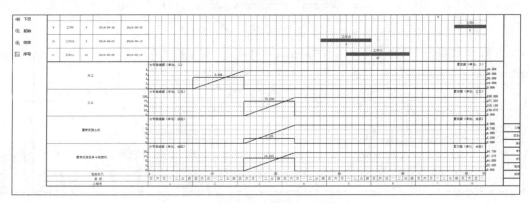

图 7-17　工作资源编辑

步骤 2：以"工作 3"为例，假设实际它为挖图工作，土方共 30000 立方米；选中"工作 3"，输入工程量"30000"，输入单位"立方米"。

步骤 3：单击"添加资源"按钮，输入资源名称如"挖机"等，也可以调用定额资源库，调用"土方开挖"的定额资源库；最后单击"确定"按钮完成。

步骤 4：单击"资源显示设置"按钮，在弹出的资源图标设置框中，依次选中左侧的"人工（工日）""履带式推土机（台班）""履带式液压单斗挖掘机（台班）"，然后单击"加入"按钮添加至右侧，累加图类型选择"画线"；最后单击"确定"按钮完成，界面生成资源曲线分布图，如图 7-18 所示为土方开挖资源曲线图。

图 7-18　土方开挖资源曲线图

7.1.6　网络图输出与打印

完成网络图绘制后，通过顶部菜单栏中的"图形打印"按钮可以进行打印，可以在打印界面调整图纸尺寸比例，也可以对图形整体进行微调。

微课：网络图
输出与打印

通过顶部菜单栏中的"导出为图片"按钮可以将图形导出为 BMP、WMF、JPG 格式的图片文件。

通过顶部菜单栏中的"工作导出"按钮可以将图形中的各项工作导出为 Excel 格式文件。

通过顶部菜单栏中的 Project 导入按钮可以将 Project 进度计划文件导入软件，即可自动生成横道图和网络计划图。

7.2　品茗智绘进度计划软件横道图编制案例

本节主要介绍通过品茗智慧进度计划软件完成横道图的绘制。横道图的绘制比网络图更加简单、便捷，通过软件完成网络图的绘制后，可以直接转换成横道图进行显示。

7.2.1　横道图编辑条介绍

单击底部状态栏第四项横道图按钮，切换至横道图主界面。左侧工具栏变更为横道编辑条。词条中的每个按钮都代表一种具体的操作。

添加：在添加状态可以在光标指示下完成各种添加任务。

修改：在修改状态，可以修改一个工作的工作天数等。在其他状态，也可以直接双击工作线条进行修改。

删除：在删除状态，可以删除一个或多个工作。在其他状态，也可以选中后按 Delete 键直接删除。

资源：此命令用于将编辑的状态设置为自定义资源编辑状态。

上移：移动横道图单个横道工作的上、下位置。

下移：移动横道图单个横道工作的上、下位置。

上页：当横道图工作数目较多，需多页显示时，用于切换页面。

下页：当横道图工作数目较多，需多页显示时，用于切换页面。

起始：将图中所有的工作按照工作开始时间排序。

结束：将图中所有的工作按照工作结束时间排序。

序号：将图中所有的工作按序号排序。工作序号来源于添加工作的先后顺序，也可以通过修改状态修改工作序号。

7.2.2　横道图的基本绘制方式

1. 工作添加

在添加状态，鼠标指针移动至中间绘制区，按住鼠标左键往右拖选出一个横道框，在此状态会显示简易的工作开始时间、结束时间与持续时间。拖选完成后松开左键，弹出工作属性框如图 7-19 所示，在此界面完成工作名称、持续时间、开始时间、结束时间等属性的定义，同时在信息、风格栏等对工作信息、表现形式等进行自定义。需要注意的是，添加的第一道工作的开始时间默认为工程的开始时间，后续的工作可以自由定义它的开始时间。

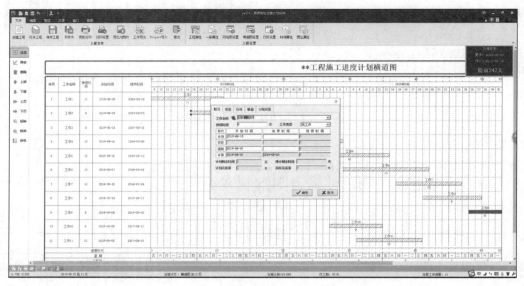

图 7-19　工作属性框

2. 工作编辑

在工作完成添加后，如果需要对工作信息进行修改，可以直接双击工作线条，将弹出工作属性框，在该界面对工作名称、时间信息等进行修改。如果需要删除某一段工作，可以选中该工作通过 Delete 键进行删除，或者在删除状态直接双击该工作进行删除。

整个横道图中，各项工作是默认按照添加工作的先后顺序进行排序的，单机选中一道工作后，可以通过"上移""下移"调整该工作的排序。同时也可以分别切换"起始""结束""序号"状态，将工作分别按开始时间、结束时间、序号进行排序。

7.2.3　横道图输出与打印

完成横道图绘制后，通过顶部菜单栏中的"图形打印"按钮可以进行打印，在打印界面可以调整图纸尺寸比例，也可以对图形整体进行微调。

通过顶部菜单栏中的"导出为图片"按钮可以将图形导出为 BMP、WMF、JPG 格式的图片文件。

通过顶部菜单栏中的"工作导出"按钮可以将图形中的各项工作导出为 Excel 格式文件。

通过顶部菜单栏中的 Project 导入按钮可以将 Project 进度计划文件导入软件自动生成横道图和网络计划图。

单元 4　BIM 施工场地布置

思政元素

1. 施工场地布置时，遵循安全文明、绿色环保的新发展理念。
2. BIM 三维场布，不断优化和调整，精益求精。

育人目标

通过对 BIM 施工场地布置的学习，融入新发展理念和谦虚谨慎的工作态度；培养学生精雕细琢、精益求精的工作理念及严谨细致、专注负责的职业精神。

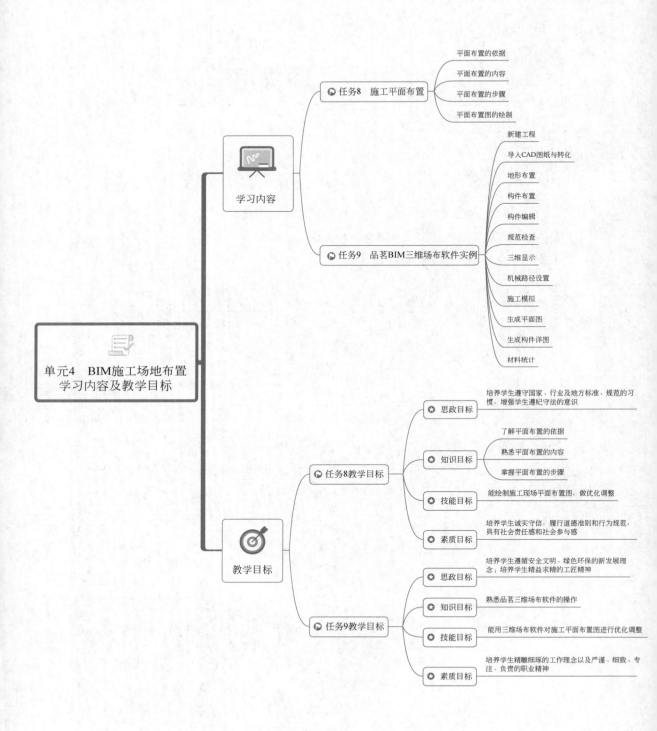

单元4 BIM施工场地布置
学习内容及教学目标

学习内容

任务8 施工平面布置
- 平面布置的依据
- 平面布置的内容
- 平面布置的步骤
- 平面布置图的绘制

任务9 品茗BIM三维场布软件实例
- 新建工程
- 导入CAD图纸与转化
- 地形布置
- 构件布置
- 构件编辑
- 规范检查
- 三维显示
- 机械路径设置
- 施工模拟
- 生成平面图
- 生成构件详图
- 材料统计

教学目标

任务8教学目标
- 思政目标：培养学生遵守国家、行业及地方标准、规范的习惯，增强学生遵纪守法的意识
- 知识目标
  - 了解平面布置的依据
  - 熟悉平面布置的内容
  - 掌握平面布置的步骤
- 技能目标：能绘制施工现场平面布置图，做优化调整
- 素质目标：培养学生诚实守信，履行道德准则和行为规范，具有社会责任感和社会参与感

任务9教学目标
- 思政目标：培养学生遵循安全文明、绿色环保的新发展理念；培养学生精益求精的工匠精神
- 知识目标：熟悉品茗三维场布软件的操作
- 技能目标：能用三维场布软件对施工平面布置图进行优化调整
- 素质目标：培养学生精雕细琢的工作理念以及严谨、细致、专注、负责的职业精神

任务 8　施工平面布置

8.1　施工总平面布置

施工总平面布置是按照施工方案和施工总进度计划的要求，将施工现场的交通道路、材料仓库、附属企业、临时房屋、临时水电管线等进行合理的规划布置，从而正确处理全工地施工期间所需各项临时设施、永久建筑以及拟建项目之间的空间关系。施工总平面图是施工总平面布置的具体体现。

8.1.1　施工总平面图设计的原则

为了保证施工总平面图的可行性与合理性，设计时应遵循以下原则。

（1）充分利用现有场地，使整体布局紧凑、合理。

（2）合理组织运输，保证运输方便、道路畅通，减少运输费用。

（3）合理划分施工区域和存放场地，减少各工程之间和各专业工种之间的相互干扰。

（4）充分利用各种永久性建筑物和已有设施为施工服务，降低临时设施的费用。

（5）生产区与生活区适当分开，各种生产生活设施应便于使用。

（6）应满足劳动保护、安全防火及文明施工等要求。

8.1.2　施工总平面图设计的依据

设计施工总平面图时，应以现场条件及以下资料为依据。

（1）整个建设项目的施工总平面图或建设项目总平面图中已有的各种设施位置。

（2）工程所在地的自然条件和技术经济条件。

（3）施工部署、施工方案、总进度计划及各种资源需要量计划。

（4）各种现场加工、仓库及其他临时设施的数量及面积尺寸。

（5）有关的材料堆放、现场加工、仓库、办公、宿舍等面积定额。

（6）现场管理及安全用电等方面的有关文件和规范、规程等。

8.1.3　施工总平面图设计的内容

施工总平面图设计应包括以下内容。

（1）建筑总平面图上一切地上、地下的已有和拟建建筑物、构筑物及其他设施的位置及尺寸。

（2）一切为整个工地施工服务的临时设施的布置位置，包括以下几个方面。

① 施工用地范围、施工用道路。

② 加工厂及有关施工机械的位置。

③ 各种材料仓库、堆场及取土、弃土的位置。

④ 办公、宿舍、文化福利设施等建筑物的位置。

⑤ 水源、电源、变压器、临时给水排水管线、通信设施、供电线路及动力设施的位置。

⑥ 机械站、车库位置。

⑦ 安全、消防设施位置。

（3）永久性测量放线标桩的位置。

（4）必要的图例、方向标志、比例尺等。

随着结构工程的完成和装饰工程的进展，现场的面貌将不断改变。因此，应及时对施工总平面图进行修正，以适应施工的要求。

8.1.4 施工总平面图设计的步骤

1）场外交通的引入

关于场外交通的引入，需要注意以下几个方面。

（1）当大量物资由铁路进入工地时，应首先解决铁路由何处引入及如何布置的问题。厂区内没有永久性铁路专用线时，通常可提前修建，以为工程施工服务。但由于铁路的引入将严重影响场内施工的运输和安全，因此，铁路的引入应靠近工地一侧或两侧；仅当大型工地分为若干个独立的工区进行施工时，铁路才可引入工地中央，此时，铁路应位于每个工区的侧边。

（2）当大量物资由水路运进现场时，应充分利用原有码头的吞吐能力。当需增设码头时，卸货码头不应少于两个，且宽度应大于 2.5m，一般用石头或钢筋混凝土结构建造。

（3）当大量物资由公路运进现场时，由于公路布置较灵活，一般应先将仓库、加工厂等生产性临时设施布置在最经济合理的地方，然后布置通向场外的公路线。

2）仓库与材料堆场的布置

仓库和堆场的布置应考虑以下因素。

（1）尽量利用永久性仓库，节约用水。

（2）仓库和堆场位置尽量接近使用地，减少二次搬运。

（3）当有铁路时，尽量布置在铁路线旁边，并且留够装卸前线。注意应把铁路设置在工地一侧，避免内部运输跨越铁路。

（4）应根据材料用途设置仓库和材料堆场的位置。

① 砂、石、水泥等在搅拌站附近。

② 钢筋、木材、金属结构等在加工厂附近。

③ 油库、氧气库等布置在僻静、安全处。

④ 设备尤其是笨重设备应尽量在车间附近。

⑤ 砖、瓦和预制构件等直接使用材料应布置在施工现场、吊车半径范围之内。

3）加工厂布置

加工厂一般包括混凝土搅拌站、构件预制厂、钢筋加工厂、木材加工厂、金属结构加工厂等。布置这些加工厂时，主要考虑来料加工和成品、半成品运往需要地点的总运输费用最少，且加工厂的生产和工程项目施工互不干扰。

（1）搅拌站布置。根据工程具体情况可采用集中、分散或集中与分散相结合三种方式布置。当现浇混凝土量大时，宜在工地设置混凝土搅拌站；当运输条件好时，采用集中搅拌最有利；当运输条件较差时，则宜采用分散搅拌。

（2）预制构件加工厂布置。一般建在空闲地带，既能安全生产，又不影响现场施工。

（3）钢筋加工厂布置。根据不同情况，采用集中或分散布置。冷加工、对焊、点焊的钢筋网等宜集中布置，设置中心加工厂，其位置应靠近构件加工厂；对于小型加工件，利用简单机具即可加工的钢筋，可在靠近使用的分散设置加工棚。

（4）木材加工厂布置。根据木材加工的性质、加工的数量，采用集中或分散布置。一般原木加工批量生产等加工量大的应集中布置在铁路、公路附近，简单的小型加工件可分散布置在施工现场（设几个临时加工棚）。

（5）金属结构、焊接、机修等车间的布置。应尽量集中布置在一起，因为它们之间在生产上联系密切。

4）布置场内运输道路

在布置场内运输道路时，应根据加工厂、仓库及各施工对象的相对位置，研究货物转运图，区分主要道路和次要道路，进行道路的规划。规划场区道路时，应考虑以下几点。

（1）尽量利用永久性道路和已有临时道路，合理规划临时道路与地下管网的施工程序。当已有的临时道路不能满足建筑施工要求时，首先应考虑能否提前修筑拟建的永久性道路，或先修筑路基和简易路面，为施工所用，以达到节约费用的目的。若地下管网图样尚未出全，必须采取先修筑道路、后施工管网的顺序时，临时道路就不能完全布置在永久性道路的位置，以免开挖管沟时破坏路面。

（2）临时道路要将加工厂、仓库、堆场和施工点连接贯穿起来，并尽量减少其长度。

（3）保证运输道路畅通。道路应有两个以上进出口，末端应设置 12m×12m 的回车场地，尽量避免临时道路与铁路或塔轨交叉（若必须交叉，宜为正交）。场内道路干线应采用环形布置，主要道路宜采用双车道，路面宽度不小于 6m；次要道路宜采用单车道，宽度不小于 3.5m。转弯处要满足所进车辆对转弯半径的要求。

（4）选择合理的路面结构。对于永久性道路，应按设计要求施工；厂区内外的临时干线和施工机械行驶路线宜采用碎石级配路面，以利于修补；场内支线可为土路、砂石路或炉渣路。

5）行政与生活临时设施布置

应尽量利用建设单位的生活基地或其他永久性建筑布置行政与生活临时设施，如有不足部分，另行建造。

一般来说，整个场地行政管理用房宜设在全工地入口处，以便对外联系；也可设在工地中间，便于全工地管理；工人用的福利设施应设置在工人较集中的地方，或工人必经之处；生活基地应设在场外，距工地 50~100m 为宜；食堂可布置在工地内部或工地与生活区之间。

6）临时水电管网及其他动力设施的布置

水电从外面接入工地时，应先沿主要干道布置干管、主线，然后与各用户接通；临时总变电站应设置在高压电引入处，不应放在工地中心；临时水池应放在地势较高处；设置在工地中心或工地中心附近的临时发电设备，应沿干道布置主线；施工现场的供水管网有环状、枝状和混合式三种形式。

根据工程防火要求，应设立消防站。一般设置在易燃物（木材、仓库等）附近，并须有通畅的出口和消防车道，其宽度不宜小于 6m；沿道路布置消火栓时，其间距不得大于100m，消火栓到路边的距离不得大于 2m。

对于施工现场电力网，3~10kV 的高压线采用环状，380/220V 低压线采用枝状布置。电力网通常采用架空布置，距路面或建筑物不小于 6m。

应该指出，上述设计步骤不是截然分开、各自孤立进行的，而是互相联系、互相制约的，需要综合考虑、反复修正才能确定下来。

7）施工总平面图的科学管理

施工总平面图设计完成之后，就应认真贯彻其设计意图，发挥其应有作用，因此，现场对总平面图的科学管理是非常重要的，否则就难以保证施工的顺利进行。

（1）建立统一的施工总平面图管理制度。划分总平面图的使用管理范围，做到责任到人，严格控制材料、构件、机具等物资占用的位置、时间和面积，不准乱堆乱放。

（2）对水源、电源、交通等公共项目实行统一管理。不得随意挖路断道，不得擅自拆迁建筑物和水电线路，当工程需要断水、断电、断路时，应提出申请，经批准后方可着手进行。

（3）对施工总平面布置实行动态管理。在布置中，由于特殊情况或事先未预测到的情况需要变更原方案时，应根据现场实际情况统一协调，修正其不合理的地方。

（4）做好现场清理和维护工作，经常检修各种临时性设备，明确负责人和工作人员。

8.2 施工平面图的设计

单位工程施工平面图是根据施工需要的有关内容，对拟建工程的施工现场，按一定的规则而做出的平面和空间的规划。它是单位工程施工组织设计的重要组成部分。

8.2.1 单位工程平面图设计的意义和内容

组织拟建工程的施工，施工现场必须具备一定的施工条件，除了做好必要的"七通一平"工作外，还应布置施工机械、临时堆场、仓库、办公室等生产性和非生产临时设施，这些设施均应按照一定的原则，结合拟建工程的施工特点和施工现场的具体条件，制定出一个合理、适用、经济的平面布置和空间规划方案，并将这些内容表现在图纸上，这就是单位工程施工平面图。

施工平面图设计是单位工程开工前准备工作的重要内容之一。它是安排和布置施工现场的基本依据，也是实现有组织、有计划和顺利地进行施工的重要条件，也是施工现场文明施工的重要保证。因此，合理、科学地规划单位工程施工平面图，并严格贯彻执行，加强督促和管理，不仅可以顺利地完成施工任务，还能提高施工效率和效益。

应当指出，建筑工程施工由于工程性质、规模、现场条件和环境的不同，所选的施工方案、施工机械的品种、数量也不同。因此，施工现场要规划和布置的内容也有多有少。同时，工程施工又是一个复杂多变的过程，它随着工程施工的不断展开，需要规划和布置的内容也逐渐增多；随着工程的逐渐收尾，材料、构件等逐渐消耗，施工机械、施工设施逐渐退场和拆除。因此，在整个工程的不同施工阶段，施工现场布置的内容也各有侧重且不断变化。所以，对于工程规模较大、结构复杂、工期较长的单位工程，应当按不同的施工阶段设计施工平面图，但要统筹兼顾。近期的应照顾远期的；土建施工应照顾备安装的；局部的应服从整体的。为此，在整个工程施工中，各协作单位应以土建施工单位为主，共同协商，合理布置施工平面，做到各得其所。

规模不大的砌体结构和框架结构工程，由于工期不长，施工也不复杂。因此，这些工程往往只反映其主要施工阶段的现场平面规划布置，一般是考虑主体结构施工阶段的施工平面布置，当然也要兼顾其他施工阶段的需要。如砌体结构工程的施工，其主体结构施工阶段要反映在施工平面图上的内容最多，但随着主体结构施工的结束，现场砌块、构件等的堆场将空出来，某些大型施工机械将拆除退场，施工现场也就变得宽松，但应注意是否增加砂浆搅拌机的数量和相应堆场的面积。

单位工程施工平面图一般包括以下内容。

（1）单位工程施工区域范围内，将已建的和拟建的地上的、地下的建筑物及构筑物的平面尺寸、位置标注出来，并标注出河流、湖泊等位置和尺寸以及指北针、风向玫瑰图等。

（2）拟建工程所需的起重机械、垂直运输设备、搅拌机械及其他机械的布置位置，机械开行的线路及方向等。

（3）施工道路的布置、现场出入口位置等。

（4）各种预制构件堆放及预制场地所需面积、布置位置；大宗材料堆场的面积、位置；仓库的面积和位置；装配式结构构件的就位位置。

（5）生产性及非生产性临时设施的名称、面积、位置。

（6）临时供电、供水、供热等管线布置；水源、电源、变压器位置；现场排水沟渠及排水方向。

（7）土方工程的弃土及取土地点等有关说明。

（8）劳动保护、安全、防火及防洪设施布置以及其他需要布置的内容。

8.2.2　单位工程施工平面图设计依据和原则

在设计施工平面图之前，必须熟悉施工现场与周围的地理环境；调查研究、收集有关技术经济资料；对拟建工程的工程概况、施工方案、施工进度及有关要求进行分析研究。只有这样，才能使施工平面图设计的内容与施工现场及工程施工的实际情况相符。

1. 单位工程施工平面图设计的主要依据

（1）自然条件调查资料：如气象、地形、水文及工程地质资料等。主要用于布置地面水和地下水的排水沟；确定易燃、易爆、沥青灶、化粪池等有碍人体健康的设施位置；安排冬雨期施工期间所需设施的地点。

（2）技术经济条件调查资料：如交通运输、水源、电源、物资资源、生产和生活基地状况等资料。主要用于布置水、电、暖、煤、卫等管线的位置及走向；交通道路施工现场出入口的走向及位置；确定临时设施搭设数量。

（3）拟建工程施工图纸及有关资料。建筑总平面图上应标明一切地上、地下的已建工程及拟建工程的位置，这是正确确定临时设施位置，修建临时道路、解决排水等问题所必需的资料，以便考虑是否可以利用已有的房屋为施工服务，或者是否拆除。

（4）一切已有和拟建的地上、地下的管道位置。设计平面布置图时，应考虑是否可以利用这些管道，或者已有的建筑物等设施布置在拟建的管道上面。

（5）建筑区域的竖向设计资料和土方平衡图。这对于布置水、电管线、安排土方的挖填及确定取土、弃土地点很重要。

（6）施工方案与进度计划。根据施工方案确定的起重机械、搅拌机械等各种机具的数量，考虑安排它们的位置；根据现场预制构件安排要求，做出预制场地规划；根据进度计划，了解分阶段布置施工现场的要求，并考虑如何整体布置施工平面。

（7）根据各种主要原材料、半成品、预制构件加工生产计划、需要量计划及施工进度要求等资料，设计材料堆场、仓库等面积和位置。

（8）建设单位能提供的已建房屋及其他生活设施的面积等有关情况，以便决定施工现场临时设施的搭设数量。

（9）现场必须搭建的有关生产作业场所的规模要求，以便确定其面积和位置。

（10）其他需要掌握的有关资料和特殊要求。

2. 单位工程施工平面图设计原则

（1）在确保施工安全以及使现场施工能比较顺利进行的条件下，要布置紧凑，少占或不占农田，尽可能减少施工占地面积。

（2）最大限度缩短场内运距，尽可能减少二次搬运。各种材料、构件等要根据施工进度并保证能连续施工的前提下，有计划地组织分期分批进场，充分利用场地；合理安排生产流程，材料、构件要尽可能布置在使用地点附近，要通过垂直运输者，尽可能布置在垂直运输机具附近，力求减少运距，以节约用工和减少材料的损耗。

（3）在保证工程施工顺利进行的条件下，尽量减少临时设施的搭设。为了降低临时设施的费用，应尽量利用已有或拟建的各种设施为施工服务；对必须修建的临时设施，尽可能采用装拆方便的设施；布置时，不要影响正式工程的施工，避免二次或多次拆建；各种临时设施的布置，应便于生产和生活。

（4）各项布置内容，应符合劳动保护、技术安全、防火和防洪的要求。为此，机械设备的钢丝绳、缆风绳以及电缆、电线与管道等不要妨碍交通，保证道路畅通；各种易燃库、棚（如木工、油毡、油料等）及沥青灶、化灰池应布置在下风向，并远离生活区；炸药、雷管要严格控制，并由专人保管；根据工程具体情况，考虑各种劳保、安全、消防设施；在山区雨期施工时，应考虑防洪、排涝等措施，做到有备无患。

根据上述原则及施工现场的实际情况，尽可能进行多方案施工平面图设计。并从满足施工要求的程度；施工占地面积及利用率；各种临时设施的数量、面积、所需费用；场内各种主要材料、半成品（混凝土、砂浆等）、构件的运距和运量大小；各种水、电管线选择的敷设及力度；施工道路长度、宽度；安全及劳动保护是否符合要求等进行分析比较，选择出合理、安全、经济、可行的布置方案。

8.2.3 单位工程施工平面设计步骤

1. 确定起重机械的位置

起重机械的位置直接影响仓库、堆场、砂浆和混凝土搅拌站的位置，以及道路和水、电线路的布置等，因此应予以首先考虑。

布置固定式垂直运输设备，例如井架、龙门架、施工电梯等，主要根据机械性能、建筑物的平面和大小、施工阶段的划分、材料进场方向和道路情况而定。其目的是充分发挥起重机械的能力，并使地面和楼面上的水平运距最小，一般来说，当建筑物各部位的高度相同时，布置在施工路段的分界线附近；当建筑物各部位的高度不同时，布置在高低分界线处。这样布置的优点是楼面上各施工段水平运输互不干扰。若有可能，井架、龙门架、施工电梯的位置，以布置在建筑的门窗洞口处为宜，以避免砌墙留槎和减少井架拆除后的修补工作。固定式起重运输设备中卷扬机的位置不应距离起重机过近，以便司机能够看到起重机的整个升降过程。

塔式起重机有行走式和固定式两种，行走式起重机由于其稳定性差已经被逐渐淘汰。塔吊的布置除了应注意安全上的问题，还应该着重解决布置的位置问题。建筑物的平面应尽可能处于吊臂回转半径之内，以便直接将材料和构件运至任何施工地点，尽量避免"死角"。塔式起重机的安装位置，主要取决于建筑物的平面布置、形状、高度和吊装方法等。塔吊离建筑物的距离应该考虑脚手架的宽度、建筑物悬挑部位的宽度、安全距离、回转半径等内容。

2. 确定搅拌站、仓库和材料、构件堆场以及工厂的位置

（1）搅拌站、仓库和材料、构件堆场的位置应尽量靠近使用地点或在起重机起重能力范围内，并考虑到运输和装卸的方便。

① 建筑物基础和第一施工层所用的材料，应该布置在建筑物的四周。材料堆放位置应与基槽边缘保持一定的安全距离，以免造成基槽土壁的塌方事故。

② 第二施工层以上所用的材料，应布置在起重机附近。

③ 砂、砾石等大宗材料应尽量布置在搅拌站附近。

④ 当多种材料同时布置时，对大宗、重大和先期使用的材料，应尽量布置在起重机附近；少量、较轻和后期使用的材料，则可布置得稍远一些。

⑤ 根据不同的施工阶段使用不同材料的特点，可在同一位置上先后布置不同的材料。

（2）根据起重机械的类型，搅拌站、仓库和堆场位置又有以下几种布置方式。

① 当采用固定式垂直运输设备时，须经起重机运送的材料和构件堆场位置，以及仓库和搅拌站的位置应尽量靠近起重机布置，以缩短运距或减少二次搬运。

② 当采用塔式起重机进行垂直运输时，材料和构件堆场的位置，以及仓库和搅拌站出料口的位置，应布置在塔式起重机的有效起重半径内。

③ 当采用无轨自行式起重机进行水平和垂直运输时，材料、构件堆场、仓库和搅拌站等应沿起重机运行路线布置。且其位置应在起重臂的最大外伸长度范围内。

木工棚和钢筋加工棚的位置可考虑布置在建筑物四周以外的地方，但应有一定的场地堆放木材、钢筋和成品。石灰仓库和淋灰池的位置要接近砂浆搅拌站并在下风向；沥青堆场及熬制锅的位置要离开易燃仓库或堆场，并布置在下风向。

3. 运输道路的布置

运输道路的布置主要解决运输和消防两个问题。现场主要道路应尽可能利用永久性道路的路面或路基，以节约费用。现场道路布置时要保证行驶畅通，使运输工具有回转的可

能性。因此，运输线路最好绕建筑物布置成环形道路。道路宽度大于 3.5m。

4. 临时设施的布置

1）临时设施分类、内容

施工现场的临时设施可分为生产性与非生产性两大类。

生产性临时设施内容包括在现场加工制作的作业棚，如木工棚、钢筋加工棚、薄钢板加工棚；各种材料库、棚，如水泥库、油料库、卷材库、沥青棚、石灰棚；各种机械操作棚，如搅拌机棚、卷扬机棚、电焊机棚；各种生产性用房，如锅炉房、烘炉房、机修房、水泵房、空气压机房等；其他设施，如变压器等。

非生产性临时设施内容包括各种生产管理办公用房、会议室、文娱室、福利性用房、医务室、宿舍、食堂、浴室、开水房、警卫传达室、厕所等。

2）单位工程临时设施布置

布置临时设施，应遵循使用方便、有利施工、尽量合并搭建、符合防火安全的原则；同时结合现场地形和条件、施工道路的规划等因素，分析、考虑它们的布置。各种临时设施均不能布置在拟建工程（或后续开工工程）、拟建地下管沟、取土、弃土等地点。

各种临时设施尽可能采用活动式、装拆式结构成就地取材。施工现场范围应设置临时围墙、围网或围笆。

5. 布置水、电管网

（1）施工用临时给水管，一般由建设单位的干管或施工用干管接到用水地点，有枝状、环状和混合状等布置方式，应根据工程实际情况，从经济和保证供水两个方面去考虑其布置方式。管径的大小、龙头数目可根据工程规模由计算确定。管道可埋置于地下，也可铺设在地面上，视气温情况和使用期限而定。工地内要设消防栓，距离建筑物应不小于 5m，也不应大于 25m，距离路边不大于 2m。条件允许时，可利用城市或建设单位的永久消防设施。有时，为了防止供水的意外中断，可在建筑物附近设置简易蓄水池，储存一定数量的生产和消防用水。如果水压不足，应设置高压水泵。

（2）为了便于排除地面水和地下水，要及时修通永久性下水道，并结合现场地形，在建筑物四周设置排泄地面水和地下水的沟渠。

（3）施工中的临时供电，应在全工地性施工总平面图中一并考虑。只有独立的单位工程施工时，才根据计算出的现场用电量选用变压器，或由建设单位原有变压器供电。变压器的位置应布置在现场边缘高压线接入处，但不宜布置在交通要道出入口处。现场导线宜采用绝缘线架空或电缆布置。

复习思考题

1. 施工场地布置相关的法律法规有哪些？
2. 施工场地布置的基本原则是什么？
3. 试述施工场地布置的设计步骤。
4. 试述施工场地布置的内容。
5. 试述施工场地布置的设计依据。

任务 9   品茗 BIM 三维场布软件实例

本任务主要介绍通过品茗 BIM 三维施工策划软件结合实际项目图纸完成施工三维场地部署，并输出三维场地模型、场景漫游视频等的方法。

9.1   新建工程

打开品茗 BIM 三维施工策划软件会看到欢迎界面，在该界面可以选择打开之前建好的工程，或者新建一个工程，还可以进行 CAD 平台切换和正式版的加密锁验证方式的设置，如果不会使用软件，可以单击学习视频在线学习。

微课：工程创建与软件简介

对于新建工程，在输入完工程名称保存后，就会打开下面的选择工程模板的界面，工程模板用于制定一些构件属性，适用于企业标准，这里选择默认模板。

楼层阶段设置中楼层管理设置的是软件内各层的相关信息，主要是在导入 BIM 模型时使用的，软件内包括基坑、拟建建筑、地形等都是布置在一层的，所以建议不要设置修改。自然地坪标高这个参数用于多数构件的默认标高参数，标高 ±0.000 默认为场地地形的标准高度。阶段设置中的阶段数量根据需要设置，部分构件的开始时间和结束时间可以在后面的进度关联里快速地设置。

本软件操作界面主要分菜单栏、常用命令栏、构件布置区、构件列表、构件属性栏、构件大样图栏、常用编辑工具栏、阶段及楼层控制栏、命令栏、绘图区，如图 9-1 所示。

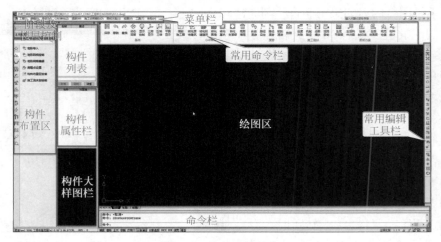

图 9-1   软件建模简介

9.2 导入 CAD 图纸与转化

新建工程后，就可以把施工现场总平面图的 CAD 电子图复制（快捷键 Ctrl + C）和粘贴（快捷键 Ctrl + V）到该软件中。建议在 CAD 中使用右键菜单中的带基点复制命令来复制图纸，然后在软件界面的坐标原点附近粘贴图纸。

微课：图纸导入与办公
生活区场地部署

图纸复制到软件中后，可以使用转化模型命令快速布置，如图 9-2 所示，通过转化模型按钮快速生成相应构件。

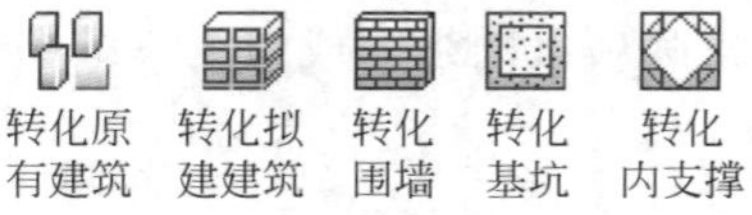

1. 转化原有 / 拟建建筑物

单击"转化原有建筑"按钮，再选择工程周边原有建筑 CAD 图块和封闭线条，可以快速转化成原有建筑；单击"转化拟建建筑"按钮，可以快速把 CAD 图块和封闭线条转化成拟建建筑。

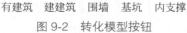

转化原   转化拟   转化   转化   转化
有建筑   建建筑   围墙   基坑   内支撑

图 9-2　转化模型按钮

2. 转化围墙

单击"转化围墙"按钮，可以快速把 CAD 图纸中的线条（选择总平图上的建筑红线）转化成砌体围墙。

（1）如果红线是闭合的，则围墙的内外是根据封闭红线的内外进行区分，封闭红线的外侧是围墙外侧，如果是不封闭的线条，则转化的围墙的内外侧可能是错误的，可以使用"对称翻转"按钮 修正围墙的内外侧。

（2）同时转化的多道围墙的属性是一样的，转化的构件的参数都是按默认参数生成的，转化完成后需要再进行编辑，默认参数可以通过菜单栏—工具—构件参数模板设置进行设置调整。

3. 转化基坑

单击"转化基坑"按钮，可以快速把 CAD 中的封闭线条转化成基坑（建议转化维护中的冠梁中线）。

（1）如果一个看起来封闭的样条曲线转化基坑失败，可以通过 CAD 的特性查看该样条曲线是不是闭合的，如果不闭合，则无法转化。

（2）同时转化的多个基坑的属性是一样的，转化的构件的参数都是按默认参数生成的，转化完成后需要再进行编辑，默认参数可以通过菜单栏—工具—构件参数模板设置进行设置调整。建议坑中坑转化的时候分开来转化，便于后期对底标高的修改。

4. 转化内支撑

单击"转化支撑梁"按钮可以打开支撑梁识别界面，见图 9-3，转化时，设置好支撑梁道数和顶标高，提取支撑梁

图 9-3　"支撑梁识别"对话框

所在的图层，单击"转化"按钮，就可以快速把 CAD 图纸中的梁边线转化成支撑梁，同时自动在支撑梁交点位置生成支撑柱。

转化支撑梁时，一定要选取图层，不然软件默认会把复制或者导入的图形中所有图层都识别一遍。

9.3 地形布置

图纸复制到软件中后，可以选择导入地形，或者绘制地形网格，然后在三维中用地形编辑工具进行地形编辑。当然，也可以在二维中手动设置高程点，见图 9-4。

微课：土方阶
段场地部署

1. 二维地形绘制

导入图纸之后，最简单的地形做法就是把总平图用绘制的地形网格全部覆盖，然后在建筑红线范围内绘制构件布置区。具体的地形可以根据总平图上的各个高程点，使用增加、删除高程点命令来进行调整，如果需要修改高程数值，直接双击绘图区中的高程点数值即可。

2. 地形导入

如果有地形参数的 Excel 文件，可以通过地形导入来快速生成地形，地形参数是不同坐标的不同高程，点位越多，显示得越细致，当然具体的地形细致程度还要根据地形网格设置中的栅格边长来决定。如果使用地形导入，需要注意原文件中参数的单位，软件中默认的都是 M 的，而且使用地形导入最好是在复制导入 CAD 图纸文件之前。

3. 地形设置编辑

如图 9-5 所示，地形设置编辑一般先通过地形设置进行初步的调整，比如要不要地下水，对地形网格的尺寸和显示的精度进行调整，或对显示的材质进行修改。一般除了地下水，不建议修改。修改尺寸和精度时，会清理掉之前设置的高程点等项。

图 9-4 地形编辑

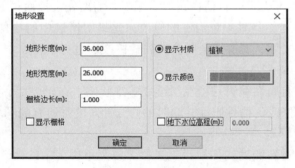

图 9-5 "地形设置"对话框

在三维编辑状态时，可以使用上升、下陷、平整、柔滑按钮在三维中修改现有地形，如图 9-6 所示。

图 9-6 三维地形编辑

如果三维中编辑的地形在二维中修改了高程点，地形网格尺寸精度修改都会被刷新，如果构件布置区移动留下了坑，也会被刷新。

9.4　构件布置

施工场地布置涉及大量的临建设施设备，本节主要讲解布置方式。BIM 三维施工场地布置软件构件布置根据构件不同类别，主要有以下几种。

1. 点选布置

直接单击构件布置栏的构件名称就可以直接在绘图区指定插入点，之后设置角度即可。此布置方式用于板房、加工棚、机械设备等块状类型构件。

2. 线性布置

指定第一个点，根据命令提示行绘制后续的各点，直到完成布置。需要注意的是，如果要把线性构件画成闭环，那么最后闭合的一段要用命令提示行的闭合命令完成。如果构件有内外面，应注意绘制过程中的箭头指向都是外侧，顺、逆时针绘制是不同的。此布置方式用于道路、围墙、排水沟等线性类型构件。

3. 面域布置

指定第一个点，根据命令提示行绘制后续的各点，直到完成布置，注意最后闭合的一段要用命令提示行的闭合命令完成，否则容易出现造型错误。本布置方式用于地面硬化、基坑绘制、拟建建筑绘制等面域封闭类型构件。

9.5　构件编辑

1. 私有属性编辑

私有属性编辑是指在二维或三维状态下双击构件，此时界面会弹出"私有属性编辑"对话框，如需编辑，需要先去掉面板下方的参数随属性命令的勾选。此时，对构件的修改只是针对所选中的构件。构件变成私有属性构件之后，属性不会随公有属性修改而进行调整。

微课：构件编辑与主体阶段场地部署

2. 公有属性编辑

公有属性编辑是指在二维或三维状态下在属性栏、构件大样图、双击大样图的构件编辑界面修改的构件属性，此时的修改针对的是所有的同名构件，见图 9-7。

3. 通过编辑命令编辑

通过右侧的构件编辑工具栏（或菜单栏）中的命令可以对构件使用变斜、标高调整、打断、移动、旋转阵列等编辑操作。或者像土方构件、脚手架等具有其他独立的编辑命令的构件，也可以进行编辑。

4. 材质图片编辑

构件的材质图片的主要编辑方式就是替换材质图片，软件中可以在构件的属性栏双击需要修改的材质属性、私有属性，或者在公有属性界面中双击需要更换材质的部位（这个部位的材质参数在属性栏中可以找到），双击后会打开贴图材质界面，如图 9-8 所示，根据自己的需要选择不同的材质图片，也可以下载材质图片，或者自己用 Photoshop 绘制。

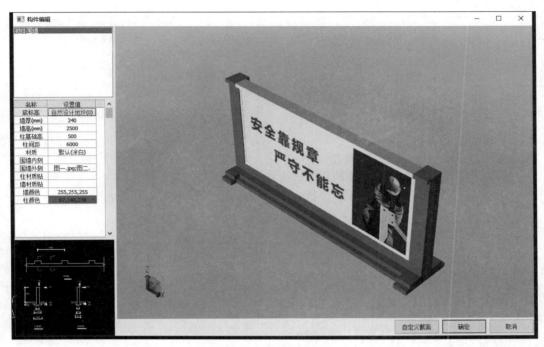

图 9-7　构件属性编辑

如果只需要简单地调整文字内容，对原来的图片进行简单的编辑，则可以在贴图路径处双击需要修改的图片，展开图片编辑界面进行修改，如图 9-9 所示。

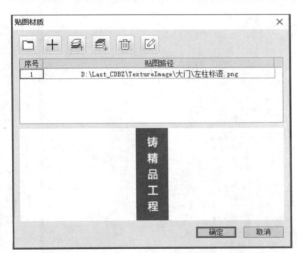

图 9-8　"贴图材质"对话框

图 9-9　"图片编辑"对话框

在图 9-9 中，可以增加其他图片，如果有透明的公司标志的 PNG 图片，可以增加到里面。需要说明的是，这种使用一张图片进行拉伸布置时，怎样在该界面使用图片填充这个图框，最后就怎么保存。例如，要换文字和图片，就把原来的图片删除，增加一个图层，填充背景色。然后单击增加文字，打开图 9-10 所示的文字编辑界面。文字的大小要在上面的界面中拖拉图层修改。

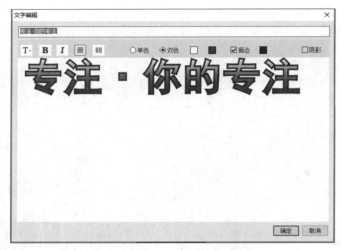

图 9-10　文字编辑

9.6　规范检查

当场地布置完成后，可以单击"规范检查"按钮，如图 9-11 所示，软件会自动根据《建筑施工安全检查标准》（JGJ 59—2011）、《建设工程施工现场消防安全技术规范》（GB 50720—2011）两个规范对现场进行检查，并给出检查意见。

微课：规范检查

阶段	问题描述	判断依据	整改意见	构件
土方阶段				
1	未按规定悬挂安全标志	3.1.4-4	施工现场入口处及主要施工区域、危险部位应设置相应	安全警示牌、安全警示灯
2	未设置大门	3.2.3-2	施工现场进出口应设置大门，并应设置门卫值班室	大门
3	未设置车辆冲洗设施	3.2.3-2	施工现场出入口应标有企业名称或标识，并应设置车辆	洗车池
4	未采取防尘措施	3.2.3-3	施工现场应有防止扬尘措施	防扬尘喷洒设施
5	未采取防止泥浆、污水、废水污染环境措施	3.2.3-3	施工现场应有防止泥浆、污水、废水污染环境的措施	沉淀池
6	未设置吸烟处	3.2.3-3	施工现场应设置专门的吸烟处，严禁随意吸烟	茶水亭/吸烟室
7	未进行绿化布置	3.2.3-3	温暖季节应有绿化布置	花坛、草坪、树、灌木、花
8	施工现场消防通道、消防水源的设置不符合规范要求	3.2.3-6	施工现场应设置消防通道、消防水源，并应符合规范要求	消防栓
9	生活区内未设置供作业人员学习和娱乐场所	3.2.4-1	生活区内应设置供作业人员学习和娱乐的场所	健身器材
10	未设置宣传栏、读报栏、黑板报	3.2.4-2	应有宣传栏、读报栏、黑板报	宣传窗
11	未设置淋浴室	3.2.4-3	应设置淋浴室，且能满足现场人员要求	浴室
12	在建工程的孔、洞未采取防护措施	3.13.3-5	在建工程的预留洞口、楼梯口、电梯井口等孔洞应采取	水平洞口防护
13	未搭设防护棚	3.13.3-6	应搭设防护棚且防护严密、牢固	安全通道
结构阶段				
1	未按规定悬挂安全标志	3.1.4-4	施工现场入口处及主要施工区域、危险部位应设置相应	安全警示牌、安全警示灯
2	未设置大门	3.2.3-2	施工现场进出口应设置大门，并应设置门卫值班室	大门
3	未设置车辆冲洗设施	3.2.3-2	施工现场出入口应标有企业名称或标识，并应设置车辆	洗车池
4	未采取防尘措施	3.2.3-3	施工现场应有防止扬尘措施	防扬尘喷洒设施
5	未采取防止泥浆、污水、废水污染环境措施	3.2.3-3	施工现场应有防止泥浆、污水、废水污染环境的措施	沉淀池
6	未设置吸烟处	3.2.3-3	施工现场应设置专门的吸烟处，严禁随意吸烟	茶水亭/吸烟室
7	未进行绿化布置	3.2.3-3	温暖季节应有绿化布置	花坛、草坪、树、灌木、花
8	施工现场消防通道、消防水源的设置不符合规范要求	3.2.3-6	施工现场应设置消防通道、消防水源，并应符合规范要求	消防栓
9	生活区内未设置供作业人员学习和娱乐场所	3.2.4-1	生活区内应设置供作业人员学习和娱乐的场所	健身器材

图 9-11　规范检查

9.7　三维显示

三维显示集合了软件内除动画外的所有三维功能，如图 9-12 所示，主要有三维观察、三维编辑、自由漫游、路径漫游（包括漫游路径绘制）、航拍漫游、三维全景、三维设置

（包括光源配置设置、相机设置）、构件三维显示控制、视角转换；另外，三维视口具备二维、三维构件实时联动刷新，可双屏同时显示，同时界面右上角包含视频录制和屏幕置顶功能。

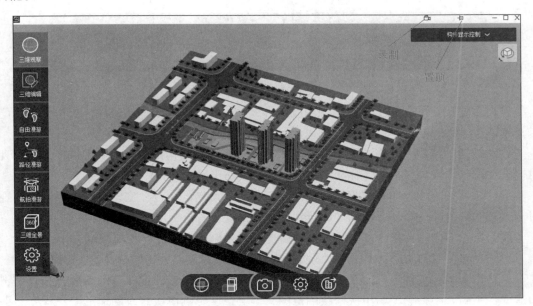

图 9-12　三维显示

1. 三维观察

三维显示后单击"三维观察"按钮，如图 9-13 所示，主要功能为可动态观察所有的构件。另外，该界面内可以进行自由旋转、剖切观察、拍照、相机设置、导出为 SKP 格式文件等操作。

微课：三维
观察与漫游

图 9-13　三维观察

自由旋转：整体三维可以进行顺时针或者逆时针旋转，可以通过鼠标来调整旋转方向以及旋转速度，方便观察三维整体效果。

剖切观察：可以从上、下、左、右、前、后六个面对整个布置区进行自由剖切，从而观察特定剖切面的三维图。

拍照：单击"拍照"按钮，会自动弹窗拍下并保存当前视口照片的 PNG 格式图片。

相机设置：单击"相机设置"按钮，弹出下行窗口，可以同时保存三维观察时的 5 个视角（与自由漫游时保存的视角不共用），单击"保存视角"按钮，就可以在选定的视角框保存一个视角，单击保存的视角三维视口会自动跳转到该视角；画质设置可以直接设置拍照图片的画质，高清渲染拍照需要消耗大量系统资源，需要根据计算机性能进行考虑。

2. 三维编辑

三维显示后单击"三维编辑"按钮，如图 9-14 所示，主要功能为在三维视口中可以进行编辑构件和地形。

图 9-14　三维编辑

拾取过滤按钮的使用：拾取过滤相应构件或类构件，三维中该构件或该类构件就不能被选择。

移动按钮的使用：单击"移动"按钮后选择需要移动的构件，右击确定选择，会出现可以移动的三维坐标，把构件移动到指定的位置，右击确定保存。

旋转按钮的使用：单击"旋转"按钮后选择需要旋转的构件，右击确定选择，会出现可以旋转的红色箭头圆环，把构件旋转到指定的角度，右击确定保存。

删除按钮的使用：单击"删除"按钮后选择需要删除的构件，右击确定选择。

对称翻转按钮的使用：单击"对称翻转"按钮后选择需要翻转的构件，右击确定选择。

上升、下陷、平整、柔滑是地形编辑按钮，可以调整地形的形状；圆圈和方块是笔刷的造型，笔刷大小影响笔刷单次修改的范围，笔刷速度影响单次修改的地形变化程度。平整标高设置的是使用平整命令时地形平整后的标高。

3. 自由漫游

三维显示后单击"自由漫游"按钮，如图 9-15 所示，主要功能为以人的视角在三维视口中进行移动观察，并选取需要的角度进行拍照截图。

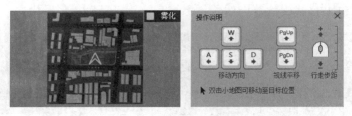

图 9-15　自由漫游

在拍照按钮的右下角有一个拍照设置按钮，单击后，可以同时保存漫游观察时的 5 个视角（与三维观察时保存的视角不共用），单击保存视角，可以在选定的视角框保存一个视角，单击保存的视角三维视口会自动旋转到该视角；画质设置可以直接设置拍照的图片的画质，高清渲染拍照需要消耗大量系统资源，需要根据计算机性能进行考虑。

4. 路径漫游

三维显示后单击"路径漫游"按钮，如图 9-16 所示，需要绘制漫游路径，按绘制的路径生成漫游动画进行观察。

5. 航拍漫游

三维显示后单击"航拍漫游"按钮，如图 9-17 所示，通过设置航拍点与帧生成航拍动画并导出。

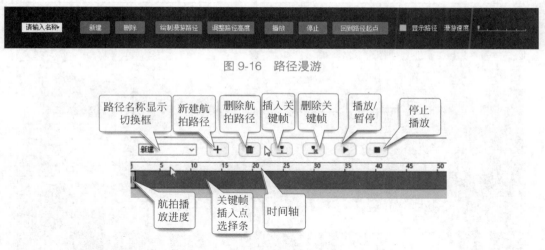

图 9-16　路径漫游

图 9-17　航拍漫游

6. 三维全景

三维显示后单击"三维全景"按钮，如图 9-18 所示，该功能主要是为了生成 360° 全景视图，并在各个相机视图之间进行切换漫游的功能，生成的成果可以通过二维码或超链接分享给朋友。

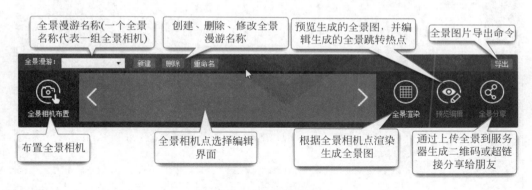

图 9-18　三维全景

首先新建一个全景漫游场景，然后单击"全景相机布置"按钮，此时三维视口会切换到俯视视角，单击布置相机点，右击确定布置，布置后会在下面的相机点选择编辑界面增加一个相机点，如图 9-19 所示。

此时可以单击下方的"全景相机 1"按钮，会进入选中状态，三维视口也会切换到该相机点的视口，如图 9-20 所示，可以右击该相机，修改相机名称或删除相机。

切换到相机视口后，可以按住鼠标左键拖拉三维进行视口旋转切换，当选中合适的角度时，可以单击三维视口中的"把当前视角设为初始视角"按钮，则把当前视口作为切换到该相机时的默认视角。如果对相机的位置和高度不满意，可以把上面的相机观察切换到相机编辑。相机编辑是跟漫游一样移动相机的操作，当移动到合适的位置时，可以切换相机保存到默认视口。注意，可以重复添加和编辑全景相机。

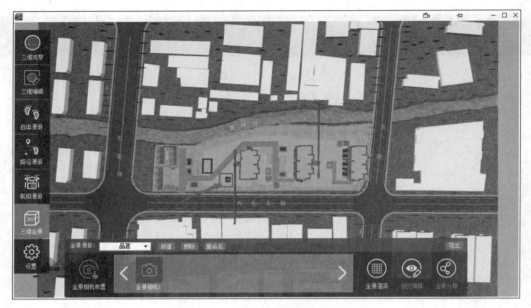

图 9-19 全景相机布置

图 9-20 全景相机视口

如图 9-21 所示，全景相机添加完成后，可以单击"全景渲染"按钮，此时会生成所有相机点的全景图片，如果不进行渲染，则无法使用预览编辑、全景分享及导出功能。

等待渲染完成，单击"预览编辑"按钮，此时会打开预览编辑界面，选择一个相机点，则会显示热点切换内容，勾选后，会在视口中出现热点标识，此时单击该热点，会切换到热点所代表的相机的默认视口，该标识可以在热点切换界面单击相应图标进行切换。可以一个个对相机进行调整编辑，完成后保存设置，并退出预览编辑。完成渲染后，可以生成二维码进行分享。

图 9-21　全景渲染

7. 三维设置

三维显示后单击设置按钮，见图 9-22，其主要功能为调整三维界面中的渲染效果，阴影设置开启后会消耗大量资源，如果三维时比较卡顿，建议关闭。

图 9-22　三维显示设置

光源配置里可以设置三个参数：光源跟随相机、光源数量、曝光比例，修改这几项会影响三维时的亮度。

阴影设置：开启后可以设置阴影的角度和方向，需要注意的是开启阴影后，一定不要勾选光源配置中的"光源跟随相机"，否则阴影效果就会错乱。

相机设置中可以设置相机投影方式和相机广角，一般来说，如果在三维中使用鼠标缩放构件感觉无法缩放，可以尝试修改相机广角设置，其他时候不建议修改。

大气雾化效果，可以在进入自由漫游或者路径漫游之前开启，这样漫游时看起来会更真实。

9.8　机械路径设置

如果需要有车辆设备的行走动画，可以在构件布置后选择机械路径命令，弹出机械路径设置属性栏，这些能够设置机械路径的构件的属性栏中都有与路径动画相关设置的参数，可以在属性栏中设置好是按速度还是按循环次数进行行走。

微课：机械
路径设置

选择命令后就会展开如图 9-23 所示机械路径设置面板，里面会显示所有的已经布置的可以设置机械路径的构件，也会表示出该构件有没有设置机械路径，包括机械在这个机械路径上同时出现的数量和动画的循环方式。每个车辆设备只能设置一条机械路径。

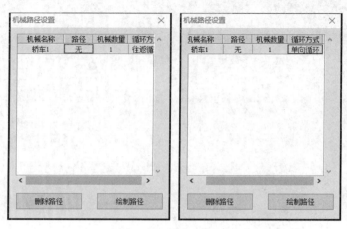

图 9-23　机械路径设置

9.9　施工模拟

构件布置完成后，也可以在布置完土方构件时，使用进度关联先完成土方开挖施工模拟动画的设置，然后在主体阶段布置完成后设置主体施工模拟动画的时间和动画方式。

微课：施工
模拟

首先选择施工模拟命令，打开施工模拟界面。

1. 动画编辑

进入施工模拟后的界面如图 9-24 所示，有三维视口、构件动画设置界面、横道图。

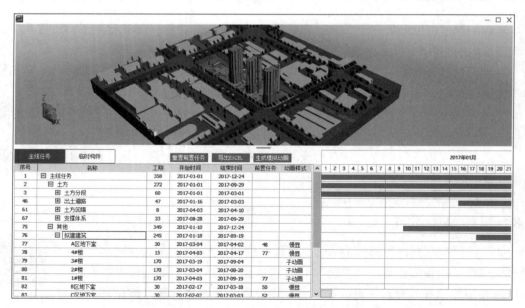

图 9-24　动画进度编辑

三维视口中的构件为软件中所有阶段的所有构件。

在构件动画设置界面里单击相应的构件，该构件就会在上面的三维视口中高亮显示。可以根据相应的进度计划设置构件的动画开始时间和结束视间；前置任务可以通过任务关联来进行联动修改，但是注意不要设置出死循环动画；动画样式内是该构件可以设置的动画的形式。

子动画设置是对具备该动画样式的构件设置更详细的动画，如图 9-25 所示。

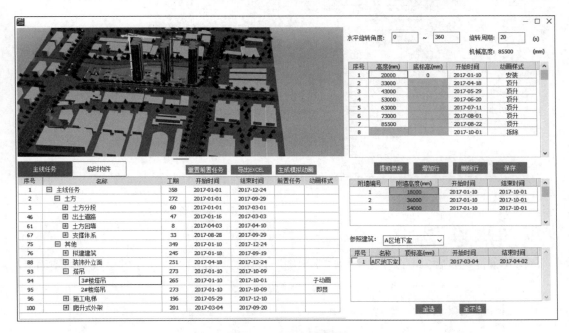

图 9-25　子动画设置

重置前置任务仅在主线任务里有时按默认设置重置构件的前置任务。

重置时间仅在临时构件里有时按照工程设置里的阶段设置里的时间，以及构件通过阶段复制后同时存在多少个阶段自动计算重置开始时间和结束时间。

生成模拟动画有两种生成方式，独立动画会比较流畅，复合动画生成后还需要再设置关键帧动画（航拍漫游）。

2. 模拟动画

生成模拟动画后，如图 9-26 所示，就可以在三维视口里预览施工模拟动画，如果有不满意的地方，可以单击"返回"按钮重新进行动画编辑设置调整。

播放／暂停、加速、减速这几项是动画播放预览的命令。

选择动画信息命令，会切换右上角的动画信息界面的显示隐藏。

导出视频是根据设置的动画信息自动生成施工模拟动画视频。

录制视频会录制整个施工模拟界面上的所有界面和内容，然后生成视频。

视频格式设置用于调整和设置视频的格式和帧数。

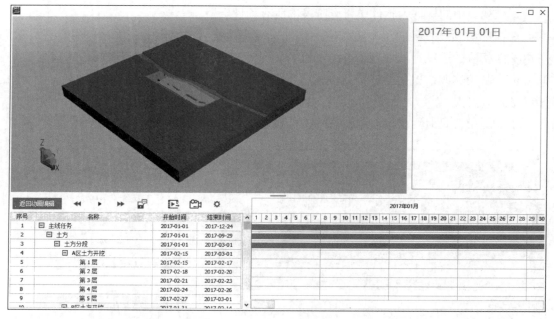

图 9-26　模拟动画生成

9.10　生成平面图

构件布置完成后，可以单击"生成平面图"按钮，打开图 9-27 所示的生成平面图面板。

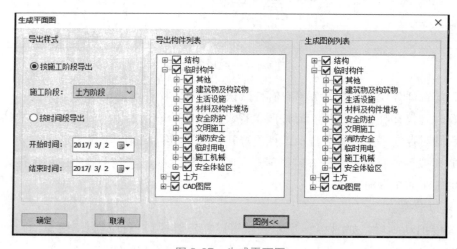

图 9-27　生成平面图

在生成平面图面板中，可以看到导出样式、导出构件列表、生成图例列表（这个默认是收缩的，单击下面的"图例"按钮就可以展开）。

在导出样式中，可以按时间或者施工阶段来生成不同阶段的平面布置图，例如土方阶段平面布置图、地下室阶段平面布置图等。

生成平面图时，在导出构件列表中进行构件的整理，可以导出生成消防平面布置图、临时用电平面布置图、临时用水平面布置图等。

在生成图例列表中，勾选的构件都会在生成的平面图中，同步生成相应的图例。软件默认都是勾选的，一般不建议调整。

9.11　生成构件详图

如果希望生成部分构件的详图来给工人作为临时设施施工的依据，单击"生成构件详图"按钮，选择要生成的构件即可。

9.12　材料统计

如果需要统计材料用量，可以单击"材料统计"按钮，对布置的构件按总量和按各施工阶段用量分别统计，统计完成后，可以保存成 Excel 表格文件。

[总结与思考]

单元4 BIM施工场地布置知识点总结

- 施工场地布置的依据
  - 拟建工程当地的原始资料
    - 有关的设计资料、图纸等
    - 单位工程施工组织设计的施工方案、进度计划、资源需要量计划等
  - 相关的法律法规
    - 《建筑施工组织设计规范》(GB/T 50502—2009)
    - 《建筑施工安全检查标准》(JGJ 59—2011)
    - 《建设工程绿色施工规范》(GB 50905—2014)
    - 《建设工程施工现场消防安全技术规范》(GB 50720—2011)
    - 《建设工程施工现场环境与卫生标准》(JGJ 146—2013)
    - 《施工现场临时建筑物技术规范》(JGJ/T 188—2009)

- 施工场地布置的原则
  - 少占地、少运输、少干扰、少花费、文明施工

- 施工场地布置的内容
  - 人
    - 生活、工作的场所——职工宿舍、劳务宿舍、食堂、厕所、浴室
  - 材
    - 加工、存放、运输的场所——钢筋棚、木工棚、各种库房、临时道路
  - 机
    - 垂直运输、水平运输、加工——塔吊、施工电梯、各类加工机械、运输的各类车辆
  - 其他
    - 消防、安全、水、电、施工大门、围挡及其他
  - 绿色发展理念
    - 场地绿化布置、场地除尘布置、场地垃圾分类

- 施工场地布置的步骤
  - 确定垂直运输机械位置
  - 确定搅拌站、仓库、材料和构件场堆放以及加工棚位置
  - 布置运输道路
  - 临时建筑的布置
  - 临时供水管网布置
  - 临时供电管网布置

单元 5 BIM5D 在施工组织设计中的应用

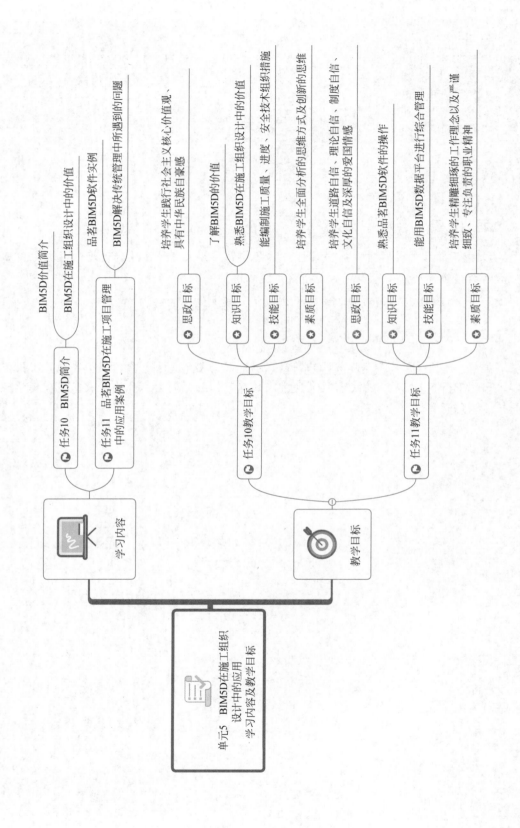

单元5 BIM5D在施工组织设计中的应用——学习内容及教学目标

学习内容

任务10 BIM5D简介
- BIM5D价值简介
- BIM5D在施工组织设计中的价值

任务11 品茗BIM5D在施工项目管理中的应用案例
- 品茗BIM5D软件实例
- BIM5D解决传统管理中所遇到的问题

教学目标

任务10教学目标
- 思政目标：培养学生践行社会主义核心价值观，具有中华民族自豪感
- 知识目标：了解BIM5D的价值
- 技能目标：熟悉BIM5D在施工组织设计中的价值
- 素质目标：能编制施工质量、进度、安全技术组织措施

任务11教学目标
- 思政目标：培养学生全面分析的思维方式及创新的思维
- 知识目标：培养学生道路自信、理论自信、制度自信、文化自信及深厚的爱国情感
- 技能目标：熟悉品茗BIM5D软件的操作
- 素质目标：能用BIM5D数据平台进行综合管理

培养学生精雕细琢的工作理念以及严谨细致、专注负责的职业精神

任务 10　BIM5D 简介

10.1　BIM5D 的价值简介

10.1.1　认识 BIM5D

我国于 2009 年引入 BIM 时就提出了 BIM5D 的概念，初衷是为了控制成本。

BIM5D 即 3D 模型 + 进度 + 成本，是以建筑信息模型（BIM）为载体，关联施工过程中的进度、合同、成本、质量、安全、物料等信息，为项目提供数据支撑，实现有效决策和精细化管理。

微课：BIM5D 的价值简介

作为基于 BIM 的施工管理平台，BIM5D 通过 BIM 模型集成进度、预算、资源、施工组织等关键信息，对施工过程进行模拟，及时为施工过程中的技术、生产、商务等环节提供准确的形象进度、物资消耗、过程计量、成本核算等核心数据，提升沟通和决策效率，帮助企业对施工过程进行数字化管理，从而达到节约时间和成本、提升项目管理效率的目的。

10.1.2　BIM5D 特点

区别于传统项目管理，BIM5D 主要特点包括实时造价、预建造分析、进度偏差管理、资料平台化管理、人材机明细、质量安全管控等，其主要目的是辅助项目的决策。

1. 实时造价

实时造价是指以 BIM 模型为载体，充分考虑图纸问题、优化、变更等情况，控制细粒度更细。同时通过成本、合同的造价对比分析，可以实现对主要差异项进行风险管理。BIM + 造价的管理形态，更有利于开展内部成本管控和分包管理工作（见图 10-1）。

2. 预建造分析

预建造分析是指通过施工前的预建造，进行成本对比分析，提前发现成本控制风险点，以达到对关键节点的控制（见图 10-2）。

3. 进度偏差管控

进度偏差管控是指通过计划进度与实际进度数据的偏差对比分析，形成过程记录，为项目后期的工期调整及其他项目的进度管控提供数据依托（见图 10-3）。

4. 资料平台化管理

资料平台化管理是指通过模型的资料挂接，记录变更单、整改单等资料原始数据，实现无纸化办公及变更资金数据的有据可查。

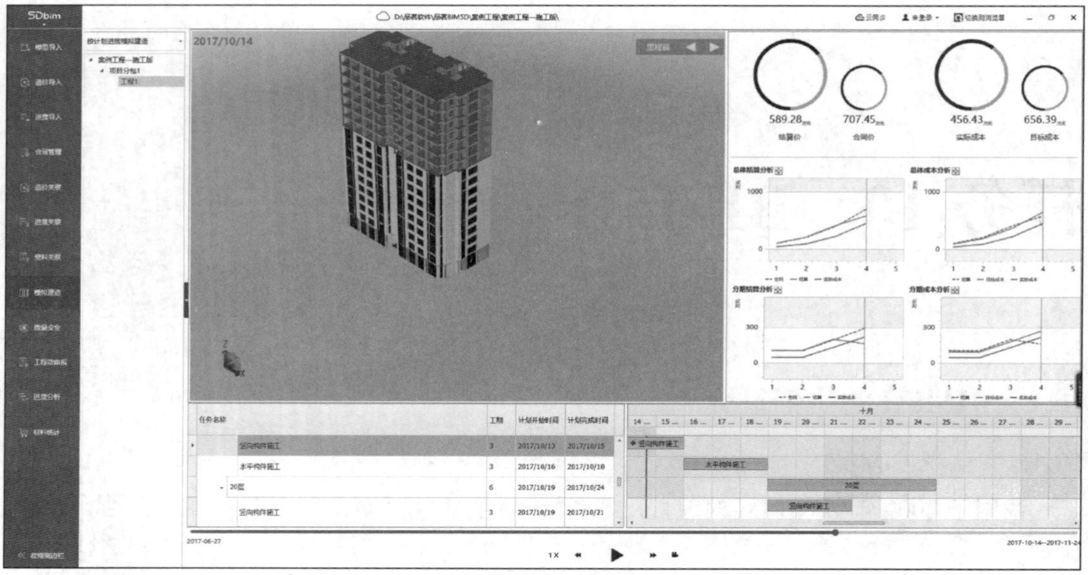

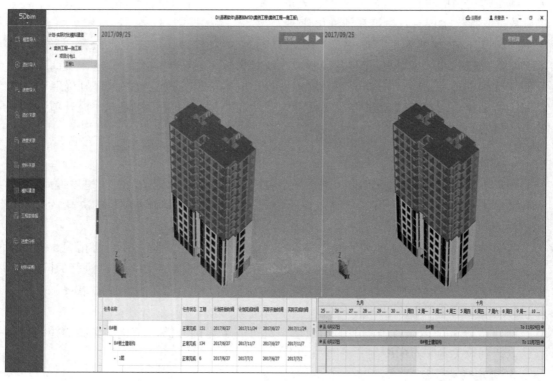

图 10-1   实时造价

图 10-2   预建造分析

5. 人材机明细表，自动对比预算差价

5D 平台可形成阶段性人材机使用计划，为材料采购或领料提供参考。同时结合实际材料量进行人材机对比，进行差异分析（见图 10-4）。

偏差分析报告

一、十月一日与二日天气预报报有暴雨且伴随七级大风，考虑到施工安全，工地停工两天。
二、受国庆放假影响，砌块等材料未能及时送到工地，影响正常施工进度。
三、在本阶段施工中，投入的人材机如下图：

序号	名称	计量单位	成本预算量	实际量	量差
人工					
1	三类人工	工日	573.9578731605	0	−573.96
2	二类人工	工日	600.21411345973	68	−532.21
材料					
1	开关盒	个	61.2	0	−61.20
2	调和漆	kg	0.192	0	−0.19
3	圆钉	kg	162.108786938	0	−162.11
4	圆钢	kg	14.337972	0	−14.34
5	圆钢	t	0.15219624	0	−0.15
6	标志、诱导装饰灯	套	16.16	0	−16.16
7	合金钢钻头	个	2.8740146534	0	−2.87
8	焊锡丝	kg	0.512	0	−0.51
9	复合模板	m²	117.7139448	0	−117.71
10	小五金费	元	262.521756	0	−262.52
11	脚手架一字扣	副	3.3857846	0	−3.39
12	脚手架十字扣	副	33.5614884	0	−33.56
13	脚手架底座	只	3.2996711	0	−3.30
14	脚手架斜扣	副	0.6949294	0	−0.69
15	脚手架钢管	kg	191.81028515	0	−191.81

图 10-3　进度偏差分析

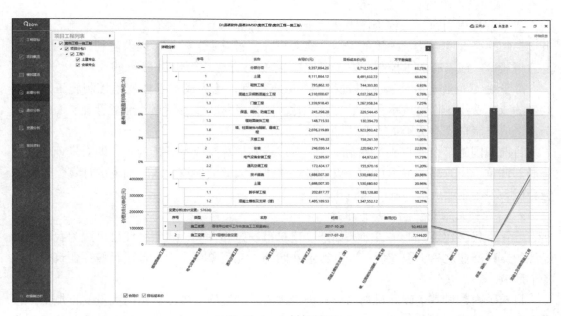

图 10-4　人材机明细

6. 质量安全管控

质量安全管控提供施工过程中常见的质量、安全问题数据，并结合产生问题的不同原因，提出针对性的解决措施（见图 10-5）。

图 10-5　质量安全管控

10.2　BIM5D 在施工组织设计中的价值

微课：BIM5D 在施工组织设计中的价值

10.2.1　传统施工待解决的问题

1. 前期投入难确定，成本管控难

成本管控作为建筑工程管理中至关重要的一部分，受到多种客观因素的影响。在建筑行业，很多企业受到传统思想的束缚，靠大投入、拼融资、铺摊子谋求盈利，在控制成本上意识淡薄；或者有成本控制意识，但理念不完善，也会影响成本管理的效果。

部分施工企业过分注重施工过程中的成本控制，认为成本管理就是控制施工过程中产生的成本费用，而对成本预算、方案优化、二次经营、竣工结算等经营管理层面缺乏控制，造成非制造成本费用直线上升。

目前我国施工企业在成本控制时，大多以成本核算及成本分析为主，即对发现问题进行局部调整，而忽略了成本预测，仅凭借经验进行大概的估算，缺乏周密的计算，这种思想会极大限制企业成本控制的空间和幅度。

2. 资源使用浪费严重，后期难追溯

近年来我国建筑行业建设如火如荼，建筑市场蓬勃发展，建筑行业已经成为我国国民经济的支柱产业之一，但背后存在资源浪费问题。此现象存在十分普遍且贯穿建筑行业的各个环节。

目前国内建材基本以原材料的形式进行供应，到达施工现场后仍需大量的再加工，很难避免材料损耗。尤其很多施工项目对材料加工与使用管控不到位，很容易造成材料浪费（见图 10-6）。

3. 项目资料多，变更频繁，资料管理难

建筑工程资料管理中常出现工序与日期不吻合的情况，各个分项工程的交叉施工给资料管理带来了一定的难度。尤其是文件资料落后于施工报检时，不能及时把建筑的现状和施工思路报给相关部门，这个问题在如今的建筑工程资料管理上尤为突出。

图 10-6　现场材料管理杂乱

　　除此之外，现场施工人员、质检人员及技术人员等相关人员之间缺乏相应的沟通，造成施工区段检验批不一致而导致施工资料的检验批划分及验收的部门不交圈。还有企业技术质量管理人员对新工艺、新规范的理解各不相同，意见无法统一，造成验收资料可能会出现漏项、错项甚至是重项的错误。还有一些建筑工程资料作假，如工程的实体测量证明资料在取样时存在造假行为，或是工程质量证明资料不真实。

　　除此之外，建筑工程作为一项非常特殊的商品，投资大、建设周期长、参建单位繁多、涉及面非常广，而且国家每年都会出台很多相关政策，技术工艺更新也非常快，从而导致了建筑工程资料的管理非常复杂。

　　4. 前期整体建造不直观

　　传统施工流程都是通过文字形式或通过图文进行描述，由有经验的专业人士来确定其可行性，并做好出现意外情况的应对计划，但这种解决办法还是无法很好地对方案进行描述或交底，实际施工时还是会因为一些错漏或者特殊因素而影响后续的进度计划。

10.2.2　BIM5D 对项目施工管理的意义

　　1. 进度管理

　　在施工阶段，进度管理对整个项目的重要性不言而喻。

　　传统的进度管理主要在于对进度计划进行外观跟踪，进度管理深度不够，只能对计划进行表象分析，而不能对计划产生偏差的原因进行分析，导致进度管理没有深入项目本质。

　　施工总承包单位，可以利用 BIM5D 对各分包单位进行进度管理，有效地反映各专业施工进度是否存在穿插关系，各专业之间工序是否有矛盾，工作面是否有冲突。同时可应用 5D 平台进行形象进度管理，监控施工项目的进度过程。通过模型获取项目进度详情，显示进度滞后预警。

　　2. 成本管理

　　大型复杂工程项目多具有建设规模大、技术难度高、工程参与人员多、组织流动性高、周期长、环境不确定性高、实施干扰多等特点，使得工程在实施过程中可能遇到各种不确定因素。如因人材机等价格浮动，造成原定的成本目标发生改变，从而给工程带来损失。传统工程以静态方式呈现成本预测结果，随着复杂工程建设周期的增加，难以适应工程价格随时间调节变化的灵敏度，无法实现价格信息的变更。

BIM5D 可进行包含进度、成本的 5D 施工模拟，演示成本曲线的变化，为项目的成本预测等提供参考（见图 10-7）。5D 模拟可以演示整个项目包括成本和关键资源随着时间变化的进展情况，预先了解施工过程中工程量、资源、资金等的变化情况，通过财务曲线的变化发现施工中可能存在的风险。

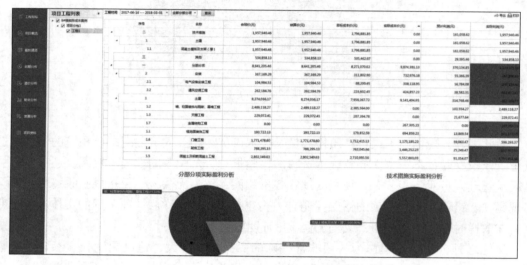

图 10-7　成本预测

3. 合同管理

一般工程按合同价签订后，企业可将盈利较少或可能有亏损的项目转给第三方分包公司，如门窗、幕墙、装饰工程等。

施工单位中标后会对工程做一份详细的预算书，这份预算书是为了与原始中标的合同进行对比，这样可以有效地进行施工前的风险评估（见图 10-8）。应用 BIM5D 可通过目标成本（预算成本价）与合同价（甲方拟定的合同成本）进行对比得到不平衡偏差。

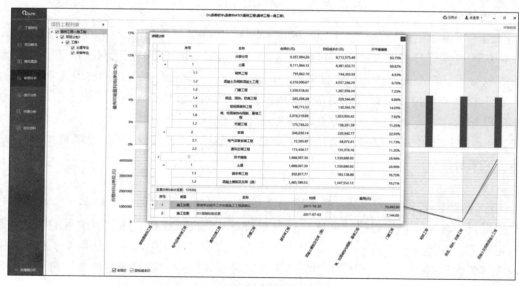

图 10-8　风险评估

对比得到的不平衡偏差为正值时，目标成本价小于合同价，两者差值即为利润，反之不平衡偏差值较小或为负值时，风险性大，可能出现利润降低甚至出现亏损的情况。故而可根据此偏差估算，合理指定分包单位、拟定分包合同；当利润降低甚至可能出现亏损时，可优先找第三方咨询公司进行风险转接。例如，现在很多施工企业都会与部分材料供应商进行合作，拿到低于市场价 15%~20% 的材料价格，即产生了 15%~20% 的利润偏差值，同时将市场材料价浮动风险进行转移，追求企业的整体项目利润最大化。

10.2.3　BIM5D 对施工组织设计的意义

传统施工管理模式的改变，伴随的是施工各环节流程及应用的改变，包括施工组织设计中的施工部署及施工方案、进度计划等内容。

1. 施工总体部署

通过建立基于 BIM5D 的协同管理体系，以 BIM 技术为手段，从事前、事中及事后对项目进行信息化监督和控制，实现管理数字化，为企业提供协同管理体系，在多方监督和实时协同管理的促进下，提高管理效率、提升建造品质。

BIM 具有信息集成、调用方便、使用流程清晰等特点，可以提高整个估算过程的速度与准确性，相比传统方式，基于 BIM 的季度管理可以更快地处理变更、快速地进行方案检查、快速规划和分析建造过程以及快速匹配估算工程量、施工持续时间、施工成本等数据。同时模型集成的优势便于进行数据分析，辅助项目部的决策，方便各方理解项目部署，达成共识（见图 10-9）。

图 10-9　数据监控平台

2. 进度计划

传统的进度计划，无论横道图还是网络图，进度都表现得过于抽象，非专业人员一般难以理解。基于 BIM5D 的进度计划展示，优势在于进度可视化。

利用 BIM5D 模型，通过施工预建造的方式，模拟项目主体全过程建造情况，能够清晰明了、形象直观地展示进度计划，以及各专业作业面间的穿插关系及整体施工部署的层次关系。

3. 资源计划

施工组织设计还包含资源计划内容，即保证施工活动中所需的各种物资，以最低的费用，适时、适量供应，使各项施工生产任务得以顺利完成。

通过 BIM5D 平台，管理人员可根据需要，按照楼层、专业、部位、工序、流水分区，依据进度信息准确查询到每月、每周、每日的周转材料与物资消耗，并记录材料的进出场时间，对场地工作面的使用进行充分利用。通过在 BIM5D 平台对资源的有效管理，极大地减少了项目材料的非必需消耗，合理降低了项目成本，也为以后类似项目的投入提供可靠的参考依据。

10.3 BIM5D 在施工组织设计中的应用

10.3.1 BIM5D 实施流程

BIM5D 一般运用在施工预建造阶段、施工阶段、竣工验收阶段，通过 BIM5D 的模拟建造可以在施工组织设计文件编制的过程中辅助工程的施工方案、施工顺序、劳动组织措施、施工进度计划及资源需用量与供应计划，提高经济效益。

微课：BIM5D 在施工组织设计中的应用

5D 模型是在 BIM5D 软件中将 3D 模型与进度、造价文件相关联得来的。图 10-10 所示是以品茗 BIM5D 软件使用为例进行 5D 模创建的流程。

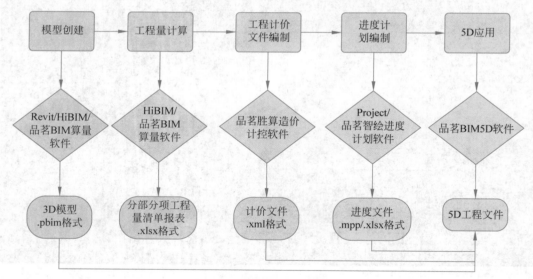

图 10-10 5D 模型创建流程

模型在 5D 平台中可以整合现场计划的资源用量、施工顺序，并结合现场实际情况，录入实际用量、实际进度、实际情况等进行对比分析，优化劳动组织措施、资源配置等。除了在品茗 BIM5D 软件中录入现场情况，还可以借助品茗 CCBIM 云平台，完成基于

BIM 模型的技术交底、施工日记、现场问题跟踪等闭环管理（见图 10-11）。项目参与人员通过品茗 CCBIM 在线查阅现场动态、问题整改、施工日志、施工进度、工程模型等信息，在线协同共享，优化施工组织设计方案。

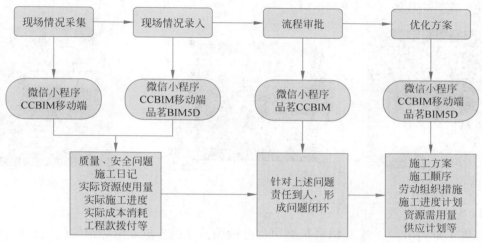

图 10-11　施工组织设计方案优化流程

10.3.2　BIM5D 实施要点

1. 协同管理

建立基于 BIM5D 的协同管理体系，在项目实施过程中设计方、施工方、咨询方、建设方、监理方在同一个协同管理平台之上，各负责人将现场的实际信息通过科技手段采集并录入协同平台之上，并对 BIM 数据进行整理和分析，共享给决策者，决策者可对现场进行实时监督，并对预测可能发生或已发生的问题进行控制（见图 10-12）。

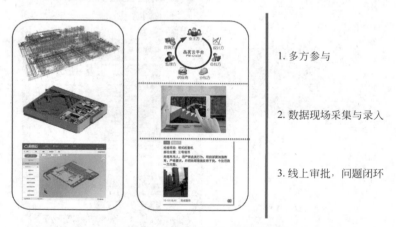

图 10-12　基于 BIM5D 的协同管理

2. 技术交底

施工前，利用 BIM 可视化，对管理人员及班组进行可视化技术交底，通过复杂节点的模型展示、复杂施工工艺视频动画展示，对复杂节点更加清晰明了。利用技术交底协调会，将重要工序、质量检查重要部位在计算机中进行模型交底和动画模拟，直观地讨论和确定质量保证的相关措施，实现交底内容的无缝传递（见图 10-13）。

可结合二维码存储功能，将技术交底的相关内容，如质量控制要点、复杂节点施工工艺动画、技术交底方案等以二维码形式粘贴在现场对应部位，方便现场察看，使技术交底多元化，提升交底效果（见图 10-14）。

图 10-13　BIM 模型可视化交底　　　　　　　　图 10-14　现场二维码交底

3. 质量安全管理

在施工准备阶段，基于 BIM 模型可提前预测需要做质量安全防护的区域，如临边洞口、井道、安全通道、外脚手架等，辅助现场做好防护措施，减少质量安全事故的发生。

施工过程中，管理人员利用移动终端记录现场施工质量、安全问题，拍照上传至云平台（见图 10-15），明确责任人和责任班组，限时整改，整改后及时反馈并验收，对问题进行追踪管理，形成管理闭环，确保所有问题能落实整改，有据可依。

图 10-15　移动巡更

通过 BIM5D 管理平台导入管理数据，每周编制周报，对问题的整改情况、责任人、责任班组进行总结汇报，逐条分析原因，提出下一阶段的解决方案，确保质量安全隐患及时有效解决。

创建实测矢量二维码构件库，将责任人、检测人员及测量数据信息录入平台，方便现场沟通查阅，及时分析原因，制定下一阶段质量控制措施。

4. 进度计划

使用 BIM 技术对进度进行可视化模拟，更加形象地表现施工进度的各项工序穿插关系；传统进度计划更多的是一种追踪而非管理，基于 BIM 技术将计划进度与实际进度进行模拟对比，分析对进度的各种影响因素，做到从本质上管控进度计划。

利用 BIM5D 模型，分析各专业作业面间的穿插关系及整体施工部署的层次关系，能够清晰明了、形象直观地展示进度计划，使项目管理人员能够宏观地把控现场的整体进度。通过每个月的形象进度展示及图片与现场的结合对比，分析进度偏差，及时对现场的进度进行调整，制订后续的进度计划及资源计划（见图 10-16）。

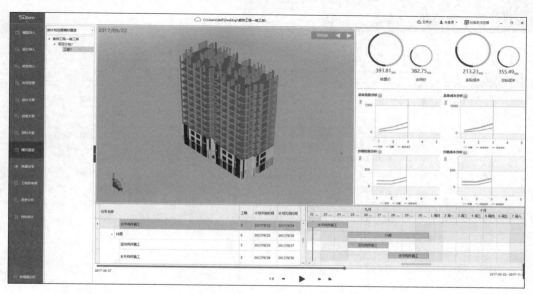

图 10-16　BIM5D 施工模拟建造

项目部周、月例会时，可应用 BIM5D 进行进度汇报，形象地展示现场的进度计划，分析进度偏差，同时可对 BIM 模型进行分区，划分不同的流水段，用不同颜色代表各项施工的工序，更直观地表现每周的施工进度。

5. 资源管理

施工现场资源的管理主要是对人工、材料、机械、资金的配置管理。为保证施工项目的顺利开展，施工准备阶段借助 BIM5D 平台提前模拟施工各阶段所计划使用的资源量，以最低的费用，适时、适量，供应保证施工活动中所需的各种物资。

在施工过程中，将实际消耗的人材机的量录入 BIM 模型中，管理人员根据需要可以准确查询每月、每周、每日的周转材料与物资消耗，并记录材料的进出场时间（见图 10-17）。

6. 造价管理

传统方式申报工程款时，需现场审核当月完成的项目部位及工程量，审核完毕，由预算专员制作工程款申报表。应用 BIM5D 平台可依托实际进度，按月或施工节点方式，实时生成当期工程款项，输出工程款申报表（见图 10-18）。

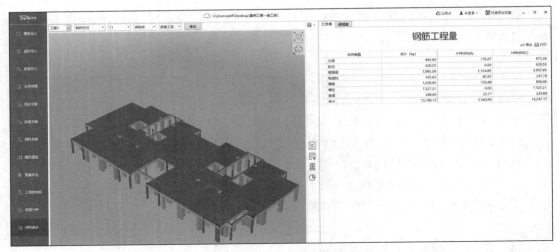

图 10-17　BIM5D 资源量查询

申报时间 2020-01-01 --- 2020-02-25　申报　申报详情
升序　降序　显示设置　工程进度款支付设置　新增清单　新增定额

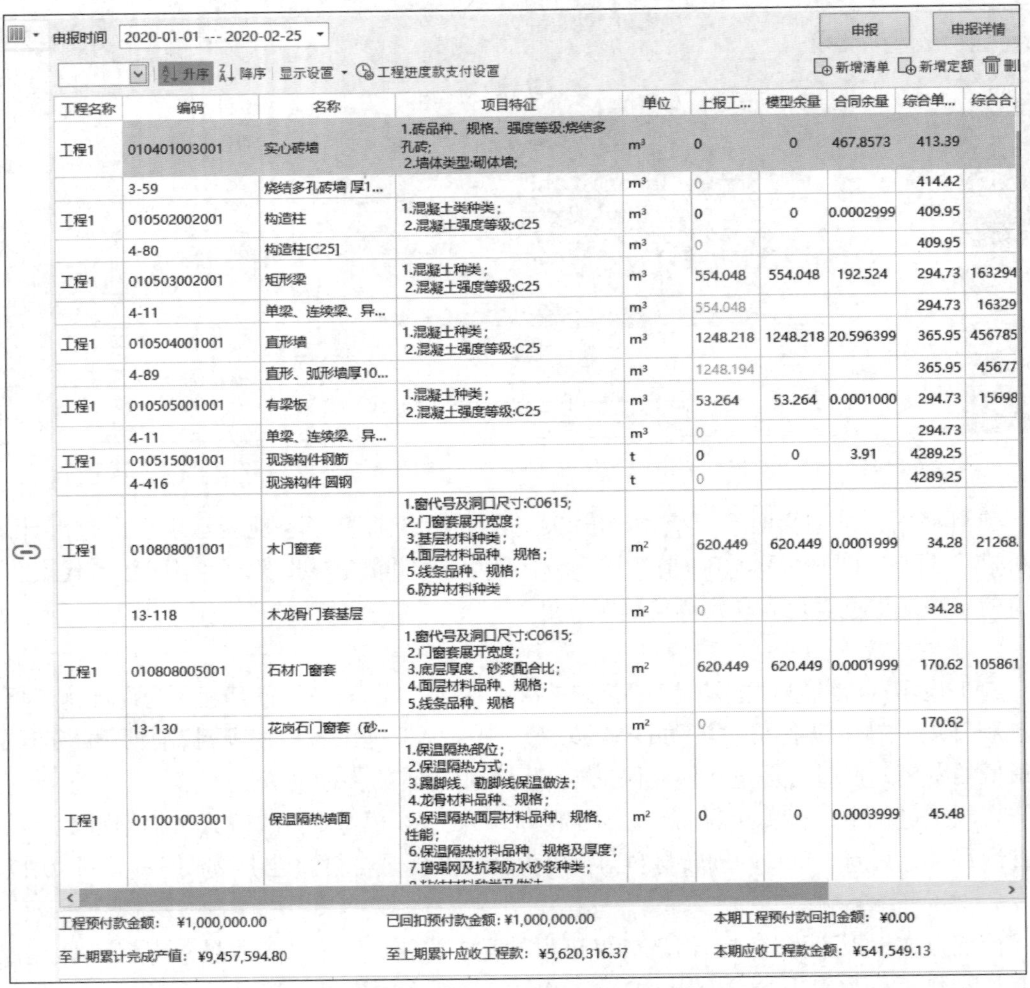

工程名称	编码	名称	项目特征	单位	上报工...	模型余量	合同余量	综合单...	综合合...
工程1	010401003001	实心砖墙	1.砖品种、规格、强度等级:烧结多孔砖; 2.墙体类型:砌体墙;	m³	0	0	467.8573	413.39	
	3-59	烧结多孔砖墙 厚1...		m³	0			414.42	
工程1	010502002001	构造柱	1.混凝土类种类; 2.混凝土强度等级:C25	m³	0	0	0.0002999	409.95	
	4-80	构造柱[C25]		m³	0			409.95	
工程1	010503002001	矩形梁	1.混凝土种类; 2.混凝土强度等级:C25	m³	554.048	554.048	192.524	294.73	163294
	4-11	单梁、连续梁、异...		m³	554.048			294.73	16329
工程1	010504001001	直形墙	1.混凝土种类; 2.混凝土强度等级:C25	m³	1248.218	1248.218	20.596399	365.95	456785
	4-89	直形、弧形墙厚10...		m³	1248.194			365.95	45677
工程1	010505001001	有梁板	1.混凝土种类; 2.混凝土强度等级:C25	m³	53.264	53.264	0.0001000	294.73	15698
	4-11	单梁、连续梁、异...		m³	0			294.73	
工程1	010515001001	现浇构件钢筋		t	0	0	3.91	4289.25	
	4-416	现浇构件 圆钢		t	0			4289.25	
工程1	010808001001	木门窗套	1.窗代号及洞口尺寸:C0615; 2.门窗套展开宽度; 3.基层材料种类; 4.面层材料品种、规格; 5.线条品种、规格; 6.防护材料种类	m²	620.449	620.449	0.0001999	34.28	21268.
	13-118	木龙骨门套基层		m²	0			34.28	
工程1	010808005001	石材门窗套	1.窗代号及洞口尺寸:C0615; 2.门窗套展开宽度; 3.底层厚度、砂浆配合比; 4.面层材料品种、规格; 5.线条品种、规格	m²	620.449	620.449	0.0001999	170.62	105861
	13-130	花岗石门窗套（砂...		m²	0			170.62	
工程1	011001003001	保温隔热墙面	1.保温隔热部位; 2.保温隔热方式; 3.踢脚线、勒脚线保温做法; 4.龙骨材料品种、规格; 5.保温隔热面层材料品种、规格、性能; 6.保温隔热材料品种、规格及厚度; 7.增强网及抗裂防水砂浆种类;	m²	0	0	0.0003999	45.48	

工程预付款金额：￥1,000,000.00　已回扣预付款金额：￥1,000,000.00　本期工程预付款回扣金额：￥0.00

至上期累计完成产值：￥9,457,594.80　至上期累计应收工程款：￥5,620,316.37　本期应收工程款金额：￥541,549.13

图 10-18　基于 BIM 模型的进度款申报

任务 11　品茗 BIM5D 在施工项目 管理中的应用案例

本任务结合实际施工 BIM 项目管理应用需求，介绍通过品茗 BIM5D 软件完成基于 BIM 模型的进度、造价、质量、安全、资料管理等内容。

11.1　新建工程

启动品茗 BIM5D 软件，进入 BIM5D 初始界面。单击左下角"加密锁设置"按钮，可选择使用单机锁、账号、网络锁，如图 11-1 所示。

图 11-1　加密锁设置

5D 案例工程素材包

单击"新建"按钮进入新建向导窗口，如图 11-2 所示，根据项目资料录入项目基本信息，选择文件保存路径及工程计价模板。需要注意，此处工程计价模板应与算量模型保持一致。

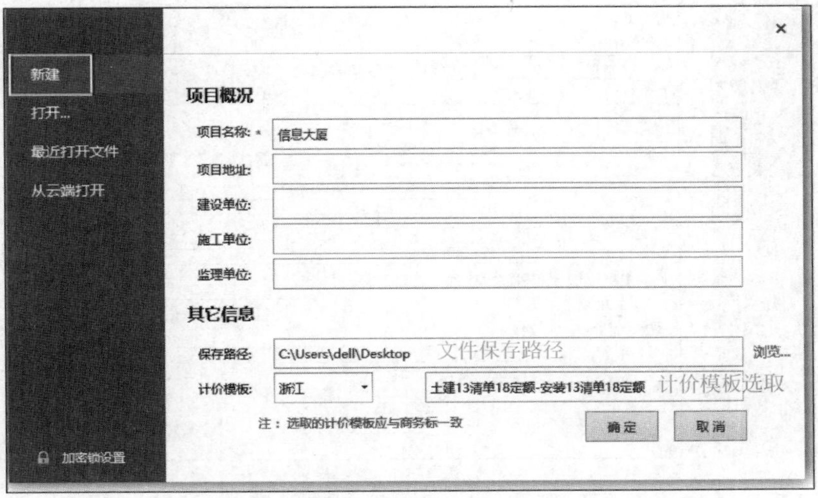

图 11-2　新建工程向导

若需要打开已有文件，选择"打开"命令，即可根据保存路径查询并打开已建工程。

11.2 模型管理

11.2.1 模型导入

可以将土建算量模型、安装算量模型、施工策划模型等导入 BIM5D 软件中，如图 11-3 所示，选择"工程 1"所在行，单击"本地导入"按钮，将格式为 .pbim 的工程文件导入 5D 软件中。

根据路径选择"信息大厦 - 土建模型 .pbim"模型文件，弹出如图 11-4 所示的对话框，单击"导入"按钮即可。导入完成后即可在模型窗口查看三维模型。

微课：模型导入

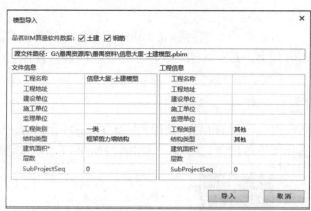

图 11-3 模型导入（1）   图 11-4 模型导入（2）

模型导入完成后，在"工程 1"一行中右击"编辑"命令，弹出如图 11-5 所示的工程编辑对话框，根据图纸信息完成工程项目信息的基本录入。

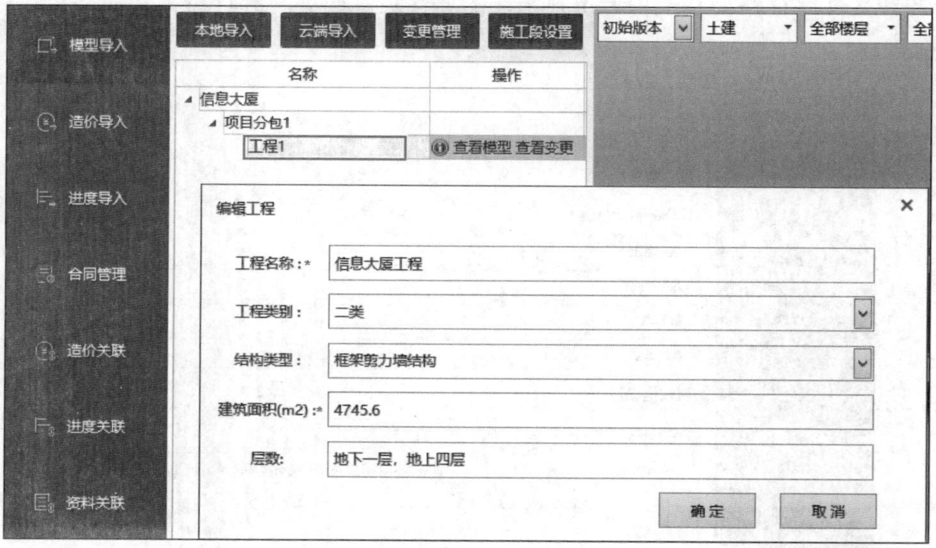

图 11-5 工程信息编辑

11.2.2 模型查看与施工段划分

模型导入完成后，可在模型导入窗口上方，根据"楼层""构件类型""施工段"等相关类型进行构件筛选查看。

单击"施工段设置"按钮，弹出如图 11-6 所示窗口，可对施工段进行划分。

微课：施工段划分

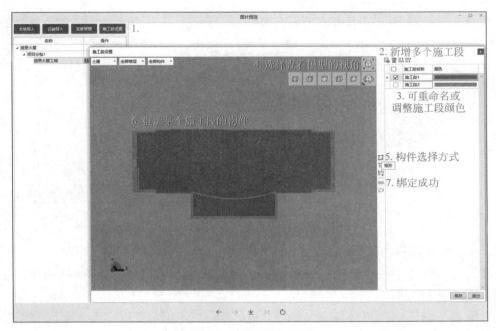

图 11-6 施工段的设置

步骤 1：单击"新增施工段"按钮 ，新增多个施工段，可直接编辑修改施工段名称和显示颜色。

步骤 2：选择合适的角度查看模型，便于构件的选择。构件选择方式有"矩形绘制" 和"自由绘制" 。

步骤 3：构件选择完成后，选择某施工段的构件，双击"关联"命令，对该施工段的构件进行关联；单击"解绑"按钮 ，可解除构件与施工段的绑定关系。

步骤 4：单击"删除"按钮 对绘制错误的施工段进行删除，错误的施工段可以单击"删除"按钮 删除。

步骤 5：单击"保存"按钮，即可保存以上操作。

注意：若想准确划分施工段，可在模型中设置轴网显示。选择"轴网 / 施工"命令，勾选任意楼层的轴网，该楼层模型中轴网可见。

选中任意一个构件右击，即可查看该构件的详细属性信息或输出构件二维码，如图 11-7 所示。

图 11-7 构件信息查看

11.3 造价导入

11.3.1 预算导入

步骤 1：进入"造价导入"模块，选择"合同预算"，单击"导入造价"按钮，根据路径选择"信息大厦 - 清单（合同预算）.xml"文件，弹出如图 11-8 所示窗口，选中"合同预算"，单击"确定"按钮。

步骤 2：按照同样的方法导入"成本预算"文件。

微课：造价导入

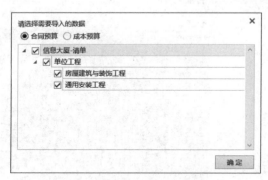

图 11-8　合同预算导入

11.3.2 实际成本编制

品茗 BIM5D 软件中实际成本编制有"清单定额编制"和"自定义录入"两种方式。

1）清单定额编制

步骤 1：选择"实际成本编制"命令，进入实际成本编制窗口，选中最上方的"清单定额编制"命令，可借助导入的"合同预算"或"成本预算"进行编制。

步骤 2：展开"合同预算"文件→"房屋建筑与装饰工程"，勾选需要追加的项，单击"追加到实际成本类型"按钮 ⊕，弹出"添加分类目录"窗口，将其名称编辑为"房屋建筑与装饰工程"，单击"确定"按钮，如图 11-9 所示。

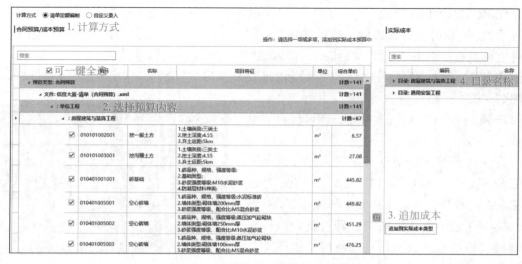

图 11-9　根据清单定额编制实际成本

步骤 3：追加成功后，可在右侧窗口勾选需要调整的子项，并根据项目实际产生的费用调整相应的人材机的含量与合价，如图 11-10 所示。

步骤 4：按照上述方法追加通用安装工程实际成本。

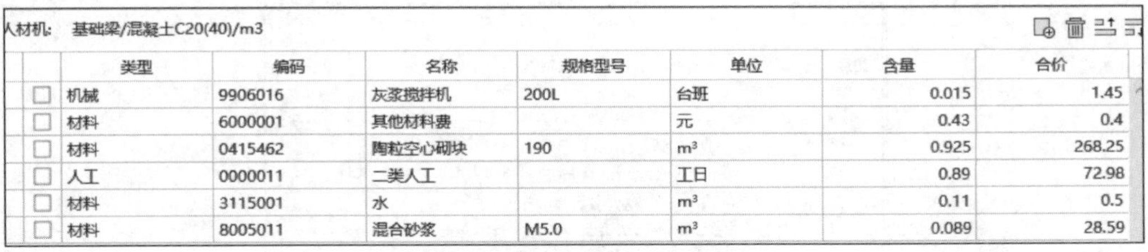

	类型	编码	名称	规格型号	单位	含量	合价
□	机械	9906016	灰浆搅拌机	200L	台班	0.015	1.45
□	材料	6000001	其他材料费		元	0.43	0.4
□	材料	0415462	陶粒空心砌块	190	m³	0.925	268.25
□	人工	0000011	二类人工		工日	0.89	72.98
□	材料	3115001	水		m³	0.11	0.5
□	材料	8005011	混合砂浆	M5.0	m³	0.089	28.59

图 11-10　根据实际情况修改成本

2）自定义录入

步骤 1：选中"自定义录入"计算方式，进入自定义录入窗口中，根据所提供的实际的成本信息，进行人材机实际消耗量的录入。

步骤 2：人工/材料/机械/专业分包中选择"人工"，在右上角单击"新增"按钮，弹出如图 11-11 所示的"新增人工"窗口。根据项目文件中"实际成本.xsl"文件，在 BIM5D 软件中录入实际人工所发生的信息。

图 11-11　自定义录入实际成本

11.4　进度导入

品茗 BIM5D 软件可导入 .mpp、.xlsx 或 .xls 格式的进度文件。

步骤 1：在"进度导入"选项卡中，选择"导入进度"命令，根据保存路径选择需要导入的进度文件。进度文件格式选择可根据图 11-12 所示进行切换。

微课：进度导入

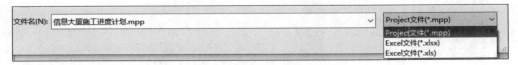

图 11-12　进度文件格式选择

步骤 2：选择"信息大厦进度计划文件 .mpp"，将其导入 5D 工程文件中，弹出开工时间和完工时间编辑窗口。根据进度计划文件，选择开工时间为"2019 年 1 月 1 日"，完工时间为"2019 年 6 月 15 日"。单击如图 11-13 所示区域可快速选择年月。

图 11-13　时间筛选

若开始时间或完工时间设置错误，可单击上方的 开工/完成时间 按钮对其进行修改。

当项目分为多个进度计划时，可进行多次导入，对多次导入的不同进度计划会进行统一的罗列。

步骤 3：据现场实际施工情况填写实际进度，选择进度子目，右击编辑即可进行实际进度的填写。当实际进度出现延迟时，可以在编辑框中填写出现偏差的原因，如图 11-14 所示。单击上方的"偏差分析报告"按钮生成偏差分析报告。

步骤 4：在窗口最上方根据项目需求设置进度款支付方式"自然月"及进度款支付日期设置"1 号"。

图 11-14　实际进度录入及偏差分析

11.5　造价关联

造价关联将项目中的单体工程量数据与造价数据进行关联，在进行成本
预算时，可以用模型工程量乘以计价文件中的综合单价进行总价核算。

微课：造价
关联

关联方式分为自动关联与手动关联两种。自动关联是一种快捷的关联方
式，可以根据勾选的关联规则自动与造价数据进行关联，自动关联要求模型
数据里的信息模板和计价软件里的信息模板一样，需要匹配模型数据和计价数据，参考项
有国标和非国标两种，内容有编码、名称、项目特征、单位四种，只要左侧的模型数据和
右侧的造价数据在这四个内容中信息一致，软件就可自动将数据与模型关联。自动关联完
成后可再针对没关联上的数据手动关联。

步骤 1：在"造价关联"模块中选择"列表方式"进行造价关联。右侧树列展开"合
同预算 .xml"文件，在"房屋建筑与装饰工程"目录下，勾选清单项为 010401005001 的
"空心砖墙"。

步骤 2：按照图 11-15 所示，左侧树列最上方构件筛选中仅选择墙（取消勾选墙体，
右下角单击反选命令，快速单选墙体类型）。

图 11-15　构件筛选

步骤 3：左侧"列表方式"中，"算量模式"选择"清单"，根据清单项筛选"编码"，
仅勾选"010401005"，根据合同预算文件中的项目特征墙厚 200mm，在"构件"栏中仅
勾选"ZNQ200"，如图 11-16 所示。

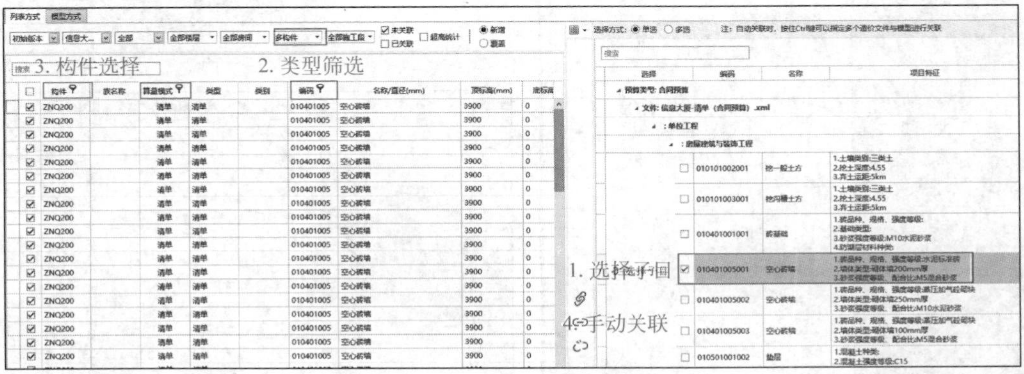

图 11-16　造价关联

步骤 4：全选所有筛选后的构件，双击“手动关联”命令 ⊖，将构件与清单子目进行关联，关联成功后清单子目显示为绿色。

步骤 5：已关联构件的清单子目，右击即可显示“关联详情”，如图 11-17 所示，在“关联详情”界面可对已关联构件进行取消。

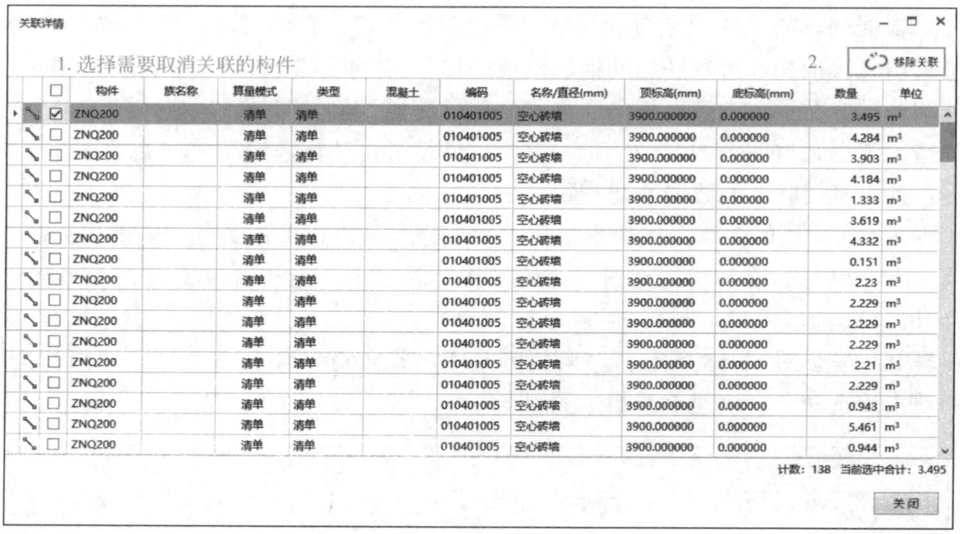

关联详情
1. 选择需要取消关联的构件
2.
移除关联
构件 族名称 算量模式 类型 混凝土 编码 名称/直径(mm) 顶标高(mm) 底标高(mm) 数量 单位
ZNQ200 清单 清单 010401005 空心砖墙 3900.000000 0.000000 3.495 m³
ZNQ200 清单 清单 010401005 空心砖墙 3900.000000 0.000000 4.284 m³
ZNQ200 清单 清单 010401005 空心砖墙 3900.000000 0.000000 3.903 m³
ZNQ200 清单 清单 010401005 空心砖墙 3900.000000 0.000000 4.184 m³
ZNQ200 清单 清单 010401005 空心砖墙 3900.000000 0.000000 1.333 m³
ZNQ200 清单 清单 010401005 空心砖墙 3900.000000 0.000000 3.619 m³
ZNQ200 清单 清单 010401005 空心砖墙 3900.000000 0.000000 4.332 m³
ZNQ200 清单 清单 010401005 空心砖墙 3900.000000 0.000000 0.151 m³
ZNQ200 清单 清单 010401005 空心砖墙 3900.000000 0.000000 2.23 m³
ZNQ200 清单 清单 010401005 空心砖墙 3900.000000 0.000000 2.229 m³
ZNQ200 清单 清单 010401005 空心砖墙 3900.000000 0.000000 2.229 m³
ZNQ200 清单 清单 010401005 空心砖墙 3900.000000 0.000000 2.229 m³
ZNQ200 清单 清单 010401005 空心砖墙 3900.000000 0.000000 2.21 m³
ZNQ200 清单 清单 010401005 空心砖墙 3900.000000 0.000000 2.229 m³
ZNQ200 清单 清单 010401005 空心砖墙 3900.000000 0.000000 0.943 m³
ZNQ200 清单 清单 010401005 空心砖墙 3900.000000 0.000000 5.461 m³
ZNQ200 清单 清单 010401005 空心砖墙 3900.000000 0.000000 0.944 m³
计数：138 当前选中合计：3.495
关闭

图 11-17　移除关联

11.6　进度关联

步骤 1：在“进度关联”模块中选择“模型方式”，单击“轴网 / 施工段设置”按钮，如图 11-18 所示，可以勾选“始终在最底层显示施工段”使施工段保持在模型下方，方便对 1 区、2 区的构件进行进度关联。

步骤 2：以“第 -1 层 结构柱墙施工”进度子目关联为例，在左侧进度列表中选中此项，右侧模型窗口根据条件进行筛选，如图 11-19 所示。楼层选择“-1”，构件类型勾选“柱”“混凝土外墙”“混凝土内墙”。

微课：进度关联

轴网/施工段设置
轴网/施工段显示设置
始终在最底层显示轴网
始终在最底层显示施工段
自定义
楼层 轴网 施工段
0
1
2
-1
3
4
5
确 定

图 11-18　施工段显示设置

土建
-1
多构件
全部施工段
轴网/施工段设置
梁
柱
墙
混凝土外墙
混凝土内墙
砌体外墙
砌体内墙
填充墙
间壁墙
电梯井墙
幕墙
人防门框墙

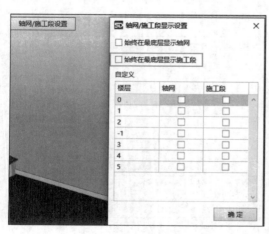

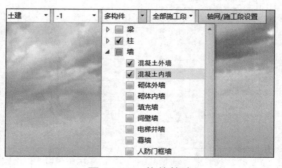

图 11-19　构件筛选

步骤 3：按住 Ctrl 键，单击框选 −1 层结构柱墙构件，双击"建立关联"命令 ，完成构件管理，管理成功的进度子目将变成绿色。

步骤 4：右击已关联构件的进度子目即可显示"关联详情"，可在关联详情界面对已关联构件进行取消。

11.7　资料关联

品茗 BIM5D 资料关联项内可以对任意格式的资料文件进行上传和关联。

步骤 1：在"资料关联"模块中展开"新增"命令 新增 ，新增"图纸及节点详图"，弹出"图纸及节点详图"对话框。

步骤 2：根据附件资料中的图纸内容填写如图 11-20 所示的相关内容，单击"上传"按钮，选择需要上传的图纸文件，可一次性上传多张图纸。

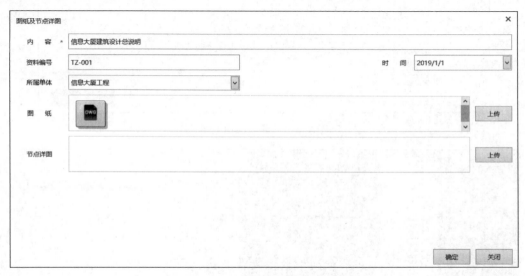

图 11-20　图纸及节点详图创建

步骤 3：选择上传的图纸，右击可删除或下载已上传的图纸文件。

其他资料的创建及关联方法同上。

11.8　质安管理

步骤 1：在"质量管理"模块中展开"新增"命令 新增 ，新增"质量问题"，弹出"新增质量问题"对话框。

步骤 2：根据附近资料中的"工程质量问题整改通知单"填写如图 11-21 所示的相关内容，并上传该资料；质量问题产生的原因、预防措施及解决方案可以下拉选择软件内置的，也可以手动编辑。

微课：质安及资料管理

步骤 3：质量问题创建完成后，进入左侧"模型列表"，按条件筛选到一层内墙装饰，选择所有构件，勾选右侧质量问题，双击建立关联按钮，将质量问题与构件建立关联。

编辑质量问题 ✕

装饰装修 (抹灰、饰面、幕墙、外墙防水等) ▾ | 涂料饰面表面起花 ▾

腻子批涂过厚，高温下面层保水性不足，失水过快引起开裂 ▾

材料选择合理；质量把控严格 ▾

清除基层杂质；清除疏松、起砂，用合适的腻子批嵌空洞；刷涂、滚涂施工时，刷、滚方向、长短应一致；喷刷涂料不得过厚。如喷刷二遍时，第一遍要充分干燥后再进行第二遍。

所属单体：信息大厦工程 ▾ | 任务发布时间：2019/6/9 ▾ | 编号：

问题类型：模板 现浇结构 二次结构 抹灰 精装修

问题部位：一层内墙装饰

问题所属：

审批人
✕工程经理→ ┼

知会人
✕材料员→ ┼

图片/文件： | DUCK | 上传

确定 关闭

图 11-21 新增质量问题

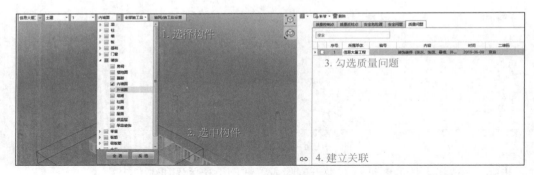

图 11-22 质量问题关联

步骤 4：关联完成后，质量问题子目变成绿色，模型上也会显示质量图标，双击图标即可查看质量问题，双击质量问题子目即可对其进行编辑。

步骤 5：选择该条质量问题，单击右上角的 ⇨导出 按钮，即可导出质量问题报告，作为工程交底材料之一；同时也可输出质量问题报告二维码，方便现场管理。

11.9 模拟建造

在做模拟建造之前一定要完成进度关联和造价关联，模拟建造是动态展示模型、造价、进度时变化的一个过程。如果前期设置了里程碑，模拟建造时在重要的节点会自动暂停，这样就可以更清楚地查看模型、资金、进度的情况。模拟建造有三种方式：按计划进度模拟建造、按实际进度模拟建造、

微课：模拟
建造

计划 - 实际对比模拟建造。

步骤 1：单击左侧边栏进入"模拟建造"模块，选择模拟建造的方式，如图 11-23 所示。

步骤 2：选取合适的时间段，单击下方的 ⟨ 按钮设置播放进度或者录屏播放。

图 11-23　模拟建造方式

11.10　工程款申报

工程款申报是在项目进行的每个阶段依据实际工程的进度情况进行每个分期的工程款申报工作。工程款申报方式有列表方式与模型方式两种。

步骤 1：进入"工程款申报"模块，进入工程款申报页面，软件默认进入列表方式，在左侧软件会依据目前的实际进度列出可以申报的清单定额，勾选需要申报的清单定额。

步骤 2：单击"追加"按钮 ⊖，将左侧选中的清单定额追加到右侧。

步骤 3：首先对申报时间进行修改，其次对追加过来的清单定额工程量如实进行修改，并可以通过清单定额的新增来对工程联系单进行申报。新增修改完成后单击申报，第一次申报时会弹出费率确认弹窗，根据合同造价文件的费率如实填写，填写完成后单击"确定"按钮，弹出"是否申报"页面，单击"确定"按钮完成申报。

步骤 4：申报完成后可以单击"往期已申报"按钮，对已经申报的数据进行查看。

11.11　材料统计

若需要统计整栋楼的结构柱、结构梁、结构板、结构墙的构件清单工程量，进入"材料统计"模块，通过左侧列表进行条件筛选，如图 11-24 所示，按照"构件方式"选择相应的构件。单击"查询"按钮，即可显示该时间段的模型。

微课：资源管理

图 11-24　构件条件筛选

选择中间数列中的"清单工程量"命令，即可在右侧显示此条件筛选下的所有构件额清单工程量，通过单击 ⇨导出 按钮可选择导出清单工程量汇总表或清单工程量明细表。

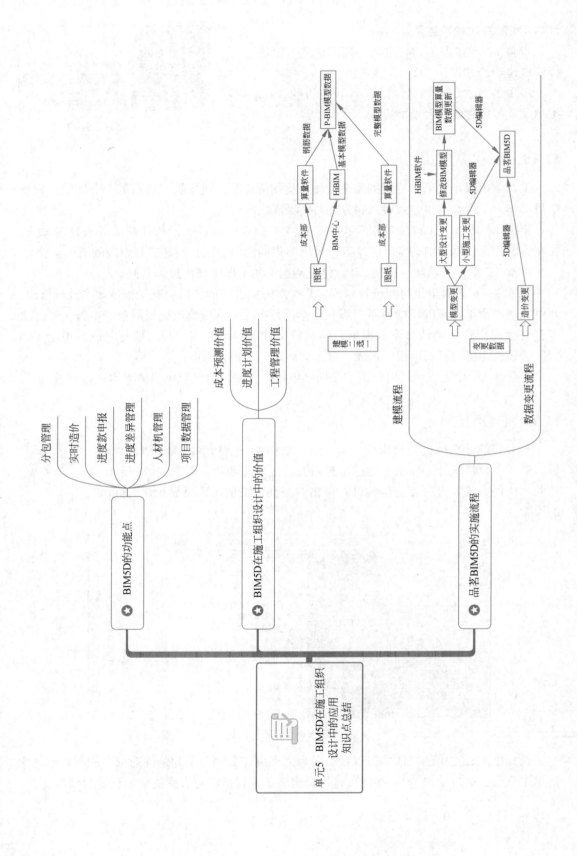

单元5 BIM5D在施工组织设计中的应用知识点总结

★ BIM5D的功能点

分包管理

实时造价

进度款申报

进度差异管理

人材机管理

项目数据管理

★ BIM5D在施工组织设计中的值

成本预测价值

进度计划价值

工程管理价值

★ 品茗BIM5D的实施流程

建模流程

图纸 → 成本部 → 算量软件 → 钢筋数据 → P-BIM模型数据

图纸 → BIM中心 → HiBIM → 基本模型数据 →

图纸 → 成本部 → 算量软件 → 完整模型数据 →

模型 二选一

数据变更流程

模型变更 → 大型设计变更 → 修改BIM模型 → 5D编辑器

HiBIM软件

小型施工变更 → 5D编辑器 → 品茗BIM5D → BIM模型算量数据更新

造价变更 → 5D编辑器 → 品茗BIM5D → 5D编辑器

变更数据

参 考 文 献

[1] 蔡雪峰. 建筑工程施工组织管理 [M]. 4 版. 北京：高等教育出版社，2020.

[2] 危道军. 建筑施工组织 [M]. 4 版. 北京：中国建筑工业出版社，2017.

[3] 李思康，李宁，冯亚娟. BIM 施工组织设计 [M]. 北京：化学工业出版社，2018.

[4] 程玉兰. 建筑施工组织 [M]. 哈尔滨：哈尔滨工业大学出版社，2012.

[5] 张萍. 建筑施工组织 [M]. 北京：北京邮电大学出版社，2013.

[6] 赵毓英，饶巍，李梦婕. 建筑工程施工组织与项目管理 [M]. 北京：中国环境科学出版社，2012.